PLC原理与应用

（三菱 FX 系列）

主　编　金仁贵

副主编　黄炳龙　姚　烨　方仁忠

编　委　（以姓氏笔画为序）

方仁忠　李自成　张明存

金仁贵　姚　烨　郭志勇

黄炳龙

合肥工业大学出版社

图书在版编目(CIP)数据

PLC原理与应用/金仁贵主编．—合肥：合肥工业大学出版社，2008.12(2015.1重印)
ISBN 978-7-81093-852-5

Ⅰ.P…　Ⅱ.金…　Ⅲ.可编程序控制器—高等学校：技术学校—教材
Ⅳ.TP332.3

中国版本图书馆CIP数据核字(2008)第201761号

PLC原理与应用
(三菱FX系列)

主编　金仁贵		责任编辑　陆向军	
出　版	合肥工业大学出版社	版　次	2009年1月第1版
地　址	合肥市屯溪路193号	印　次	2015年1月第3次印刷
邮　编	230009	开　本	710毫米×1000毫米　1/16
电　话	综合编辑部：0551—62903028	印　张	13
	市场营销部：0551—62903198	字　数	254千字
网　址	www.hfutpress.com.cn	印　刷	合肥现代印务有限公司
E-mail	hfutpress@163.com	发　行	全国新华书店

ISBN 978-7-81093-852-5　　　　定价：25.00元

前　言

可编程控制器，简称PLC，是以微处理器为核心，将计算机技术、自动控制技术、通信技术等融为一体的一种新型自动控制装置。它具有控制功能强、可靠性高、使用方便、适用于不同控制要求的各种控制对象等优点，已成为工业自动化的三大支柱之首。

本教材以培养综合型应用人才为目标，以技能培养为本位，基础理论够用为度，突出工程应用实例。

本书以当今市场比较典型实用的三菱FX系列PLC为例进行介绍，全书共分为八章，具体包括PLC概述及其外部回路，三菱PLC的内部软组件，FX可编程控制器基本逻辑指令，步进顺控指令等。编写人员分工如下：淮北职业技术学院黄炳龙编写了第1章，六安职业技术学院张明存编写了第2章，淮南职业技术学院方仁忠编写了第4章，安徽电子信息职业技术学院李自成编写了第5章、郭志勇编写了第7章，安徽工业经济职业技术学院金仁贵、姚烨编写了第3、6、8章。

限于作者水平，书中难免有疏漏和不当之处，敬请专家、同仁和广大读者批评指正。

编　者

2009年1月

目　录

第 1 章　PLC 概述及其外部回路

本章概述了可编程序控制器的产生与发展,重点讲述了可编程序控制器的基本工作原理,通过对比使学生明确可编程序控制器与继电器——接触器控制系统、计算机控制系统的区别。以日本三菱公司的 FX_{2N} 系列 PLC 为导向,介绍 PLC 的特点。

1.1　PLC 的产生、用途和发展

国际电工委员会(IEC)在 1985 年的 PLC 标准草案第 3 稿中,对 PLC 作了如下定义:“可编程序控制器是一种数字运算操作的电子系统,专为在工业环境下应用而设计。它采用可编程序的存储器,用来在其内部存储执行逻辑运算、顺序控制、定时、计数和算术运算等操作的指令,并通过数字式、模拟式的输入和输出,控制各种类型的机械或生产过程。”

1.1.1　PLC 的产生

继电器-接触器控制系统是用导线把一个个继电器、接触器、开关及其触点按一定的逻辑关系连接起来构成的控制系统。这种连线方式又称为硬接线布线逻辑,具有结构简单、价格低廉、容易操作和对维护技术要求不高的优点,特别适用于工作模式固定、控制要求比较简单的场合。

随着工业生产的迅速发展,市场竞争激烈,产品更新换代的周期日趋缩短,新产品不断涌现,生产机械、加工规范和生产加工线也必须随之而改变,控制系统经常需要作新的配置。但继电器-接触器控制系统的布线连接不易更新、功能不易扩展已成为生产发展的障碍。当控制对象比较多、要求比较复杂时,由于系统的器件多、体积庞大、可靠性差而不能满足生产的要求。

20 世纪 60 年代,汽车生产线的自控系统基本上由继电器控制装置构成。当时汽车的每一次改型都直接导致继电器控制装置的重新设计和安装。随着生产的发展,汽车型号更新的周期变短,因而继电器控制装置就需要经常地重新设计和安装,这不仅费时、费工、费料,甚至阻碍了更新周期的缩短。为了改变这一现状,美国通用汽车公司在 1969 年公开招标,希望用新的控制装置来取代继电器控制装置,并提出了以下 10 项招标指标:

(1)编程方便,现场可修改程序;

(2)维修方便,采用模块化结构;

(3)可靠性高于继电器控制装置;

(4)体积小于继电器控制装置；

(5)数据可直接送入起管理作用的(上位)计算机；

(6)成本可与继电器控制装置竞争；

(7)输入可以是交流115V(注:我们中国是AC220V)；

(8)输出为交流115V,2A以上,能直接驱动电磁阀、接触器等；

(9)在扩展时,原系统只需要进行很小的变更；

(10)用户程序存储器容量至少能扩展到4KB。

1969年,美国数字设备公司(DEC)研制出第一台PLC,并在美国通用汽车自动装配线上试用,获得了成功。这种新型的工控装置,以其体积小、可变性好、可靠性高、使用寿命长、简单易懂、操作维护方便等一系列优点,很快就在美国的许多行业里得到推广应用。这一新型的工控装置的出现,受到世界上许多国家的高度重视。1971年,日本从美国引进了这项新技术,很快研制出了他们的第1台PLC。1973年,西欧国家也研制出他们的第1台PLC。我国从1974年始研制,到1977年开始应用于工控领域。

早期的PLC,一般称为"可编程逻辑控制器"(Programmable Logic Controller)。这时的PLC基本上是(硬)继电器控制装置的替代物,主要用于实现原先由继电器完成的顺序控制、定时、计数等功能。它在硬件上以"准计算机"的形式出现,在I/O接口电路上做了改进以适应工控现场要求。装置中的器件主要采用分立元件和中小规模集成电路,并采用磁芯存储器。另外,还采取了一些措施,以提高抗干扰能力。在软件编程上,采用类似于电气工程师所熟悉的继电器控制线路的方式——梯形图(Ladder)语言。因此,早期的PLC性能要优于继电器控制装置,其优点是简单易懂、便于安装、体积小、能耗低、有故障显示、能重复使用等,其中PLC特有的编程语言——梯形图语言一直沿用至今。

20世纪70年代,微处理器的出现使PLC发生了巨变。美国、日本、德国等一些厂家先后开始采用微处理器作为PLC的CPU(中央处理单元),这样使PLC的功能大大增强。在软件方面,除了保持原有的逻辑运算、计时、计数等功能以外,还增加了算术运算、数据处理、网络通信、自诊断等功能。在硬件方面,除了保持原有的开关模块以外,还增加了模拟量模块、远程I/O模块、各种特殊功能模块,并扩大了存储器的容量,而且还提供一定数量的数据寄存器。

20世纪80年代国外工业界把引进了微处理器的可编程序逻辑控制器正式命名为可编程序控制器(Programmable Controller),简称为PC。为了与个人计算机(Personal Computer简称PC)区别开来,仍把可编程序控制器简称为PLC。由于超大规模集成电路技术的迅速发展,微处理器价格大幅度下跌,使得各种类型的PLC所采用的微处理器的档次普遍提高。早期的PLC一般采用8位的CPU,现在的PLC一般采用16位或32位的CPU。另外,为了进一步提高PLC的处理速度,各制造厂还纷纷研制开发出专用的逻辑处理芯片,这就使得PLC的软、硬件功能有了巨变。

1985年1月国际电工委员会对可编程序控制器给出如下定义:“可编程序控制器是一种数字运算的电子系统,专为工业环境下应用而设计。它采用可编程序的存储器,用来在内部存储执行逻辑运算、顺序控制、定时、计数和算术运算等操作的指令,并通过数字式、模拟式的输入和输出,控制各种类型的机械或生产过程。可编程序控制器及其有关设备,都应按易于与工业控制系统联成一个整体,易于扩充的原则设计。”

目前,世界上约有200家PLC生产厂商,其中,美国的Rockwell、GE,德国的西门子(Siemens),法国的施耐德(Schneider),日本的三菱、欧姆龙(Omron),他们掌控着全世界80%以上的PLC市场份额,他们的系列产品从只有几十个点(I/O总点数)的微型PLC到有上万个点的巨型PLC,应有尽有。

PLC的推广应用在我国得到了迅猛的发展,它已经大量地应用在各种机械设备和生产过程的电气控制装置中,各行各业也涌现出了大批应用PLC改造设备的成果。了解PLC工作原理,具备设计、调试和维护PLC控制系统的能力,已经成为现代工业对电气技术人员和工科学生的基本要求。

1.1.2 可编程序控制器的特点

可编程序控制器专为在工业环境下应用而设计,以用户需要为主,采用了先进的微型计算机技术,所以具有以下几个显著特点:

1. 可靠性高,抗干扰能力强

PLC由于选用了大规模集成电路和微处理器,使系统器件数大大减少,并且在硬件和软件的设计制造过程中采取了一系列隔离和抗干扰措施,使它能适应恶劣的工作环境,所以具有很高的可靠性。PLC控制系统平均无故障工作时间可达2万小时以上,高可靠性是PLC成为通用自动控制设备的首选条件之一。在PLC中从软硬件方面采取了一系列措施来实现这个要求。

(1)硬件措施

主要模块均采用大规模或超大规模集成电路,大量开关动作由无触点的电子存储器完成,I/O系统设计有完善的通道保护和信号调理电路。

① 屏蔽——对电源变压器、CPU、编程器等主要部件,采用导电、导磁良好的材料进行屏蔽,以防外界干扰。

② 滤波——对供电系统及输入线路采用多种形式的滤波,如LC或π型滤波网络,以消除或抑制高频干扰,也削弱了各种模块之间的相互影响。

③ 电源调整与保护——对微处理器这个核心部件所需的+5V电源,采用多级滤波,并用集成电压调整器进行调整,以适应交流电网的波动和过电压、欠电压的影响。

④ 隔离——在微处理器与I/O电路之间,采用光电隔离措施,有效地隔离

I/O接口与 CPU 之间电的联系，减少故障和误动作；各 I/O 口之间亦彼此隔离。

⑤ 采用模块式结构——这种结构有助于在故障情况下短时修复。一旦查出某一模块出现故障，能迅速更换，使系统恢复正常工作；同时也有助于加快查找故障原因。

(2)软件措施

有极强的自检及保护功能。

① 故障检测——软件定期地检测外界环境，如掉电、欠电压、锂电池电压过低及强干扰信号等，以便及时进行处理。

② 信息保护与恢复——当偶发性故障条件出现时，不破坏 PC 内部的信息。一旦故障条件消失，就可恢复正常，继续原来的程序工作。所以，PC 在检测到故障条件时，立即把现状态存入存储器，软件配合对存储器进行封闭，禁止对存储器的任何操作，以防存储信息被冲掉。

③ 设置警戒时钟 WDT(又称看门狗)——如果程序每循环执行时间超过了 WDT 规定的时间，预示了程序进入死循环，立即报警。

④ 加强对程序的检查和校验——一旦程序有错，立即报警，并停止执行。

⑤ 对程序及动态数据进行电池后备——停电后，利用后备电池供电，有关状态及信息就不会丢失。

PC 的出厂试验项目中，有一项就是抗干扰试验。它要求能承受幅值为 1000V，上升时间 1nS，脉冲宽度为 1μS 的干扰脉冲。一般，平均故障间隔时间可达几十万～上千万小时；制成系统亦可达 4～5 万小时甚至更长时间。

2. 通用性强，控制程序可变，使用方便

PLC 品种齐全的各种硬件装置，可以组成能满足各种要求的控制系统，用户不必自己再设计和制作硬件装置。用户在硬件确定以后，在生产工艺流程改变或生产设备更新的情况下，不必改变 PLC 的硬设备，只需改编程序就可以满足要求。因此，PLC 除应用于单机控制外，在工厂自动化中也被大量采用。

3. 功能强，适应面广

现代 PLC 不仅有逻辑运算、计时、计数、顺序控制等功能，还具有数字和模拟量的输入输出、功率驱动、通信、人机对话、自检、记录显示等功能。既可控制一台生产机械、一条生产线，又可控制一个生产过程。

4. 编程简单，容易掌握

目前，大多数 PLC 仍采用继电控制形式的“梯形图编程方式”。既继承了传统控制线路的清晰直观，又考虑到大多数工厂企业电气技术人员的读图习惯及编程水平，所以非常容易接受和掌握。梯形图语言的编程元件符号和表达方式与继电器控制电路原理图相当接近。通过阅读 PLC 的用户手册或短期培训，电气技术人员和技术工人很快就能学会用梯形图编制控制程序。同时还提供了功能图、语句表等编程语言。

PLC在执行梯形图程序时,用解释程序将它翻译成汇编语言然后执行(PLC内部增加了解释程序)。与直接执行汇编语言编写的用户程序相比,执行梯形图程序的时间要长一些,但对于大多数机电控制设备来说,是微不足道的,完全可以满足控制要求。

5. 减少了控制系统的设计及施工的工作量

由于PLC采用了软件来取代继电器控制系统中大量的中间继电器、时间继电器、计数器等器件,控制柜的设计安装接线工作量大为减少。同时,PLC的用户程序可以在实验室模拟调试,减少了现场的调试工作量。并且,由于PLC的低故障率及很强的监视功能,模块化等等,使维修也极为方便。

6. 体积小、重量轻、功耗低、维护方便

PLC是将微电子技术应用于工业设备的产品,其结构紧凑,坚固,体积小,重量轻,功耗低。并且由于PLC的强抗干扰能力,易于装入设备内部,是实现机电一体化的理想控制设备。以三菱公司的FX_{2N}-48MR型PLC为例:其外型尺寸仅为182mm×90mm×87mm,重量0.89kg,功耗小于25VA;而且具有很好的抗振、适应环境温、湿度变化的能力。在系统的配置上既固定又灵活,输入输出可达24～128点。PLC还具有故障检测及显示的功能,使故障处理时间可缩短为10分钟,对维护人员的技术水平要求也不太高。

1.1.3 PLC的发展

1968年,美国最大的汽车制造厂家通用汽车公司(GM公司)提出设想。

1969年,美国数字设备公司研制出了世界上第一台PC,型号为PDP-14。我们可以把PLC产品分为五代:

第一代:从第一台可编程控制器诞生到20世纪70年代初期。其特点是:CPU由中小规模集成电路组成,存储器为磁芯存储器。

第二代:20世纪70年代初期到70年代末期。其特点是:CPU采用微处理器,存储器采用EPROM。

第三代:20世纪70年代末期到80年代中期。其特点是:CPU采用8位和16位微处理器,有些还采用多微处理器结构,存储器采用EPROM、EAROM、CMOSRAM等。

第四代:20世纪80年代中期到90年代中期。PC全面使用8位、16位微处理芯片的位片式芯片,处理速度也达到1us/步。

第五代:20世纪90年代中期至今。PC使用16位和32位的微处理器芯片,有的已使用RISC芯片。

目前,世界上有几百个厂家生产PLC,较有名的:美国:AB通用电气、莫迪康公司;日本:三菱、富士、欧姆龙、松下电工等;德国:西门子公司;法国:TE施耐德公司;韩国:三星、LG公司等。

技术发展动向：

(1)产品规模向大、小两个方向发展

大：I/O 点数达 14336 点、32 位为微处理器、多 CPU 并行工作、大容量存储器、扫描速度高速化。

小：由整体结构向小型模块化结构发展，增加了配置的灵活性，降低了成本。

(2)PLC 在闭环过程控制中应用日益广泛。

(3)不断加强通讯功能。

(4)新器件和模块不断推出。

高档的 PLC 除了主要采用 CPU 以提高处理速度外，还有带处理器的 EPROM 或 RAM 的智能 I/O 模块、高速计数模块、远程 I/O 模块等专用化模块。

(5)编程工具丰富多样，功能不断提高，编程语言趋向标准化。

有各种简单或复杂的编程器及编程软件，采用梯形图、功能图、语句表等编程语言，亦有高档的 PLC 指令系统。

(6)发展容错技术

采用热备用或并行工作、多数表决的工作方式。

(7)追求软硬件的标准化。

1.1.4 PLC 的应用范围

在发达的工业国家，PLC 已经广泛地应用在所有的工业部门，随着其性能价格比的不断提高，应用范围不断扩大，主要有以下几个方面：

1. 开关量逻辑控制

PLC 具有"与"、"或"、"非"等逻辑指令，可以实现触点的串、并联，代替继电器进行组合逻辑控制、定时控制与顺序逻辑控制。开关量逻辑控制可以用于单台设备，也可以用于自动生产线。

2. 运动控制

PLC 使用专用的指令或运动控制模块，对直线运动或圆周运动的位置、速度和加速度进行控制，可实现单轴、双轴和多轴位置控制，使运动控制与顺序控制功能有机地结合在一起。PLC 的运动控制功能广泛用于各种机械，如金属切削机床、金属成形机械、装配机械、机器人、电梯等场合。

3. 闭环过程控制

过程控制是指对温度、压力、流量等连续变化的模拟量的闭环控制。PLC 通过模拟量 I/O 模块，实现模拟量(Analog)和数字量(Digital)之间的 A/D 转换与 D/A 转换，并对模拟量实行闭环 PID(比例－积分－微分)控制。现代的大中型 PLC 一般都有 PID 闭环控制功能，这一功能可以用 PID 子程序或专用的 PID 模块来实现。其 PID 闭环控制功能已经广泛地应用于塑料挤压成形机、加热炉、热处理炉、锅炉等设备，以及轻工、化工、机械、冶金、电力、建材等行业。

4. 数据处理

现代的PLC具有数学运算（包括四则运算、矩阵运算、函数运算、字逻辑运算、求反、循环、移位和浮点数运算等）、数据传送、转换、排序和查表、位操作等功能，可以完成数据的采集、分析和处理。这些数据可以与储存在存储器中的参考值比较，也可以用通信功能传送到别的智能装置，或者将它们打印制表。

5. 通信联网

PLC的通信包括主机与远程I/O之间的通信、多台PLC之间的通信、PLC与其他智能控制设备（如计算机、变频器、数控装置）之间的通信。PLC与其他智能控制设备一起，可以组成“集中管理、分散控制”的分布式控制系统。

目前，PLC控制技术已在世界范围内广为流行，国际市场竞争相当激烈，产品更新也很快，用PLC设计自动控制系统已成为世界潮流。

由于上述特点，PLC作为通用自动控制设备，可用于单一机电设备的控制，也可用于工艺过程的控制，而且控制精度相当高，操作简便，又具有很大的灵活性和可扩展性，使得PLC广泛应用于机械制造、冶金、化工、交通、电子、电力、纺织，印刷及食品等几乎所有工业行业。

1.2 PLC的基本结构和工作原理

可编程控制器的工作原理建立在计算机基础上，故其CPU以分时操作方式来处理各项任务，即串行工作方式，而继电器一接触器控制系统是实时控制的，即并行工作方式，那么如何让串行工作方式的计算机系统完成并行方式的控制任务，通过对可编程控制器的工作方式和工作过程的说明，让学生理解可编程控制器的工作原理。

1.2.1 PLC的基本结构

PLC是微机技术和控制技术相结合的产物，是一种以微处理器为核心的用于控制的特殊计算机，因此PLC的基本组成与一般的微机系统类似。

1. PLC的硬件组成

PLC的硬件主要由中央处理器（CPU）、存储器、输入单元、输出单元、通信接口、扩展接口、电源等部分组成。其中CPU是PLC的核心，输入单元与输出单元是现场输入/输出设备与CPU之间的接口电路，通信接口用于与编程器、上位计算机等外设连接。小型PLC多为整体式结构，中大型PLC则为模块式结构。

对于整体式PLC，所有部件都装在同一机壳内，其组成框图如图1.1所示；对于模块式PLC，各部件独立封装成模块，各模块通过总线连接，安装在机架或导轨上，其组成框图如图1.2所示。无论是哪种结构类型的PLC，都可根据用户需要进行配置与组合。

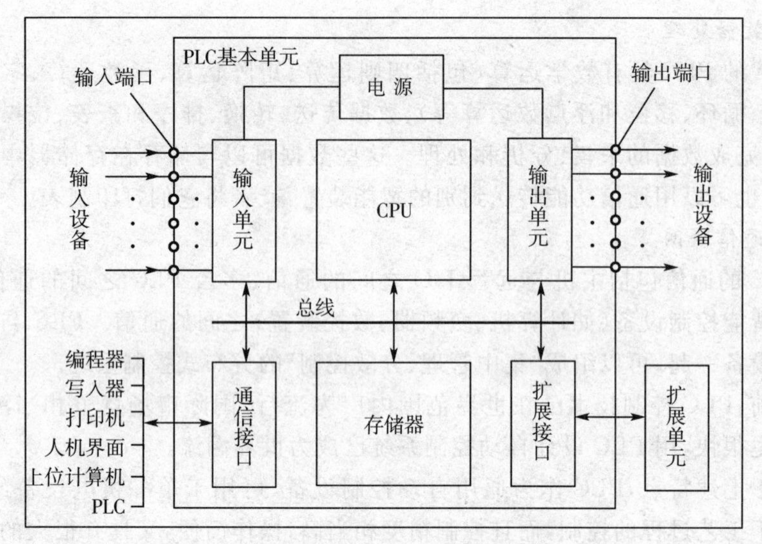

图1.1 整体式PLC组成框图

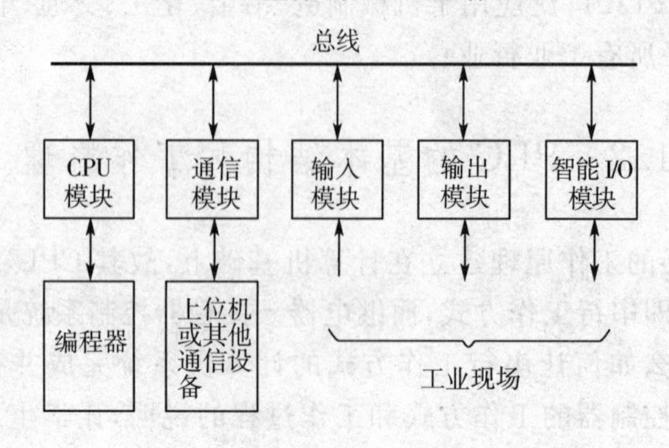

图1.2 模块式PLC组成框图

尽管整体式与模块式PLC的结构不太一样，但各部分的功能作用是相同的。下面对PLC主要组成各部分进行简单介绍。

(1)中央处理单元(CPU)

同一般的微机一样，CPU是PLC的核心。PLC中所配置的CPU可分为三类：通用微处理器(如Z80、8086、80286等)、单片微处理器(如8031、8096等)和位片式微处理器(如AMD29W等)。小型PLC大多采用8位通用微处理器和单片微处理器；中型PLC大多采用16位通用微处理器或单片微处理器；大型PLC大多采用高速位片式微处理器。

目前，小型PLC为单CPU系统，而中、大型PLC则大多为双CPU系统，甚至有些PLC中多达8个CPU。对于双CPU系统，一般一个为字处理器，另一个为位处理器。字处理器为主处理器，用于执行编程器接口功能，监视内部定时器，监视扫描时间，处理字节指令以及对系统总线和位处理器进行控制等。位处理器为从处理器，主要用于处理位操作指令和实现PLC编程语言向机器语言的转换。位处理器的采用，提高了PLC的速度，使PLC更好地满足实时控制要求。

在PLC中CPU按系统程序赋予的功能，指挥PLC有条不紊地进行工作，归纳起来主要有以下几个方面：

① 接收从编程器输入的用户程序和数据；

② 诊断电源、PLC内部电路的工作故障和编程中的语法错误等；

③ 通过输入接口接收现场的状态或数据，并存入输入映象寄有器或数据寄存器中；

④ 从存储器逐条读取用户程序，经过解释后执行；

⑤ 根据执行的结果，更新有关标志位的状态和输出映象寄存器的内容，通过输出单元实现输出控制。有些PLC还具有制表、打印或数据通信等功能。

(2)存储器

存储器主要有两种：一种是可读/写操作的随机存储器RAM，另一种是只读存储器ROM、PROM、EPROM和EEPROM。在PLC中，存储器主要用于存放系统程序、用户程序及工作数据。

系统程序是由PLC的制造厂家编写的，和PLC的硬件组成有关。实现系统诊断、命令解释、功能子程序调用管理、逻辑运算、通信及各种参数设定等功能，提供PLC运行的平台。系统程序关系到PLC的性能，而且在PLC使用过程中不会变动，由制造厂家直接固化在只读存储器ROM、PROM或EPROM中，用户不能访问和修改。

用户程序是随PLC的控制对象而定的。由用户根据对象生产工艺和控制要求而编制的应用程序。为了便于读出、检查和修改，用户程序一般存于CMOS静态RAM中，用锂电池作为后备电源，以保证掉电时不会丢失信息。为了防止干扰对RAM中程序的破坏，当用户程序经过运行正常，不需要改变，可将其固化在只读存储器EPROM中。现在有许多PLC直接采用EEPROM作为用户存储器。

工作数据是PLC运行过程中经常变化、经常存取的一些数据。存放在RAM中，以适应随机存取的要求。在PLC的工作数据存储器中，设有存放输入输出继电器、辅助继电器、定时器、计数器等逻辑器件的存储区，这些器件的状态都是由用户程序的初始设置和运行情况而确定的。根据需要，部分数据在掉电时用后备电池维持其现有的状态，这部分在掉电时可保存数据的存储区域称为保持数据区。

由于系统程序及工作数据与用户无直接联系，所以在PLC产品样本或使用手册中所列存储器的形式及容量是指用户程序存储器。当PLC提供的用户存储器容量不够用，许多PLC还提供有存储器扩展功能。

(3)输入/输出单元

输入/输出单元通常也称I/O单元，是PLC与工业生产现场之间的连接部件。PLC通过输入接口可以检测被控对象的各种数据，以这些数据作为PLC对被控制对象进行控制的依据；同时PLC又通过输出接口将处理结果送给被控制对象，以实现控制目的。

由于外部输入设备和输出设备所需的信号电平是多种多样的，而 PLC 内部 CPU 处理的信息只能是标准电平，所以 I/O 接口要实现这种转换。I/O 接口一般都具有光电隔离和滤波功能，以提高 PLC 的抗干扰能力。另外，I/O 接口上通常还有状态指示，工作状况直观，便于维护。

PLC 提供了多种操作电平和驱动能力的 I/O 接口，有各种各样功能的 I/O 接口供用户选用。I/O 接口的主要类型有：数字量（开关量）输入、数字量（开关量）输出、模拟量输入、模拟量输出等。

常用的开关量输入接口按其使用的电源不同有三种类型：直流输入接口、交流输入接口和交/直流输入接口，其基本原理电路如图 1.3 所示。

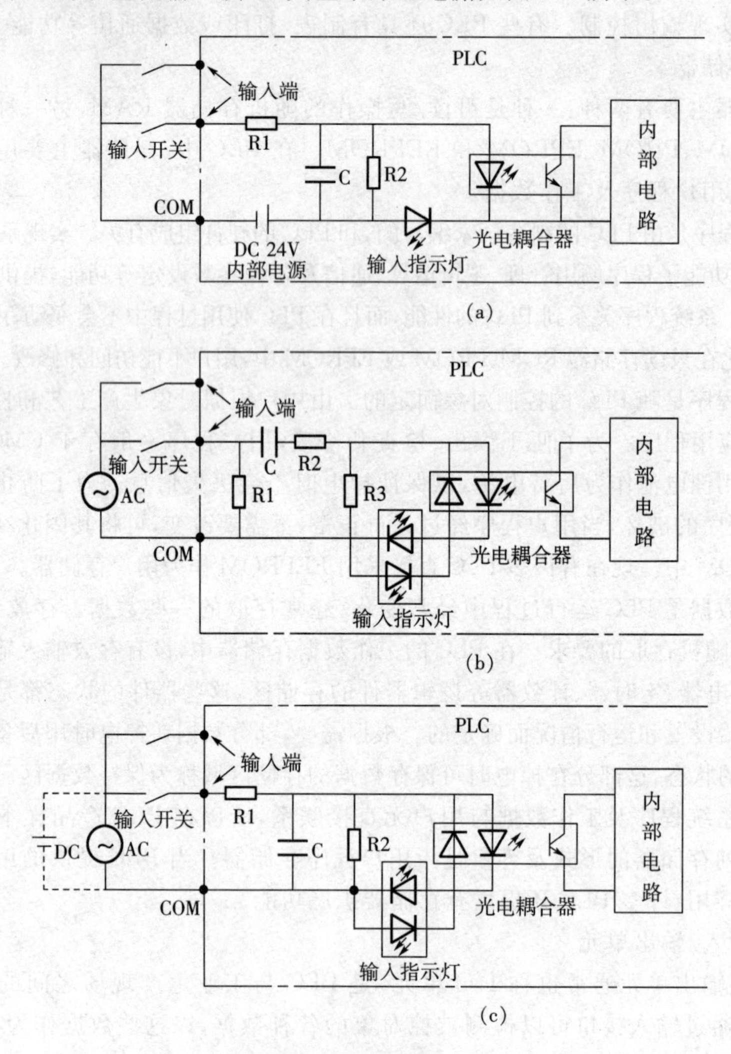

图 1.3　开关量输入接口

(a)直流输入　(b)交流输入　(c)交/直流输入

常用的开关量输出接口按输出开关器件不同有三种类型：是继电器输出、晶体管输出和双向晶闸管输出，其基本原理电路如图 1.4 所示。继电器输出接口可驱动交流或直流负载，但其响应时间长，动作频率低；而晶体管输出和双向晶闸管输出接口的响应速度快，动作频率高，但前者只能用于驱动直流负载，后者只能用于交流负载。

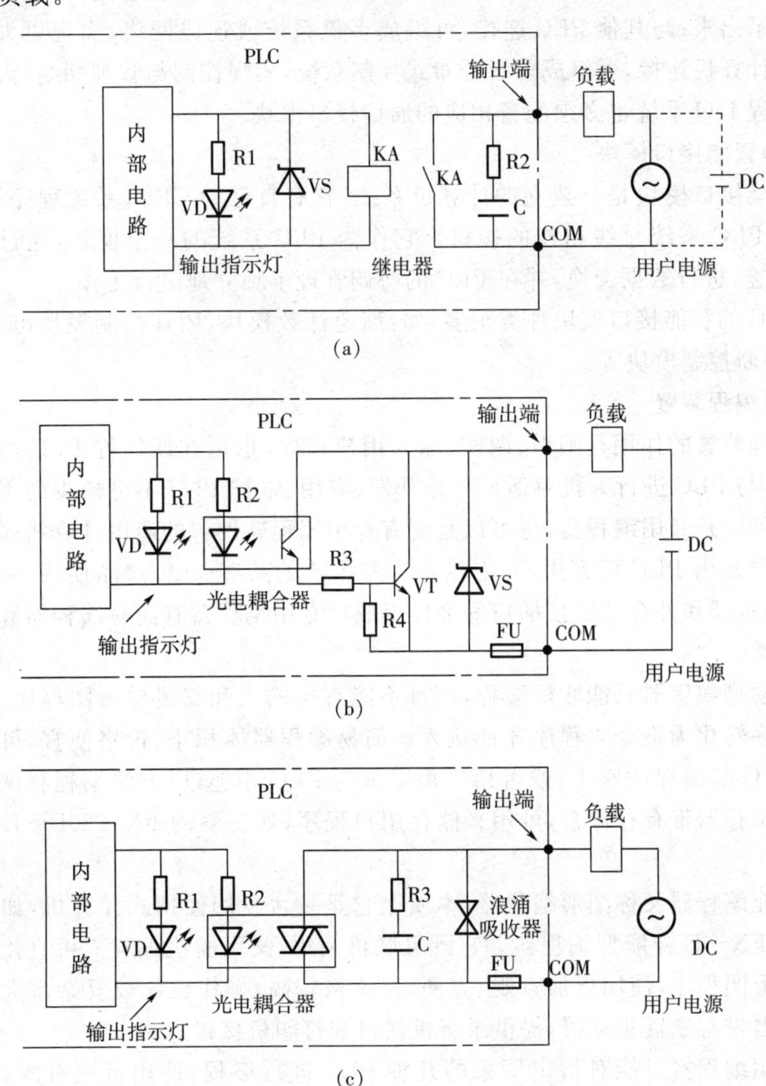

图 1.4　开关量输出接口

(a)继电器输出　(b)晶体管输出　(c)晶闸管输出

PLC 的 I/O 接口所能接受的输入信号个数和输出信号个数称为 PLC 输入/输出(I/O)点数。I/O 点数是选择 PLC 的重要依据之一，当系统的 I/O 点数不够时,可通过 PLC 的 I/O 扩展接口对系统进行扩展。

(4)通信接口

PLC 配有各种通信接口,这些通信接口一般都带有通信处理器。PLC 通过这些通信接口可与监视器、打印机、其他 PLC、计算机等设备实现通信。PLC 与打印机连接,可将过程信息、系统参数等输出打印;与监视器连接,可将控制过程图像显示出来;与其他 PLC 连接,可组成多机系统或连成网络,实现更大规模控制。与计算机连接,可组成多级分布式控制系统,实现控制与管理相结合。

远程 I/O 系统也必须配备相应的通信接口模块。

(5)智能接口模块

智能接口模块是一独立的计算机系统,它有自己的 CPU、系统程序、存储器以及与 PLC 系统总线相连的接口。它作为 PLC 系统的一个模块,通过总线与 PLC 相连,进行数据交换,并在 PLC 的协调管理下独立地进行工作。

PLC 的智能接口模块种类很多,如:高速计数模块、闭环控制模块、运动控制模块、中断控制模块等。

(6)编程装置

编程装置的作用是编辑、调试、输入用户程序,也可在线监控 PLC 内部状态和参数,与 PLC 进行人机对话。它是开发、应用、维护 PLC 不可缺少的工具。编程装置可以是专用编程器,也可以是配有专用编程软件包的通用计算机系统。专用编程器是由 PLC 厂家生产,专供该厂家生产的某些 PLC 产品使用,它主要由键盘、显示器和外存储器接插口等部件组成。专用编程器有简易编程器和智能编程器两类。

简易型编程器只能联机编程,而且不能直接输入和编辑梯形图程序,需将梯形图程序转化为指令表程序才能输入。简易编程器体积小、价格便宜,可以直接插在 PLC 的编程插座上,或者用专用电缆与 PLC 相连,以方便编程和调试。有些简易编程器带有存储盒,可用来储存用户程序,如三菱的 FX－20P－E 简易编程器。

智能编程器又称图形编程器,本质上它是一台专用便携式计算机,如三菱的 GP－80FX－E 智能型编程器。它既可联机编程,又可脱机编程。可直接输入和编辑梯形图程序,使用更加直观、方便,但价格较高,操作也比较复杂。大多数智能编程器带有磁盘驱动器,提供录音机接口和打印机接口。

专用编程器只能对指定厂家的几种 PLC 进行编程,使用范围有限,价格较高。同时,由于 PLC 产品不断更新换代,所以专用编程器的生命周期也十分有限。因此,现在的趋势是使用以个人计算机为基础的编程装置,用户只要购买 PLC 厂家提供的编程软件和相应的硬件接口装置。这样,用户只用较少的投资即可得到高性能的 PLC 程序开发系统。

基于个人计算机的程序开发系统功能强大。它既可以编制、修改 PLC 的梯形图程序，又可以监视系统运行、打印文件、系统仿真等。配上相应的软件还可实现数据采集和分析等许多功能。

(7)电源

PLC配有开关电源，小型整体式可编程控制器内部有一个开关式稳压电源。电源一方面可为CPU板，I/O板及扩展单元提供工作电源(5VDC)，另一方面可为外部输入元件提供24VDC(200mA)，以供内部电路使用。与普通电源相比，PLC电源的稳定性好、抗干扰能力强。对电网提供的电源稳定度要求不高，一般允许电源电压在其额定值±15%的范围内波动。许多PLC还向外提供直流24V稳压电源，用于对外部传感器供电。

(8)其他外部设备

除了以上所述的部件和设备外，PLC还有许多外部设备，如EPROM写入器、外存储器、人/机接口装置等。

EPROM写入器是用来将用户程序固化到EPROM存储器中的一种PLC外部设备。为了使调试好的用户程序不易丢失，经常用EPROM写入器将PLC内RAM保存到EPROM中。

PLC内部的半导体存储器称为内存储器。有时可用外部的磁带、磁盘和用半导体存储器作成的存储盒等来存储PLC的用户程序，这些存储器件称为外存储器。外存储器一般是通过编程器或其他智能模块提供的接口，实现与内存储器之间相互传送用户程序。

人/机接口装置是用来实现操作人员与PLC控制系统的对话。最简单、最普遍的人/机接口装置由安装在控制台上的按钮、转换开关、拨码开关、指示灯、LED显示器、声光报警器等器件构成。对于PLC系统，还可采用半智能型CRT人/机接口装置和智能型终端人/机接口装置。半智能型CRT人/机接口装置可长期安装在控制台上，通过通信接口接收来自PLC的信息并在CRT上显示出来；而智能型终端人/机接口装置有自己的微处理器和存储器，能够与操作人员快速交换信息，并通过通信接口与PLC相连，也可作为独立的节点接入PLC网络。

1.2.2 PLC的软件组成

PLC的软件由系统程序和用户程序组成。

系统程序由PLC制造厂商设计编写的，并存入PLC的系统存储器中，用户不能直接读写与更改。系统程序一般包括系统诊断程序、输入处理程序、编译程序、信息传送程序、监控程序等。

PLC的用户程序是用户利用PLC的编程语言，根据控制要求编制的程序。在PLC的应用中，最重要的是用PLC的编程语言来编写用户程序，以实现控制目的。由于PLC是专门为工业控制而开发的装置，其主要使用者是广大电气技术人员，为了满足他们的传统习惯，PLC的主要编程语言采用比计算机语言相对简单、易懂、形象的专用语言。

PLC 编程语言是多种多样的，对于不同生产厂家、不同系列的 PLC 产品采用的编程语言的表达方式也不相同，但基本上可归纳两种类型：一是采用字符表达方式的编程语言，如语句表等；二是采用图形符号表达方式编程语言，如梯形图等。

用户程序存储器容量的大小，是反映 PLC 性能的重要指标之一。

1.2.3 可编程控制器的工作原理

1. PLC 的工作方式

最初研制生产的 PLC 主要是要利用计算机的 CPU 代替传统的由继电器-接触器构成的控制装置，但这两者的运行方式是不相同的：

(1)继电器控制装置采用硬件逻辑接线和并行运行方式，即如果某个继电器的线圈通电或断电，该继电器所有的触点(包括其常开或常闭触点)在继电器控制线路的哪个位置上都会立即同时动作。

(2)计算机的 CPU 采用的是软件逻辑和串行工作方式，按照程序地址逐条执行指令，全部执行完毕后将等待新的指令。

(3)PLC 的工作方式是用串行输出的计算机工作方式实现并行输出的继电器-接触器工作方式。其核心手段就是循环扫描。每个工作循环的周期必须足够小以致我们认为是并行控制。PLC 运行时，是通过执行反映控制要求的用户程序来完成控制任务的，需要执行众多的操作，但 CPU 不可能同时去执行多个操作，它只能按分时操作(串行工作)方式，每一次执行一个操作，按顺序逐个执行。由于 CPU 的运算处理速度很快，所以从宏观上来看，PLC 外部出现的结果似乎是同时(并行)完成的。这种循环工作方式称为 PLC 的循环扫描工作方式。

用扫描工作方式执行用户程序时，扫描是从第一条指令开始，在无中断或跳转控制的情况下，按程序存储顺序的先后，逐条执行用户程序，直到程序结束。然后再从头开始扫描执行，周而复始重复运行。

PLC 的循环扫描工作方式与电器控制的工作原理明显不同。电器控制装置采用硬逻辑的并行工作方式，如果某个继电器的线圈通电或断电，那么该继电器的所有常开和常闭触点不论处在控制线路的哪个位置上，都会立即同时动作；而 PLC 采用扫描工作方式(串行工作方式)，如果某个软继电器的线圈被接通或断开，对其未被扫描的触点会立刻响应，而对已扫描过的触点必须到下一个循环才能反应。但由于 PLC 的扫描速度快，通常 PLC 与电器控制装置在 I/O 的处理结果上并没有什么差别。

2. PLC 的工作过程

循环扫描工作方式是 PLC 正常运行时的状态，其全部工作过程可用图1.5所示的运行框图来表示。

可编程控制器整个运行可分为三部分：

第一部分是上电处理。可编程控制器上电后对PLC系统进行一次初始化工作，包括硬件初始化，I/O模块配置运行方式检查，停电保持范围设定及其他初始化处理等。

第二部分是扫描过程。可编程控制器上电处理完成以后进入扫描工作过程。先完成输入处理，其次完成与其他外设的通信处理，再次进行时钟、特殊寄存器更新。当CPU处于STOP方式时，转入执行自诊断检查。当CPU处于RUN方式时，还要完成用户程序的执行和输出处理，再转入执行自诊断检查。

第三部分是出错处理。PLC每扫描一次，执行一次自诊断检查，确定PLC自身的动作是否正常，如CPU、电池电压、程序存储器、I/O、通信等是否异常或出错，如检查出异常时，CPU面板上的LED及异常继电器会接通，在特殊寄存器中会存入出错代码。当出现致命错误时，CPU被强制为STOP方式，所有的扫描停止。

PLC运行正常时，扫描周期的长短与CPU的运算速度有关，与I/O点的情况有关，与用户应用程序的长短及编程情况等均有关。通常用PLC执行1K指令所需时间来说明其扫描速度(一般1～10ms/K)。值得注意的是，不同指令其执行是不同的，从零点几微秒到上百微秒不等，故选用不同指令所用的扫描时间将会不同。若用于高速系统要缩短扫描周期时，可从软硬件上考虑。

3. 顺序扫描工作过程

上面已经说明，可编程控制器是按图1.5所示的运行框图进行工作的，当PLC处于正常运行时，它将不断重复图中的扫描过程，不断循环扫描地工作下去。分析上述扫描过程，如果我们对远程I/O特殊模块和其他通信服务暂不考虑，这样扫描过程就只剩下“输入采样”，“程序执行”，“输出刷新”三个阶段了。下面就对这三个阶段进行详细的分析，并形象地用图1.6表示(此处I/O采用集中输入，集中输出方式)。

(1)输入采样阶段。PLC在输入采样阶段，首先扫描所有输入端子，并将各输入状态存入内存中各对应的输入映像寄存器中。此时，输入映像寄存器被刷新。接着，进入程序执行阶段，在程序执行阶段和输出刷新阶段，输入映像寄存器与外界隔离，无论输入信号如何变化，其内容保持不变，直到下一个扫描周期的输入采样阶段，才重新写入输入端的新内容。

(2)程序执行阶段。根据PLC梯形图程序扫描原则，PLC按先左后右，先上后下的步序语句逐句扫描。但遇到程序跳转指令，则根据跳转条件是否满足来决定程序的跳转地址。当指令中涉及输入、输出状态时，PLC就从输入映像寄存器“读入”上一阶段采入的对应输入端子状态，从元件映像寄存器“读入”对应元件(“软继电器”)的当前状态。然后，进行相应的运算，运算结果再存入元件映像寄存器中。对元件映像寄存器来说，每一个元件(“软继电器”)的状态会随着程序执行过程而变化。

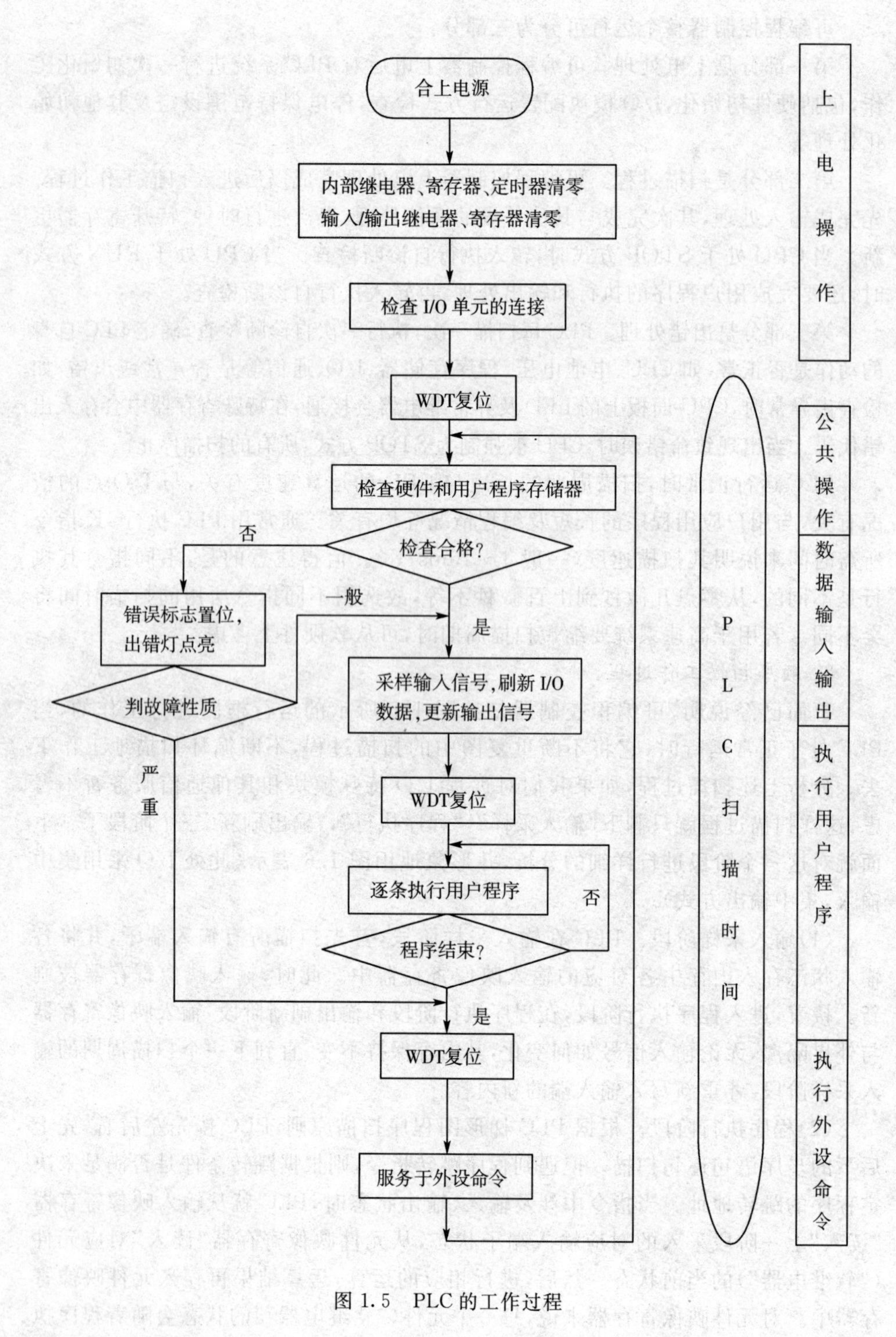

图1.5 PLC的工作过程

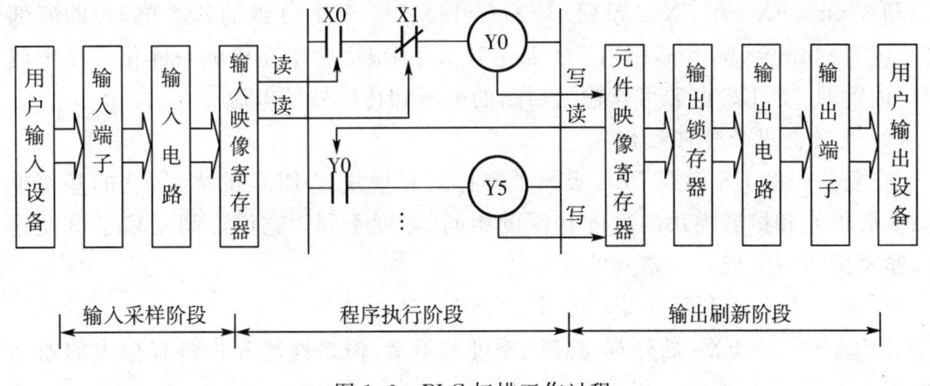

图 1.6　PLC 扫描工作过程

(3)输出刷新阶段。在所有指令执行完毕后,元件映像寄存器中所有输出继电器的状态(接通/断开)在输出刷新阶段转存到输出锁存器中,通过一定方式输出,驱动外部负载。

其实我们可以把 PLC 的工作过程形象地用一个仓储系统来描述:CPU 就好比是仓库管理员,存储器好比是仓库内的货架,I/O 映像寄存器是用来临时存放货物的小车,仓库管理员先把要存放的物品和要领取货物的料单放在存放小车上,这个过程就是输入采集样本,然后按照先后顺序将物品放入指定位置,并把要取出的物品放在输出小车上,这个过程就是顺序扫描用户指令,最后将输出小车上的物品从出口一次性地推出,从而刷新了内存的状态,如此周而复始循环工作下去。

1.2.4　可编程控制器的中断处理

根据以上所述,外部信号的输入总是通过可编程控制器扫描由“输入传送”来完成,这就不可避免地带来了“逻辑滞后”。PLC 能不能像计算机那样采用中断输入的方法,即当有中断申请信号输入后,系统会中断正在执行的程序而转去执行相关的中断子程序;系统若有多个中断源时,它们之间按重要性是否有一个先后顺序的排队;系统能否由程序设定允许中断或禁止中断等等。PLC 关于中断的概念及处理思路与一般微机系统基本是一样的。

1.3　FX 系列 PLC 的特点及外围组件模块

1.3.1　FX 系列 PLC 的特点

1. 体积极小的微型 PLC

FX_{1S},FX_{1N} 和 FX_{2N} 系列 PLC 的高度为 90mm,深度为 75mm(FX_{1S} 和 FX_{1N} 系

列)和87mm(FX_{2N}和FX_{2NC}系列),FX_{1S}－14M(14个I/O点的基本单元)的底部尺寸仅为90mm×60mm,相当于一张卡片大小,很适合于在机电一体化产品中使用。内置的24VDC电源可作输入回路的电源和传感器的电源。

2. 先进美观的外部结构

三菱公司的FX系列PLC吸收了整体式和模块式PLC的优点,它的基本单元、扩展单元和扩展模块的高度和深度相同,宽度不同。它们之间用扁平电缆连接,紧密拼装后组成一个整齐的长方体。

3. 提供多个子系列供用户选用

FX_{1S},FX_{1N}和FX_{2N}的外观、高度、深度差不多,但是性能和价格有很大的差别(见表1.1)。

型号	I/O点数	用户程序步数	应用指令	通信功能	基本指令执行时间
FX_{1S}	10～30	2K步EEPROM	85条	较强	0.55～0.7μs
FX_{1S}	14～128	8K步EEPROM	89条	强	0.55～0.7μs
FX_{2N}和FX_{2NC}	16～25	内置8K步RAM,最大16K步	128条	最强	0.08μs

FX_{1S}的功能简单实用,价格便宜,可用于小型开关量控制系统,最多30个I/O点,有通信功能,可用于一般的紧凑型PLC不能应用的地方;以FX_{1N}最多可配置128个I/O点,可用于要求较高的中小型系统;FX_{2N}的功能最强,可用于要求很高的系统。FX_{2NC}的结构紧凑,基本单元有16点、32点、64点和96点4种,可扩展到256点,有很强的通信功能。由于不同的系统可以选用不同的子系列,避免了功能的浪费,使用户能用最少的投资来满足系统的要求。

4. 灵活多变的系统配置

FX系列PLC的系统配置灵活,用户除了可选不同的子系列外,还可以选用多种基本单元、扩展单元和扩展模块,组成不同I/O点和不同功能的控制系统,各种配置都可以得到很高的性能价格比。FX系列的硬件配置就像模块式PLC那样灵活,因为它的基本单元采用整体式结构,又具有比模块式PLC更高的性能价格比。

每台PLC可将一块功能扩展板安装在基本单元内,不需要外部的安装空间,这种功能扩展板的价格非常便宜,功能扩展板有以下品种:4点开关量输入板、2点开关量输出板、2路模拟量输入板、1路模拟量输出板、8点模拟量调整板、RS－232C通信板、RS－485通信板和RS－422通信板。

显示模块FX_{1N}－5DM的价格便宜,可以直接安装在FX_{1S}和FX_{1N}上,它可以显示实时钟的当前时间和错误信息,可对定时器、计数器和数据寄存器等进行监视,可对设定值进行修改。

FX系列还有许多特殊模块,如模拟量输入输出模块、热电阻,热电偶温度传感器用模拟量输入模块、温度调节模块、高速计数器模块、脉冲输出模块、定位控制器、可编程凸轮开关、CC－Link系统主站模块、CC－Link接口模块、MELSEC远程I/O连接系统主站模块、AS－i主站模块、DeviceNet接口模块、Profibus接口模块、RS－232C通信接口模块、RS－232C适配器、RS－485通信板适配器、RS－232C/RS－485转换接口等。

FX系列PLC还有多种规格的数据存取单元,可用来修改定时器、计数器的设定值和数据寄存器的数据,也可以用来作监控装置,有的显示字符,有的可以显示画面。

5. 功能强,使用方便

FX系列的体积虽小,却具有很强的功能。它内置高速计数器,有输入输出刷新、中断、输入滤波时间调整、恒定扫描时间等功能,有高速计数器的专用比较指令。使用脉冲列输出功能,可直接控制步进电动机或伺服电动机。脉冲宽度调制功能可用于温度控制或照明灯的调光控制。可设置8位数字密码,以防止别人对用户程序的误改写或盗用,保护设计者的知识产权。FX系列的基本单元和扩展单元一般采用插接式的接线端子排,更换单元方便快捷。

FX_{1S}和FX_{1N}系列PLC使用EEPROM,不需要定期更换锂电池,成为几乎不需要维护的电子控制装置;FX_{2N}系列使用带后备电池的RAM。若采用可选的存储器扩充卡盒,FX_{2N}的用户存储器容量可扩充到16K步,可选用RAM,EPROM和EEPROM储存器卡盒。

FX_{1S}和FX_{1N}系列PLC有两个内置的设置参数用的小电位器,FX_{2N}和FX_{1N}系列可选用有8点模拟设定功能的功能扩展板,可以用旋具来调节设定值。

FX系列PLC可在线修改程序,通过调制解调器和电话线可实现远程监视和编程,元件注释可储存在程序储存器中。持续扫描功能可用于定义扫描周期,可调节8点输入滤波器的时间常数,面板上的运行/停止开关易于操作。

1.3.2　PLC的主要性能指标

PLC的性能指标较多,现介绍与构建PLC控制系统关系直接的几个。

1. 输入/输出点数

如前所述,输入输出点数是PLC组成控制系统时所能接入的输入输出信号的最大数量,表示PLC组成系统时可能的最大规模。这时有个问题要注意,在总的点数中,输入点与输出点总是按一定的比例设置的,往往是输入点数大于输出点数,且输入与输出点数不能相互替代。

2. 应用程序的存储容量

应用程序的容量是存放用户程序的存储器的容量。通常用K字(kw),K字节(kb)或K位来表示,1K=1024。也有的PLC直接用所能存放的程序量表示。在一些文献中称PLC中存放程序的地址单位为“步”,每一步占用两个字,一条基本指令一般为一步。功能复杂的指令,特别是功能指令,往往有若干步。因而用“步”来表示程序容量,往往以最简单的基本指令为单位,称为多少K基本指令(步)。

3. 扫描速度

一般以执行1000条基本指令所需的时间来衡量。单位为毫秒/千步,也有以执行一步指令时间计的,如微秒/步。一般逻辑指令与运算指令的平均执行时间有较大的差别,因而大多场合,扫描速度往往需要标明是执行哪类程序。

以下是扫描速度的参考值:由目前PLC采用的CPU的主频考虑,扫描速度比较慢的为2.2ms/K逻辑运算程序,60ms/K数字运算程序;较快的为1ms/K逻辑运算程序,10ms/K数字运算程序;更快的能达到0.75ms/K逻辑运算程序。

4. 编程语言及指令功能

不同厂家的PLC编程语言不同,相互不兼容。梯形图语言指令表语言较为常见,近年来功能图语言的使用量有上升趋势。一台机器能同时使用的编程方法多,则容易为更多的人使用。编程能力中还有一个内容是指令的功能。衡量指令功能强弱可看两个方面:一是指令条数多少,二是指令中有多少综合性指令。一条综合性指令一般就能完成一项专门操作。比如查表、排序及PID功能等,相当于一个子程序。指令的功能越强,使用这些指令完成一定的控制目的就越容易。另外,可编程序控制器的可扩展性、可靠性、易操作性及经济性等指标也较受用户的关注。

5. 三菱FX系列PLC的性能

(1)FX系列PLC型号的含义

FX系列可编程控制器型号命名的基本格式为:

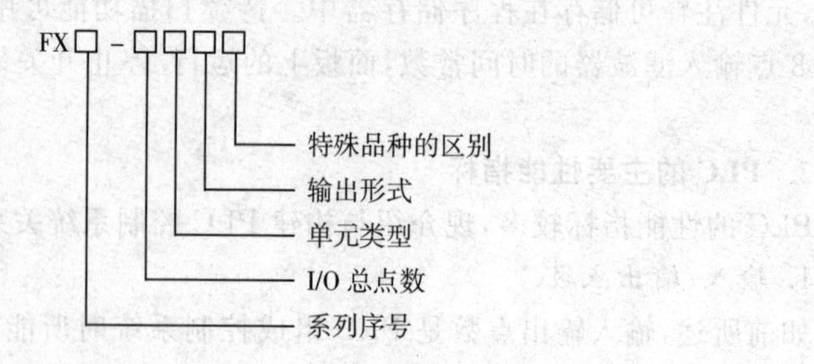

说明:

系列序号:0,0S,0N,1,2,2C,1S,2N,2NC。

I/O总点数:14~256。

单元类型:M——基本单元；　　E——输入输出混合扩展模块；

EX——输入专用扩展模块；　　EY——输出专用扩展模块。

输出形式：R——继电器输出；　　　　　T——晶体管输出；

S——晶闸管输出。

特殊品种区别：

D——DC电源，DC输入；　　　　　AI——AC电源，AC输入；

H——大电流输出扩展模块(1A/1点)；

V——立式端子排的扩展模块；　C——接插口输入输出方式；

F——输入滤波器1ms的扩展模块；L——TTL输入型扩展模块；

S——独立端子(无公共端)扩展模块。

例如：FX_{2N}——32MRD含义是：FX_{2N}系列，输入输出总点数为32点，继电器输出、DC电源，DC输入的基本单元。

(2)主要性能指标

① 硬件指标

硬件指标包括一般指标、输入特性和输出特性。

② 软件指标

软件指标包括运行方式、速度、程序容量、元件种类和数量、指令类型等。

(3)FX系列PLC的一般技术指标

FX系列PLC的一般技术指标包括基本性能指标、输入技术指标及输出技术指标，如表1.1所示

表1.1　FX系列PLC的基本性能指标

项目		FX_{1S}	FX_{1N}	FX_{2N}和FX_{2NC}
运算控制方式		存储程序，反复运算		
I/O控制方式		批处理方式(在执行END指令时)，可以使用I/O刷新指令		
运算处理速度	基本指令	0.55微秒/指令～0.7微秒/指令		0.08微秒/指令
	应用指令	3.7微秒/指令～数百微秒/指令		1.52微秒/指令～数百微秒/指令
程序语言		逻辑梯形图和指令表，可以用步进梯形指令来生成顺序控制指令		
程序容量(EEPROM)		内置2KB步	内置8KB步	内置8KB步，用存储盒可达16KB步
指令数量	基本、步进	基本指令27条，步进指令2条		
	应用指令	85条	89条	128条
I/O设置		最多30点	最多128点	最多256点

表 1.2　FX 系列 PLC 的输入技术指标

输入电压	DC24V±10%	
元件号	X0～X7	其他输入点
输入信号电压	DC24V±10%	
输入信号电流	DC24V,7mA	DC24V,5mA
输入开关电流 OFF→ON	＞4.5mA	＞3.5mA
输入开关电流 ON→OFF	＜1.5mA	
输入响应时间	10ms	
可调节输入响应时间	X0～X7 为 0～60mA(FX_{2N}),其他系列 0～15mA	
输入信号形式	无电压触点,或 NPN 集电极开路输出晶体管	
输入状态显示	输入 ON 时 LED 灯亮	

表 1.3　FX 系列 PLC 的输出技术指标

项目		继电器输出	晶闸管输出(仅 FX_{2N})	晶体管输出
外部电源		最大 AC240V 或 DC30V	AC85V～242V	DC5～30V
最大负载	电阻负载	2A/1 点,8A/COM	0.3A/1 点,0.8A/COM	0.5A/1 点,0.8A/COM
	感性负载	80VA,120/240VAC	36VA/AC 240V	12W/24V DC
	灯负载	100W	30W	0.9W/DC 240V(FX_{1S}),其他系列 1.5W/DC 24V
最小负载		电压＜5V　DC 时 2mA,电压＜24V　DC 时 5mA(FX_{2N})	2.3VA/240V AC	……
响应时间	OFF→ON	10ms	1ms	＜0.2ms;＜5μs(仅 Y0,Y1)
	ON→OFF	10ms	10ms	＜0.2ms;＜5μs(仅 Y0,Y1)
开路漏电流		…	2mA/240V AC	0.1mA/30V DC
电路隔离		继电器隔离	光电晶闸管隔离	光耦合器隔离
输出动作显示		线圈通电时 LED 亮		

1.4 PLC的外围模块

现代工业控制给PLC提出了许多新的课题,仅仅用通用I/O模块来解决这些新问题,在硬件方面费用太高,在软件方面编程相当麻烦,某些控制任务甚至无法用通用I/O模块来完成。为了增强PLC的功能,扩大其应用范围,PLC厂家开发了品种繁多的特殊用途I/O模块,包括带微处理器的智能I/O模块。

1.4.1 模拟量输入输出模块

在工业控制中,某些输入量(如压力、温度、流量、转速等)是连续变化的模拟量,某些执行机构(如伺服电动机、调节阀、记录仪等)要求PLC输出模拟信号,而PLC的CPU只能处理数字量。模拟量首先被传感器和变送器转换为标准的电流或电压,如4~20mA,1~5V,0~10V,PLC用A/D转换器将它们转换成数字量。这些数字量可能是二进制的,也可能是十进制的,带正负号的电流或电压在A/D转换后一般用二进制补码表示。

D/A转换器将PLC的数字输出量转换为模拟电压或电流,再去控制执行机构。模拟量I/O模块的主要任务就是完成A/D转换(模拟量输入)和D/A转换(模拟量输出)。

作选择开关使用。FX_{1N}－8AV－BD适用于FX_{1N}和FX_{2N},FX_{2N}－8AV－BD适用于FX_{2N}。

1. 模拟量输入输出模块FX_{2N}－3A

FX_{2N}－3A是8位模拟量输入/输出模块,有两个模拟量输入通道,一个模拟量输出通道。

输入为0~10V DC和4~20mA DC。输出为0~10V、0~5VDC和4~20mA DC,模拟电路和数字电路间有光电隔离,但是各输入端子或各输出端子之间没有隔离。它占用8个I/O点,可用于FX_{1S}之外的机型。

2. 模拟量输入模块FX_{2N}－2AD和FX_{2N}－4AD

FX_{2N}－2AD有2个12位模拟量输入通道,输入量程为0~10V、0~5V DC和4~20mA DC,转换速度为2.5ms/通道。

FX2N－4AD有4个12位模拟量输入通道,输入量程为－10V~10V和4~20mA DC,转换速度为15ms/通道或6ms/通道(高速)。

它们的模拟电路和数字电路间有光电隔离,占用8个I/O点,可用于FX_{1S}之外的PLC。

3. 模拟量输入和温度传感器输入模块FX_{2N}－8AD

FX_{2N}－8AD提供8个16位(包括符号位)的模拟量输入通道,输入为－10~＋10V和－20mA~＋20mA DC电流或电压,或K,J和T型热电阻,输出为有符号16进制数，满量程的总体精度为±0.5%。电压电流输入时的转换速度为0.5ms/通道，有热电偶输入时为1ms/通道，热电偶输入通道为40ms/通道。模拟和数字电路间有光电隔离，占用8个I/O点，可用于FX_{1S}之外的机型。

4. PT－100型温度传感器用模拟量输入模块FX_{2N}－4AD－PT

FX_{2N}－4AD－PT供三线式铂电阻PT－100用，有12位4通道，驱动电流为1mA（恒流方式），分辨率为0.2～0.3℃，综合精度为1%（相对于最大值）。它里面有温度变送器和模拟量输入电路，对传感器的非线性校正进行了校正。测量单位可用摄氏度或华氏度表示，额定温度范围为－100℃～＋600℃，输出数字量为－1000～＋6000，转换速度为15ms/通道，模拟和数字电路间有光电隔离，在程序中占用8个I/O点，可用于FX_{1S}之外的机型。

5. 热电偶温度传感器用模拟量输入模块FX_{2N}－4AD－TC

FX_{2N}－4AD－TC有12位4通道，可与K型（－100～＋1200℃）和J型（－100～600℃）热电偶配套使用，K型的输出数字量为1000～＋12000，J型的输出数字量为－1000～＋6000。K型的分辨率为0.4℃，J型的为0.3℃。综合精度为0.5%满刻度＋1℃，转换速度为240ms/通道，在程序中占用8个I/O点。模拟和数字电路间有光电隔离，可用于FX_{1S}之外的机型。

6. 模拟量输出模块FX_{2N}－2DA

FX_{2N}－2DA有12位2通道，输出量程为0～10V、0～5V DC和4～20mA DC，转换速度为4ms/通道，在程序中占用8个I/O点。模拟和数字电路间有光电隔离，可用于FFX_{1S}之外的机型。

7. 模拟量输出模块FX_{2N}－4DA

FX_{2N}－4DA有12位4通道，输出量程为－10V～＋10V和4～20mA DC，转换速度为4通道2.1ms，在程序中占用8个I/O点。模拟电路和数字电路间有光电隔离，可用于FX_{1S}之外的机型。

8. 温度调节模块FX_{2N}－2LC

FX_{2N}－2LC有2通道温度输入和2通道晶体管输出，可提供自调整的PID控制、两位式控制和PI控制，电流探测器可检查出断线故障。可使用多种热电偶和热电阻，有冷端温度补偿，分辨率为0.1℃，控制周期为500ms。在程序中占用8个I/O点，模拟和数字电路间有光电隔离，可用于FX_{1S}之外的机型。

1.4.2　高速计数器模块FX_{2N}－1HC

PLC梯形图程序中的计数器的最高工作频率受扫描周期的限制，一般仅有几十Hz。在工业控制中，有时要求PLC有快速计数功能，计数脉冲可能来自旋转编码器、机械开关或电子开关。高速计数模块可以对几十kHz甚至上百Hz的脉冲计数，它们大多有一个或几个开关量输出点，计数器的当前值等于或大于预置值时，可通过中断程序及时地改变开关量输出的状态。这一过程与PLC的扫描过程无关,可以保证负载被及时驱动。

FX_{2N}的高速计数模块 FX_{2N}－1HC 有 1 个高速计数器,可作单相/双相 50kHz 的高速计数,用外部输入或通过 PLC 的程序,可使计数器复位或起动计数过程,它可与编码器相连。

单相 1 输入和单相 2 输入时小于 50kHz,双相输入时可设置为 1 倍频、2 倍频和 4 倍频模式,计数频率分别为 50kHz,25kHz 和 12.5kHz。计数值为 32 位有符号二进制数,或二进制 16 位无符号数(O～65 535)。计数方式为自动加/减计数(1 相 2 输入或 2 相输入时)或可选择加/减计数(1 相 1 输入时)。可用硬件比较器实现设定值与计数值,一致时产生输出,或用软件比较器实现一致输出(最大延迟 200μs)。它有两点 NPN 集电极开路输出,额定值为 DC5～12V,0.5A。瞬时值、比较结果和出错状态均可监视,在程序中占 8 个 I/O 点。

1.4.3　运动控制模块

这类模块一般带有微处理器,用来控制运动物体的位置、速度和加速度,它可以控制直线运动或旋转运动、单轴或多轴运动。它们使运动控制与 PLC 的顺序控制功能有机地结合在一起,被广泛地应用在机床、装配机械等场合。

位置控制一般采用闭环控制,用伺服电动机作驱动装置。如果用步进电动机作驱动装置,既可以采用开环控制,也可以采用闭环控制。模块用存储器来存储给定的运动曲线,典型的机床运动曲线如图 1.7 所示,高速 v_1 用于快速进给,低速 v_2 用于实际的切削过程,P_1 是运动的终点。模块从位置传感器得到当前的位置值,并与给定值相比较,比较的结果用来控制伺服电动机或步进电动机的驱动装置。

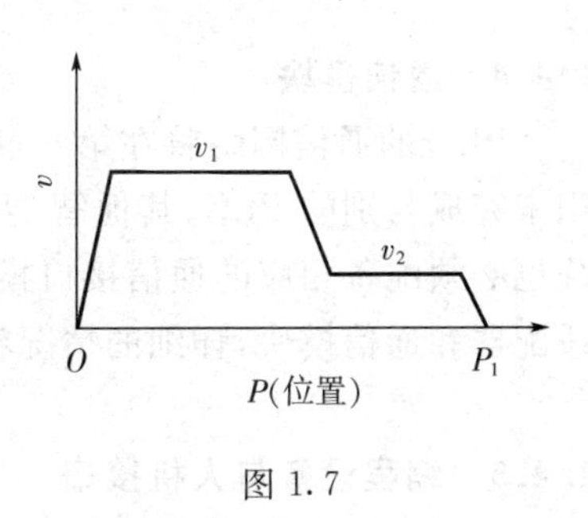

图 1.7

下面介绍 FX_{2N}系列的脉冲输出模块和定位控制模块。

1. FX_{2N}－1 PG－E 脉冲输出模块

FX_{2N}－1 PG－E 有定位控制的 7 种操作模式,一个模块控制一个轴,FX_{2N}系列 PLC 可连接 8 个模块,控制 8 个单独的轴。输出脉冲频率可达 100kHz,可选择输出加脉冲、减脉冲和有方向的脉冲。在程序中占用 8 个 I/O 点,可用于 FX_{2N} 和 FX_{2NC}。

2. FX_{2N}－10PG 脉冲输出模块

$FX2_N$系列 PLC 可连接 8 个模块,输出脉冲频率可达 1MHz,最小起动时间为 1ms,定位期间有最优速度控制和近似 S 型的加减速控制,可接收外部脉冲发生器产生的 30kHz 的输入,表格操作使多点定位编程更为方便。在程序中占用 8

个I/O点，可用于FX_{2N}和FX_{2NC}。

3. FX_{2N}－10GM和FX－20GM定位控制器

FX_{2N}－10GM是单轴定位单元，FX－20GM是双轴定位单元，可执行直线插补、圆弧插补，或独立双轴控制，可以独立工作，不必连接到PLC上。有绝对位置检测功能和手动脉冲发生器连接功能，具有流程图的编程软件使程序设计可视化。

最高输出频率为200kHz，FX－20GM插补时为100kHz，在程序中占用8个输入输出点。

4. 可编程凸轮控制单元FX－1RM－SET

在机械控制系统中常常需要通过检测角度位置来接通或断开外部负载，以前用机械式凸轮开关来完成这种任务。它对加工精度的要求高，易于磨损。

可编程凸轮控制单元FX－1RM－SET可实现高精度角度位置检测，它可以进行动作角度设定和监视。可在EEPROM中存放8种不同的程序，配套的无刷转角传感器的电缆最长可达100m。在程序中占用8个I/O点。通过连接晶体管扩展模块，可以得到最多48点的ON/OFF输出。可用通信接口模块将它连接到CC－Link网络。

1.4.4 通信模块

PLC的通信网络将在第6章中介绍，通信模块是通信网络的窗口。通信模块用来完成与别的PLC、其他智能控制设备或主计算机之间的通信。远程I/O系统也必须配备相应的通信接口模块。FX系列有多种多样的通信用功能扩展板、适配器和通信模块，详细的情况将后续章节中介绍。

1.4.5 编程设备与人机接口

编程器用来生成用户程序，并对它进行编辑、检查和修改。某些编程器还可以将用户程序写入EPROM或EEPROM中，各种编程器还可以用来监视系统运行的情况。

1. 专用编程器

专用编程器由PLC生产厂家提供，它们只能用于某一生产厂家的某些PLC产品。现在的专用编程器一般都是手持式的LCD字符显示编程器。它们不能直接输入和编辑梯形图程序，只能输入和编辑指令表程序。

手持式编程器的体积小，一般用电缆与PLC相连。其价格便宜，常用来给小型PLC编程，用于系统的现场调试和维修比较方便。

FX系列PLC的手持式编程器FX－10P－E和FX－20P－E的体积小、重量轻、价格便宜、功能强。它们采用液晶显示器，分别显示2行和4行字符。手持式编程器可用指令表的形式读出、写入、插入和删除指令，可监视位编程元件的

ON/OFF状态和字编程元件中的数据，如定时器、计数器的当前值和设定值，数据寄存器的值，以及PLC内部的其他信息。

用户可对FX－20P－E内置的存储器进行存取，实现脱机编程，根据编程器中电容的充电时间，存储器中的内容最多可以保存3天。

2. 编程软件

专用编程器只能对某一PLC生产厂家的PLC产品编程，使用范围有限。当代PLC的更新换代很快，专用编程器的使用寿命有限，价格也较高。现在的趋势是在个人计算机上使用PLC生产厂家提供的编程软件。轻便的笔记本电脑或移动电脑配上编程软件，也很适于在现场调试程序。

这种方法的主要优点是用户可以使用现有的个人计算机，对于不同厂家和型号的PLC，只需要更换编程软件就可以了。个人计算机可以为所有的工业智能控制设备（如图形操作终端、组态软件和数控设备等）编程。大多数PLC厂家都向用户提供免费使用的演示版编程软件，正版编程软件的价格也在不断降低，因此用很少的投资就可以得到高性能的PLC程序开发系统。

下面介绍的三菱电机的编程软件和模拟软件均在Windows操作系统中使用，通过调制解调器可实现远程监控与编程。

(1)FX－FCS/WIN—E/－C编程软件

该软件包专门用于FX系列PLC程序的开发，可用梯形图、指令表和顺序功能图(SFC)编程。

(2)SWOPC－FXGP/WIN—C编程软件

SWOPC－FXGP/WIN—C是专为FX系列PLC设计的编程软件，其界面和帮助文件均已汉化，它占用的存储空间少，功能较强，在Windows操作系统中运行。

(3)GX开发器(GPPW)

GX开发器(GPPW)可用于开发三菱电机所有PLC的程序，可用梯形图、指令表和顺序功能图(SFC)编程。

(4)GX模拟器(LLT)

GX模拟器(LLT)与GPPW配套使用，可以在个人计算机中模拟三菱PLC的编程，在将程序下载到实际的PLC之前，对虚拟的PLC进行监控和调试。可用梯形图、指令表和顺序功能图(SFC)编程。

(5)FX－FCS－VPS/WIN－E定位编程软件

可用流程图、通用代码或功能模块编程，最多可生成500个流程图画面，在监控屏幕上可显示数据的值、运动轨迹和操作过程。用户可通过屏幕快速和直观地理解程序，在屏幕上通过一个窗口可显示和设置所有的模块参数。

(6)GT设计者与FX－FCS/DU－WIN－E屏幕生成软件

这两种软件用于GT(图形终端)的画面设计，具有对用户友好的编程界面，可实现多窗口之间的剪切和粘贴，可以为DU系列的所有显示模块生成画面，有位图图形库。

1.4.6　显示模块

随着工厂自动化的发展，微型PLC的控制越来越复杂和高级，FX系列PLC配备有种类繁多的显示模块和图形操作终端作为人机接口。

1. 显示模块FX1N－5DM

FX_{1N}－5DM有4个键和带背光的LED显示器，直接安装在FX_{1S}和FX_{1N}上，无需接线。它能显示以下内容：

(1)PLC中各种位编程元件的ON/OFF状态；

(2)定时器(T)和计数器(C)的当前值或设定值；

(3)数据寄存器(D)的当前值；

(4)FX_{1N}的特殊单元和特殊模块中的缓冲寄存器；

(5)PLC出现错误时，可显示错误代码；

(6)显示实时钟的当前值，并能设置日期和时间。

FX1N－5DM可将位编程元件Y,M,s强制设置为ON或OFF状态，可改变T,C和D的当前值，以及T和C的设定值，可指定设备的监控功能。

2. 显示模块FX－10DM－E

FX－10DM－E可安装在面板上，用电缆与PLC相连，有5个键和带背光的LED显示器，可显示两行数据，每行16个字符，可用于各种型号的FX系列PLC。可监视和修改T,C的当前值和设定值，监视和修改D的当前值。

3. GOT－900图形操作终端(触摸屏)

GOT－900系列图形操作终端的电源电压为24V DC，可用RS－232C或RS－485接口与PLC通信。有50个触摸键，可设置500个画面。

930GOT图形操作终端带有4in对角线的LCD显示器，可显示240×80点或5行，每行30个字符，有256KB用户快闪存储器。

940GOT图形操作终端有5.7in对角线的8色LCD显示器，可显示320×240点或15行，每行40个字符，有512KB用户快闪存储器。

F940GOT－SBD－H－E和F940GOT－LBD－H－E手持式图形操作终端有8色和黑白LED显示器，适用于现场的调试，其他性能和940GOT图形操作终端类似。

F940GOT－TWD－C图形操作终端的256色7in对角线LED显示器可水平或垂直安装，屏幕可分为2～3个部分，有一个RS－422接口和两个RS－232C接口。可显示480×234点或14行，每行60个字符，有1MB用户快闪存储器。

习　题

1-1　简述 PLC 的定义。

1-2　PLC 有哪些主要特点？

1-3　与一般的计算机控制系统相比，PLC 有哪些优点？

1-4　与继电器控制系统相比，PLC 有哪些优点？

1-5　PLC 可以用在哪些领域？

1-6　简述 PLC 的扫描工作过程。

1-7　整体式 PLC 与模块式 PLC 各有什么特点？

1-8　PLC 常用哪几种存储器？它们各有什么特点？分别用来存储什么信息？

1-9　交流输入模块与直流输入模块各有什么特点？它们分别适用于什么场合？

1-10　开关量输出模块有哪几种类型？它们各有什么特点？

1-11　PLC 有哪几种编程器？各有什么特点？

1-12　FX_{2N}－48MR 是基本单元还是扩展单元？有多少个输入点，多少个输出点？输出是什么类型？

第2章 三菱PLC的内部软组件

2.1 三菱PLC内部软组件概述

2.1.1 软组件的概念

PLC内部有许多具有不同功能的器件，由于这些器件在物理上是由电子电路和存储器组成，在PLC编程上可用在程序中，所以通常把这些器件都称为软组件(有时也称为软元件)。软组件与PLC的程序配合可产生和物理意义上的实物继电器、接触器控制一样的功能。可将各个软组件理解为具有不同功能的内存单元，对这些单元的操作，就相当于对内存单元进行读写。由于PLC的设计的初衷就是用这些软组件与PLC的程序配合来模拟并替代实物继电器、接触器控制，许多软组件的名称和其他名词仍借用了继电器、接触器控制中经常使用的名称，例如“母线”、“继电器”等。

2.1.2 软组件的种类

PLC的内部有许多种不同功能的软组件，FX2系列PLC的软组件有输入继电器、输出继电器、辅助继电器、状态组件、指针、常数、定时器、计数器、数据寄存器和变址寄存器等。不同厂家、不同系列的PLC，其内部软组件的种类、功能和编号也都有所不同，因此用户在编制程序时，必须熟悉所选用PLC的每条指令涉及软组件的功能和编号。这里只介绍三菱公司FX系列的PLC。

FX系列PLC有很多种类的软组件，不同种类的软组件又有很多个，因此，每个软组件都有编号，这样才容易在编程中使用。FX系列PLC软组件的编号由表示软组件的字母和数字两部分组成，其中输入继电器和输出继电器编号中的数字部分采用八进制编号，其他软组件均采用十进制编号。FX系列中几种常用型号PLC的软组件种类及编号如表2.1所示。

表2.1 FX系列几种常用型号PLC的软组件种类及编号

编号 \ PLC型号 种类	FX0S	FX1S	FX0N	FX1N	FX2N (FX2NC)
输入继电器X (按8进制编号)	X0～X17 (不可扩展)	X0～X17 (不可扩展)	X0～X43 (可扩展)	X0～X43 (可扩展)	X0～X77 (可扩展)

（续表）

编号 种类 \ PLC 型号		FX0S	FX1S	FX0N	FX1N	FX2N (FX2NC)
输出继电器 Y（按 8 进制编号）		Y0～Y15（不可扩展）	Y0～Y15（不可扩展）	Y0～Y27（可扩展）	Y0～Y27（可扩展）	Y0～Y77（可扩展）
辅助继电器 M	普通用	M0～M495	M0～M383	M0～M383	M0～M383	M0～M499
	保持用	M496～M511	M384～M511	M384～M511	M384～M1535	M500～M3071
	特殊用	M8000～M8255(具体见使用手册)				
状态组件 S	初始状态用	S0～S9	S0～S9	S0～S9	S0～S9	S0～S9
	返回原点用	—	—	—	—	S10～S19
	普通用	S10～S63	S10～S127	S10～S127	S10～S999	S20～S499
	保持用	—	S0～S127	S0～S127	S0～S999	S500～S899
	信号报警用	—	—	—	—	S900～S999
定时器 T	100ms	T0～T49	T0～T62	T0～T62	T0～T199	T0～T199
	10ms	T24～T49	T32～T62	T32～T62	T200～T245	T200～T245
	1ms	—	—	T63	—	—
	1ms 累积	—	T63	—	T246～T249	T246～T249
	100ms 累积	—	—	—	T250～T255	T250～T255
计数器 C	16 位增计数（普通）	C0～C13	C0～C15	C0～C15	C0～C15	C0～C99
	16 位增计数（保持）	C14、C15	C16～C31	C16～C31	C16～C199	C100～C199
	32 位可逆计数（普通）	—	—	—	C200～C219	C200～C219
	32 位可逆计数（保持）	—	—	—	C220～C234	C220～C234
	高速计数器	C235～C255(具体见使用手册)				

（续表）

编号 种类	PLC 型号	FX0S	FX1S	FX0N	FX1N	FX2N (FX2NC)
数据寄存器D	16位普通用	D0～D29	D0～D127	D0～D127	D0～D127	D0～D199
	16位保持用	D30、D31	D128～D255	D128～D255	D128～D7999	D200～D7999
	16位特殊用	D8000～D8069	D8000～D8255	D8000～D8255	D8000～D8255	D8000～D8195
	16位变址用	VZ	V0～V7Z0～Z7	VZ	V0～V7Z0～Z7	V0～V7Z0～Z7
指针P、I	嵌套用	N0～N7	N0～N7	N0～N7	N0～N7	N0～N7
	跳转用	P0～P63	P0～P63	P0～P63	P0～P127	P0～P127
	输入中断用	100*～130*	100*～150*	100*～130*	100*～150*	100*～150*
	定时器中断	—	—	—	—	16**～18**
	计数器中断	—	—	—	—	1010～1060
常数K、H	6位	K:－32,768～32,767			H:0000～FFFFH	
	32位	K:－2,147,483,648～2,147,483,647			H:00000000～FFFFFFFF	

为了能全面了解FX系列PLC的内部软组件，以下几节就以FX2为例进行详细介绍。

2.2 输入继电器X和输出继电器Y

2.2.1 输入继电器(X)

输入继电器的代表符号是“X”，它在内部与PLC的输入端子相连，又通过PLC的输入端子与外部开关相连。开关的两个接线点中，一个接到输入端中的一个端子(除COM外)上，另一个接在输入端的公共端子COM上。一个输入继电器就相当于一个开关量的输入点，称为输入接点，专门用来接受PLC外接开关的信号。

输入继电器须由外部信号驱动，不能用程序驱动。从编程的角度看，一个输入继电器就相当于一个一位的只读存储器单元，可以无限次读取，其量值只能有两种状态：当外接的开关闭合时是ON状态，当开关断开时是OFF状态。但在使用中，既可以用输入继电器的常开触点，也可以用输入继电器的常闭触点。在ON状态下，其常开触点闭合，常闭触点断开；在OFF状态下，则反之，即常开接点断开，常闭接点闭合。

FX系列PLC的输入继电器以八进制进行编号，FX2系列的输入继电器的编号范围为X000～X177(128点)，但FX2系列能够处理的输入和输出单元总数只有128点，因此不可能有输入接点是128个的PLC控制系统，同样也不可能有输出接点是128个的PLC控制系统。基本单元的输入继电器编号是固定的，扩展单元和扩展模块是按与基本单元最靠近开始，顺序进行编号。例如：基本单元FX2N－64M的输入继电器编号为X000～X037(32点)，如果接有扩展单元或扩展模块，则扩展的输入继电器从X040开始编号。表2.2列出了FX2系列PLC常用型号的输入继电器接点的配置。

表2.2　FX2系列PLC常用型号输入继电器接点配置

型号	FX2－16M*	FX2－24M*	FX2－32M*	FX2－48M*	FX2－64M*	FX2－80M*	扩展
输出继电器X	X000～X007 8点	X000～X013 12点	X000～X017 16点	X000～X027 24点	X000～X037 32点	X000～X047 40点	X000～X177 128点

注1：上表中“*”表示该型号PLC的输出形式。

注2：输入接点的地址是按八进制表示，因此，其地址不表示输入接点的数量。如FX2－48M*，输入接点为24个，地址是X000～X007、X010～X017、X020～X027。

2.2.2　输出继电器(Y)

输出继电器的代表符号是“Y”，是PLC向外部负载发送信号的窗口。输出继电器用来将PLC内部的输出信号传送给输出模块，再由后者驱动外部负载，其外部物理特性就相当于一个接触器的触点，称为输出接点。可将一个输出继电器当作一个受控的开关，其断开或闭合受到程序的控制。输出继电器的初始状态为断开状态。当输出继电器的线圈得电时，其常开触点闭合，常闭触点断开。

从编程的角度看，一个输出继电器就是一个一位的读/写的存储器单元，可无限次读/写。在读取时既可以用常开触点，也可以用常闭触点，使用次数不限。表2.3列出了FX2系列PLC常用型号的输入继电器接点的配置。

FX系列PLC的输出继电器的编号和输入继电器编号一样，也是以八进制进行编号，编号的范围为Y000～Y177(128点)。与输入继电器一样，基本单元的输出继电器编号是固定的，扩展单元和扩展模块的编号也是按与基本单元最靠近开始，顺序进行编号。

表 2.3 FX2 系列 PLC 常用型号输出继电器接点配置

型号	FX2－16M＊	FX2－24M＊	FX2－32M＊	FX2－48M＊	FX2－64M＊	FX2－80M＊	扩展
输出继电器Y	Y000～Y007 8点	Y000～Y013 12点	Y000～Y017 16点	Y000～Y027 24点	Y000～Y037 32点	Y000～Y047 40点	Y000～Y177 128点

注1:输出继电器是无源的,需要外接电源。

注2:输出接点的地址也是八进制的,请不要按十进制来理解其地址含义。FX系列PLC的所有软组件中只有输入继电器X和输出继电器Y采用八进制地址,其他软组件则都是采用十进制地址。

2.3 辅助继电器M

辅助继电器的代表符号是"M",其功能相当于继电器控制系统中的中间继电器。辅助继电器和PLC外部无任何直接联系,只能由PLC内部程序控制,可由其他软组件驱动,也可驱动其他软组件。辅助继电器没有输出接点,不能驱动外部负载,外部负载只能由输出继电器驱动。

辅助继电器只有ON和OFF两种状态。它的接点使用和输入继电器相似,在ON状态下,其常开接点闭合,常闭接点断开;在OFF状态下,则反之,即常开接点断开,常闭接点闭合。

PLC内部有许多辅助继电器,FX2系列PLC中就有1000多个,采用十进制编号。FX2系列PLC的辅助继电器根据特性的不同,可分为三大类:通用辅助继电器(M0～M499),断电保持辅助继电器(M500～M1023),特殊功能辅助继电器(M8000～M8255)。

1. 通用辅助继电器(M0～M499)

共500点,通电后,它们处于OFF状态,当PLC在运行程序时可以使其中某些变为ON状态,这时一旦电源突然断电,再次通电后,M0～M499又都恢复为OFF状态。

2. 断电保持辅助继电器(M500～M1023)

共524点,当PLC在运行时电源突然断电并再次通电后,它们会保持断电前的状态,其他特性与通用辅助继电器完全一样。

3. 特殊功能辅助继电器(M8000～M8255)

从编号M8000～M8255这256个辅助继电器中有些是没有定义的,对没有定义的辅助继电器是无法操作的,在实际中就不用。有定义的可分为两大类:

(1)反映PLC工作状态或为用户提供常用功能的器件,用户只能使用其接点,不能对其驱动。

例如,M8013:每秒发出一个脉冲信号,自动每秒ON一次。

M8020:加减结果为零,则状态为ON,否则OFF。

M8060:F0地址出错时置位(ON)。例如,对不存在的X或Y进行了操作。

(2)可控制的特殊功能辅助继电器,驱动之后,PLC将做一些特定的操作。

例如,M8034:ON时禁止所有输出。

M8030:ON时熄灭,电池欠电压指示灯。

M8050:ON时禁止I0XX中断。

2.4 状态组件S

状态组件的代表符号是"S",是构成状态转移图的重要软组件,在步进顺控程序中使用。FX2系列PLC状态组件共有1000点,分为五类。状态组件S的类别和编号如表2.4所示。

表2.4 状态组件S的类别和编号

类别	编号	数量	备注
初始状态器	S0～S9	10	供初始化使用
回零状态器	S10～S19	10	供返回原点使用
通用状态器	S20～S499	480	没有断电保持功能,但是可以用程序将它们设定为有断电保持功能
断电保持状态器	S500～S899	400	具有停电保持功能,断电再启动后,可继续执行
报警用状态器	S900～S999	100	用于故障诊断和报警

前4种同步进指令STL配合使用,使编程简洁明了,具体使用见第四章的内容。不用步进顺控指令时,状态组件S可以作为辅助继电器M在程序中使用。

2.5 指针P/I与常数K/H

2.5.1 指针P/I

指针这个概念在计算机的汇编语言编程中经常提到,在FX系列PLC编程中,指针可简单理解为用来在编程中指示(标示)某条指令在程序中的位置,以便从其他指令或程序跳转到该指令,通常被称为标号。在FX2系列PLC指令中允许使用两种指针:P指针和I指针。

1. P指针

P指针又称P标号，有64个：P0～P63，不能随意指定，P63相当于END，每个在同一程序中只能使用一次，但可多次引用。

P标号用于跳转指令或子程序调用，在跳转指令中使用格式为：CJ P0～CJ P62，在子程序调用中使用格式为：CALL P0～CALL P62。

2. I指针

I指针是中断指针，又称中断标号，共有9点，根据用途不同把它分为两种类型：外中断用I指针和内中断用I指针。

(1)外中断用I指针

外中断用I指针共有6点，编号的格式如图2.1(a)所示，它是指示由特定输入端X0～X5输入外部信号而产生中断的中断服务程序的入口位置，不受PLC扫描周期的影响，可以及时处理外界信息。指针格式中的最后一位是选择是上升沿请求中断，还是下降沿请求中断。例如，I001指的是：当输入X0从OFF→ON变化时(上升沿)，执行标号后面的中断服务程序，并在执行IRET指令时返回。

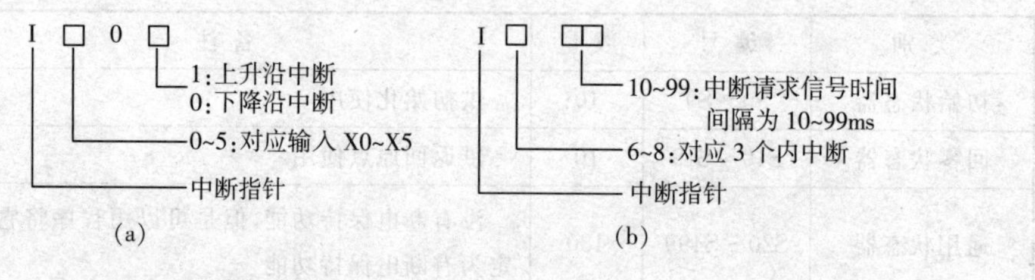

图2.1　中断指针编号的格式

(2)内中断用I指针

内中断用I指针共有3点，编号的格式如图2.1(b)所示，它是指示以某一固定时间重复中断的中断服务程序的入口位置，由指定编号为6～8的专用定时器控制。这类中断的作用是PLC每隔设定的时间就执行所指示的中断服务程序，设定时间在10～99ms间选取，每隔设定时间就会中断一次。如I610的含义是：每隔10ms就执行标号为I610后面的中断服务程序一次，在IRET指令执行时返回。

中断指针编号第二位只能用一次，如：用了I300就不能再用I301。关于P/I指针在编程时具体使用也将在第五章详细介绍。

2.5.2　常数K/H

常数也作为器件对待，它在存储器中占有一定的空间，PLC最常用的是两种常数：

(1)前缀K：表示十进制数。如：K23表示十进制数23。

(2)前缀 H:表示十六进制数。如:H64 表示十六进制数 64,对应十进制数 100。

常数一般用于定时器、计数器的设定值或数据操作。PLC 中的数据全部是以二进制表示的,最高位是符号位,0 表示正数,1 表示负数。但一般的编程器往往只能检测到十进制数或十六进制数。

2.6　定时器 T

PLC 定时器的代表符号是"T",它的作用相当于时间继电器,可以提供无限对常开、常闭触点。定时器中有一个设定值寄存器,一个当前值寄存器,这两个寄存器使用同一地址编号。定时器是通过一定周期的时钟脉冲进行计数而实现定时的,时钟脉冲的周期有 1ms、10ms 和 100ms 三种,当所计数值达到设定值时,触点动作。

FX2 系列 PLC 的定时器共有 256 个,编号为 T0～T255,容量都为 32K(即其值的范围为 1～32767)。按特性的不同可分为两类:一种为通用定时器,编号为 T0～T245;一种为累计定时器,编号为 T246～T255。

1. 通用定时器(T0～T245)

通用定时器有 100ms 和 10ms 两种。

(1)100ms 通用定时器

有 200 个,编号为 T0～T199,其中 T192～T199,可在子程序或中断服务程序中使用。每个定时器的定时区间为 0.1～3276.7s。

图 2.2 所示为定时器 T10 的常规用法,图 2.2(a)是其梯形图,图 2.2(b)为对应的波形图。图中表示由 X000 驱动 T10 工作,"T10 K40"表示 T10 设定值是十进制数 40,当计时到 40 个 100ms 时,即 4s 时,Y000 被驱动。

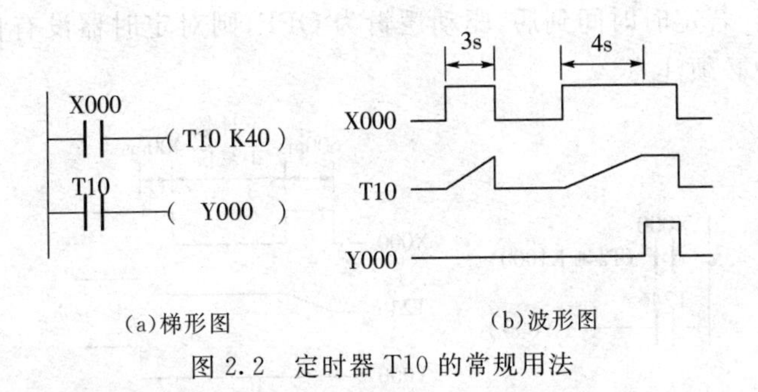

(a)梯形图　　(b)波形图

图 2.2　定时器 T10 的常规用法

(2)10ms 通用定时器

有 46 个,编号为 T200～T245,每个定时器的定时区间为 0.01～327.67s。图 2.3 所示为定时器 T200 的常规用法。设定时间值是数据寄存器 D0 中的值,并设 D0＝K918。

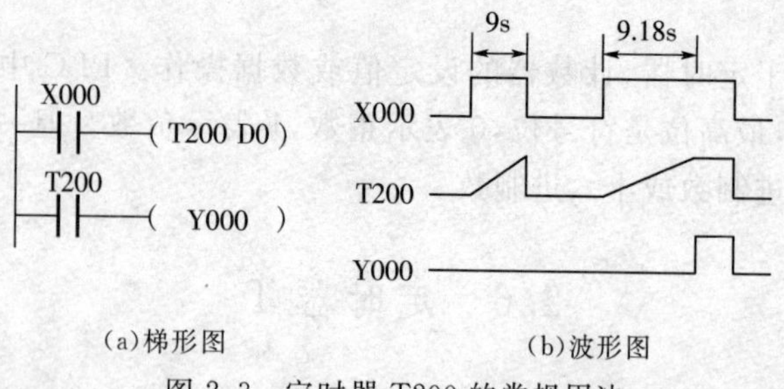

(a)梯形图　　(b)波形图

图 2.3　定时器 T200 的常规用法

由 X000 驱动 T200 工作。D0＝K918 表示要定时 918 个 10ms，即 9.18s。时间到达后，Y000 被驱动。

2. 累计定时器(T246～T255)

累计定时器又称积算定时器，有 1ms 的和 100ms 的两种。

(1)1ms 累计定时器

共有 4 个，编号为 T246～T249，每个定时器的定时区间为 0.001～32.767s。一般实用程序的扫描时间都要大于 1ms，因此该定时器设计成以中断方式工作。1ms 累计定时器可以在子程序或中断中方式。

累计定时器与通用定时器的区别是：当驱动逻辑为 ON 后的动作是相同的，而当驱动逻辑为 OFF 或 PLC 断电时，通用定时器立即复位，累计定时器并不复位，再次通电或驱动逻辑再次为 ON 时，累计定时器在上次定时时间的基础上继续累加，直到定时时间到达为止。

图 2.4 所示为 1ms 累计定时器使用举例，图中 K1000 表示定时时间为 1s。X000 闭合后，T246 开始计时。若中间 X000 断开或断电，所计时间将保留。再次通电后，只要 X000 闭合，将继续计时，直至定时时间到。若要使 T246 复位，必须用 RST 指令。若定时时间到后，驱动逻辑为 OFF，则对定时器没有任何影响，这一点在使用中必须注意。

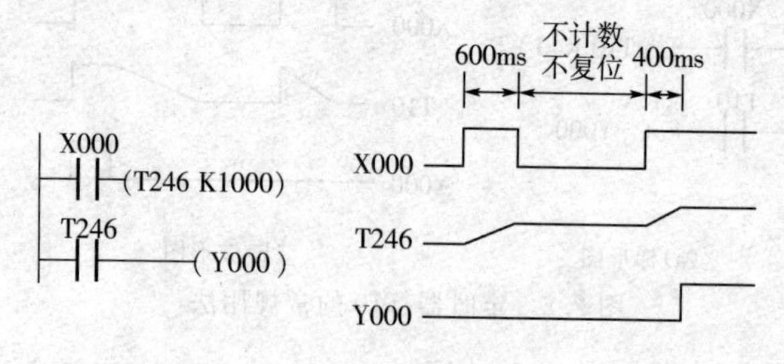

图 2.4　1ms 累计定时器的使用举例

(2)100ms 累计定时器

100ms 有 6 个，编号为 T250～T255，每个累计定时器定时区间为 0.1～

3276.7s。100 ms 累计定时器除了不能在中断或子程序中使用和定时分辨率为0.1s外，其余特性与1ms累计定时器没有区别。

图2.5所示为100ms累计定时器的使用及复位举例。图中设D10＝K100，表示100个100ms，即定时10s。X000闭合之后，T250开始计时。中间断电或X000断开T250只会停止计数，而不会复位。当再次通电或X000再次闭合后，T250在原来计数值的基础上继续计时，直至10s时间到，这时T250常开接点驱动Y000动作，这种状态一直保持，即使X000断开，T250也不复位，Y000也不断开。当X001闭合时，RST指令才对T250复位，这时Y000才断开。

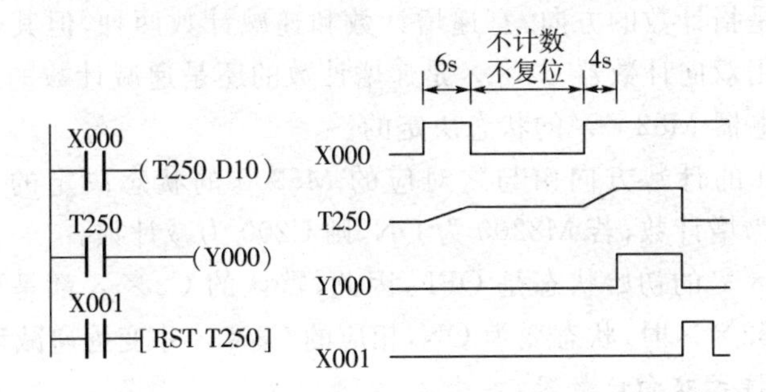

图2.5　100ms累计定时器的使用和复位示例

2.7　计数器C

计数器能对指定输入端子上的输入脉冲或其他继电器逻辑组合的脉冲进行计数。达到计数的设定值时，计数器的接点动作。输入脉冲一般要求具有一定的宽度。计数发生在输入脉冲的上升沿。每个计数器都有一个常开接点和一个常闭接点，可以无限次引用。

FX2系列PLC的计数器共有256个，编号为C0～C255。按特性的不同可分为5种，分别是：增量通用计数器、断电保持式增量通用计数器、通用双向计数器、断电保持式双向计数器和高速计数器。

1. 增量通用计数器

共有100个，编号为C0～C99，每个计数器的计数设定值范围为1～32767。这类计数器为递加计数（即来一个输入脉冲它就加1），应用前先对其设置一设定值，当输入信号（上升沿）个数累加到设定值时，计数器动作，其常开触点闭合、常闭触点断开。当计数器计的输入脉冲数未达到它的设定值时发生断电，则断电前所计数的值就全部丢失，再次通电后，从0开始重新计数。

PLC要求计数器输入脉冲的频率不能过高，一般要求输入脉冲信号的周期应该大于扫描周期的两倍以上，实际工程中都能满足。

2. 断电保持式增量通用计数器

共有 100 个,编号为 C100～C199,每个计数器的计数设定值范围为 1～32767。它们能够在断电后保持已经计下的数值,再次通电后,只要复位信号从来没有对计数器复位过,那么,计数器将在原来计数值的基础上,继续计数。断电保持式增量通用计数器的其他特性及使用方法完全和增量通用计数器相同。

3. 通用双向计数器

共有 20 个,编号为 C200～C219,每个计数器的计数设定值范围为－2,147,483,648～＋2,147,483,647。

所谓双向是指计数的方向,有递增计数和递减计数两种,但其输入脉冲只能有一个。某通用双向计数器 C2××是递增计数的还是递减计数的是由与之对应的特殊功能继电器 M82××的状态决定的。

例如,C200 的计数方向由与之对应的 M8200 的状态决定的,若 M8200 为 OFF,则 C200 为增计数;若 M8200 为 ON,则 C200 为减计数。

由于 M82××的初始状态是 OFF,因此,默认的 C2××都是增计数器。当用指令置位 M82××时,状态变为 ON,相应的 C2××才变为递减计数。

4. 断电保持式双向计数器

共有 15 个,编号为 C220～C234。它们的特性及使用方法与通用双向计数器(C200～C219)基本相同,唯一的区别就是断电后再次通电时,其当前计数值和接点状态都能保持断电前的状态。

5. 高速计数器

共有 21 个,编号为 C235～C255,每个计数器的计数设定值范围为－2,147,483,648～＋2,147,483,647 或 0～2,147,483,647。

高速计数器是指那些能对频率高于执行程序的扫描周期的输入脉冲进行计数的计数器。扫描周期一般在几十毫秒左右,因此普通计数器就只能处理频率在 20Hz 左右的输入脉冲。为了处理 20Hz 以上的频率输入,要用高速计数器。

高速计数器输入端有 8 点,X000～X007,其中 X006 和 X007 只能用作启动信号而不能用于高速计数,其他端子不能对高速脉冲信号进行处理。X000～X007 不能重复使用,即当某一个输入端已被某个高速计数器占用,它就不能再用于其他高速计数器,同时,这个端子也不能再用于其他用途。每个高速计数器的输入端子都不是任意的。各高速计数器对应的输入端如表 2.5 所示。

高速脉冲输入的最高频率都是受限制的,单个输入端子所能处理的最高频率如下:

① X000,X002,X003:最高 10kHz;

② X001,X004,X005:最高 7kHz。

另外 X006 和 X007 也可以参加高速计数的控制,但不能是高速脉冲信号本身。

表 2.5　高速计数器简表

计数器 \ 输入端子		X0	X1	X2	X3	X4	X5	X6	X7
单相无启动/复位端	C235	U/D							
	C236		U/D						
	C237			U/D					
	C238				U/D				
	C239					U/D			
	C240						U/D		
单相带启动/复位端	C241	U/D	R						
	C242			U/D	R				
	C243				U/D	R			
	C244	U/D	R					S	
	C245			U/D	R				S
两相双向	C246	U	D						
	C247	U	D	R					
	C248				U	D	R		
	C249	U	D	R				S	
	C250				U	D	R		S
鉴相式双向	C251	A	B						
	C252	A	B	R					
	C253				A	B	R		
	C254	A	B	R				S	
	C255				A	B	R		S

表中:U 表示加计数输入,D 表示减计数输入,B 表示 B 相输入,A 表示 A 相输入,R 表示复位输入,S 表示启动输入。

上述 21 个高速计数器按特性的不同可分为 4 种,如表 2.6 所示。

表 2.6　高速计数器的分类

种类	数量	编号
单相无启动/复位端	6	C235～C240
单相带启动/复位端	5	C241～C245
两相双向	5	C246～C250
鉴相式双向	5	C251～C255

所有高速计数器都是双向的,都可以进行增计数或减计数。鉴相式高速计数器的增减计数方式取决于两个输入信号之间的相位差。增减计数脉冲由一个输入端子进入计数器,其工作方式与前面介绍的双向计数器类似,增减计数仍然用M82XX控制。

不同类型的高速计数器可以同时使用的条件是:不能多于6个和不能使用相同的输入端。由于中断的输入也用X000～X005,因此也就不能使用该端子上的中断。

例如:选用了C235作为高速计数器,则由表2.5可知其输入端子必须是X000,而且其增减计数由M8235的状态决定。这时不能再选用C241、C244、C246、C247、C249、C251、C252、C254,也不能再用中断I00X。

6. 高速计数器的使用方法

由于高速计数器按中断原则工作,因此其驱动逻辑必须始终有效,而不能像普通计数器那样用产生脉冲信号端子驱动高速计数器。高速计数器的正确用法如图2.7所示,C235的脉冲信号从X000输入,但必须用其他的端子X010来始终驱动C235,而不能像图2.6所示用X000直接驱动C235。

图2.6　高速计数器的错误用法　　图2.7 高速计数器的正确用法

关于高速计数器使用频率的限制可总结成如下4条:

(1)一个计数器的输入信号频率都不能高于7KHz或10KHz。

(2)整个系统中所有计数频率的总和不能高于20KHz。

(3)在使用鉴相式计数器时,其计数频率建议不要超过2KHz。

(4)鉴相式计数器的计算频率值要将输入脉冲频率乘以4。

2.8　数据寄存器D和变址寄存器V/Z

2.8.1　数据寄存器D

在进行输入输出处理、模拟量控制、位置控制时,需要许多数据寄存器和参数。数据寄存器用于存储中间数据、需要变更的数据等。每个数据的长度为二进制16位,最高位是符号位。根据需要也可以将两个数据寄存器合并为一个32位字长的数据寄存器。32位的数据寄存器最高位是符号位,两个寄存器的地址必须相邻,较低地址的寄存器存储了32位数据的低16位,较高地址的寄存器存储了32位数据的高16位,并以低地址作为32位数据寄存器的地址。

16 位有符号数所能够表示数的范围:32767～－32768。

32 位有符号数所能够表示数的范围:2147483647～－2147483648。

按照数据寄存器特性,可分为如下 4 种:

1. 通用数据寄存器

共有 200 个,编号为 D0～D199,每个字长为 16 位,都具有“取之不尽,后入为主”的特性。向一个数据寄存器写入数据时,无论原来该寄存器中存储的什么内容,都将被后写入的数据覆盖掉。

当 PLC 一上电时,所有数据寄存器都清“0”。

当 PLC 从 RUN 转向 STOP 状态时,若 M8033＝OFF,也会将所有数据寄存器清“0”;若 M8033＝ON,数据寄存器内容将保持。

2. 断电保持数据寄存器

共有 312 个,编号为 D200～D511。断电保持数据寄存器的特性与通用数据寄存器基本相同,唯一区别是断电保持数据寄存器在断电后仍然保持数据。当两台 PLC 之间进行点对点通信时,D490～D509 被用作通信操作。

3. 特殊用途数据寄存器

共有 256 个,编号为 D8000～D8255。

这些寄存器的内容在 PLC 上电后由系统监控程序写入,用来反映 PLC 中各个组件的工作状态,尤其在调试过程中,可通过读取这些寄存器的内容来监控 PLC 的当前状态。它们有的可读写,有的为只读。

上述区间有一些是没有定义的寄存器编号,对这些寄存器的操作将是无意义的。

4. 文件寄存器

共有 2000 个,编号为 D1000～D2999。

文件寄存器的功能是存储用户程序中用到的数据文件,只能用编程器写入,不能在程序中用指令写入。但在程序中可用指令将文件寄存器中的内容读到普通的数据寄存器中。

2.8.2　变址寄存器 V/Z

FX2 系列 PLC 的变址寄存器有两个,用符号“V”和“Z”表示,都是 16 位寄存器。变址寄存器 V 和 Z 实际上是一种特殊用途的数据寄存器,其作用相当于计算机中的变址寄存器,用于改变组件的编号(地址)。例如,V＝5,则执行 D20V 时,被执行的编号为 D25(D20＋5)。变址寄存器可以和通用数据寄存器一样进行读写,需要进行 32 位操作时,可将 V、Z 串联使用(Z 为低位,V 为高位)。

习　题

2－1　什么是 PLC 内部软组件？

2－2　FX_{2N}系列 PLC 的指令中允许使用哪两种标号？

2－3　定时器在 PLC 中的作用相当于什么？

2－4　数据寄存器主要作用是什么？

2－5　FX_{2N}高速计数器有哪几种类型？

2－6　计数器 C200～C234 的计数方向如何设定？

2－7　100ms 累计定时器共有多少个？

第 3 章　FX 可编程控制器基本逻辑指令

由于可编程控制器(PLC)本身是可编程计算机，因此本章介绍如何在充分了解其内部构造、工作原理和软元件的基础上进行基本编程应用，即采用 PLC 的基本逻辑指令编写程序来对简单的系统实现控制。

3.1　PLC 的编程方式

以 FX 小型 PLC 为例，其编程包含两部分内容：一是编程的输入方式，二是程序输入的形式。

编程的输入方式大体上有通过连接到 PC 进行编程和使用手持式编程器(HPP)编程两种手段。而对应于程序的输入形式也分为图形化程序输入和指令输入两种，如图 3.1 所示。

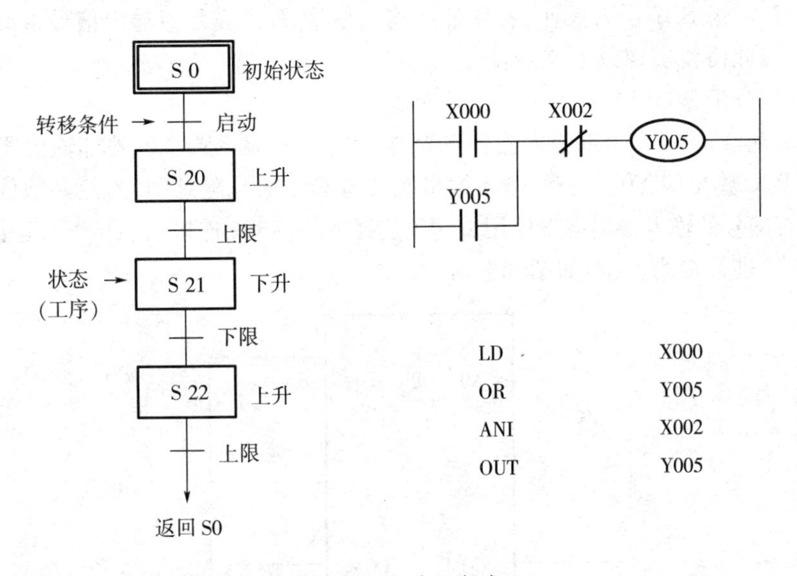

图 3.1　PLC 编程方式

图 3.1 中，使用 PC 输入图形化程序的种类分为梯形图(LADDER CHART)和状态转移图(SFC)。

一般来说，PLC 程序设计人员更多的是采用 PC 机在编程界面上进行程序开发，这样做的好处是直观、清晰、方便调试。但是因为 PLC 作为计算机是不识图的，因此图形化程序在进入 PLC 之前需要进行转化。这一转化工作由编程软件自动完成，将图形程序转为指令表传送到 PLC 主机中。所以归根到底，PLC 主机中存储的程序是指令表。

同时,在生产现场的工作人员如果需要使用手持式编程器来对PLC程序或参数进行小范围的重设定或修改,则必须通过修改指令来实现程序的修改,因此,本章着重介绍如何使用指令来编写程序。

3.2 FX基本逻辑指令

FX系列主机,从FX1S型号往后衍生的更高级机型均具有相同的基本逻辑指令,因此基本程序的编写不因机型不同而有所区别。

3.2.1 LD、LDI和OUT指令

先来看一个例子,该例子说明了如何使梯形图和指令互相转化以及实现对灯负载的最简单控制。

【例1】 假设有按钮SB1和灯泡L,要求实现按下按钮SB1,L点亮;松开SB1,L熄灭。

解:考虑SB1由人操作,看作外部输入信号,L点亮是由输出信号给出的控制结果,因此需要实现以下三步:

(1)分配I/O

分配输入输出,外部输入器件SB1连接到PLC输入端X0,外部输出器件L连接到PLC输出端Y0。注意:输入输出端的选择一般是随意的,当然必须依据PLC主机有编号的输入输出端来使用。这里选择X0作SB1连接端,Y0作L连接端。

(2)进行接线连接,如图3.2所示。

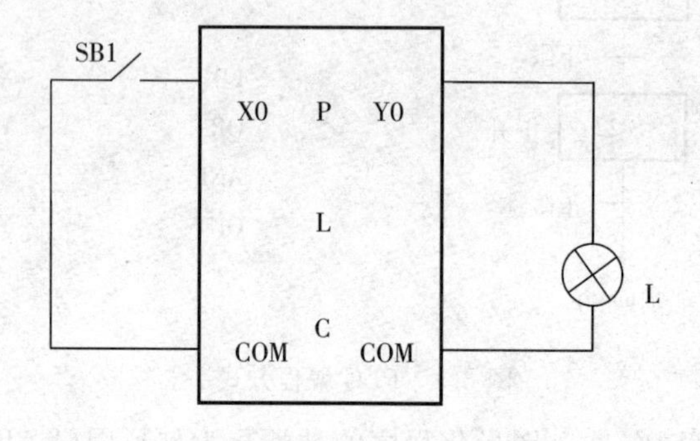

图3.2

可以看到,接线是依据I/O分配来进行的,按钮必须接到输入端,负载一定要连接到输出端。

(3)编程

画出梯形图并给出相应的指令表,如图3.3。

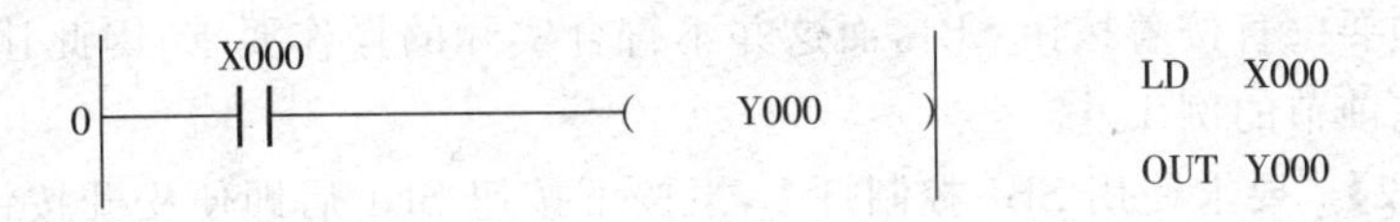

图 3.3

依据程序，当按钮 SB1 被按下时，常开触点 X000 闭合，驱动输出继电器线圈 Y000，并对外给出输出信号，输出信号送至 L，使其被点亮。

如果把常开触点 X000 换成常闭触点 X000，如图 3.4 所示，则实现的效果是，如果不按 SB1，那么由于 Y000 一直被常闭 X000 驱动，因此将会使 L 一直点亮。反之若按下 SB1，则会使 X000 常闭断开，从而使线圈 Y000 断开，熄灭 L。

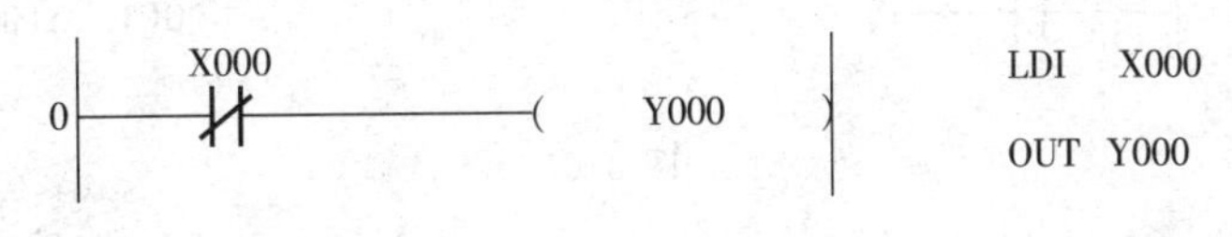

图 3.4

从上面的例子可以看出梯形图的电路支路均由触点和该支路的操作对象（如线圈、定时器、计数器等）组成。按照梯形图的绘制规则，支路的操作对象放在支路的最末端，直接与左母线相连接的是常开和常闭触点的各种连接组合。

表示支路逻辑运算开始的指令有 LD 和 LDI 两条。LD 用于常开触点，LDI 用于常闭触点。在简单电路中，每条支路的第一个触点（与左母线相连）必须使用 LD 和 LDI 指令。LD、LDI 指令适用于 X/Y/M/S/T/C 的触点操作。

OUT 指令的作用是驱动线圈输出信号，适用 Y/M/S/T/C 的线圈操作。需要注意的是 OUT 指令对 X 不能使用，此外若需要通过同一个按钮控制两盏灯，可通过连续使用 OUT 指令连续驱动线圈输出。如图 3.5（需将 Y001 接到第二盏灯上）所示。

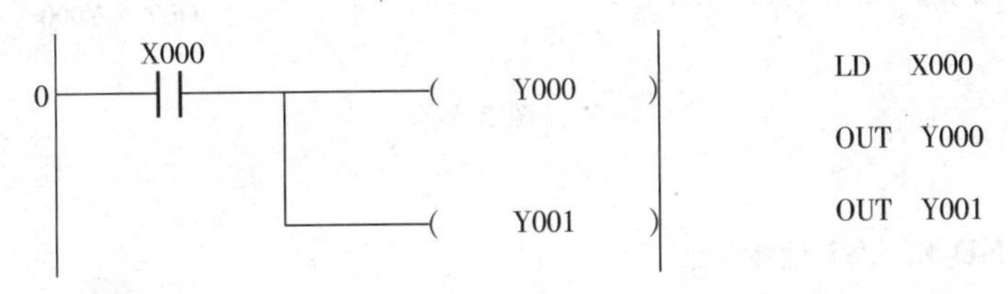

图 3.5

3.2.2　OR 和 ORI 指令

通过学习 3.2.1 节中的例 1，发现控制要求有所不妥（见图 3.3），因为当闭合 SB1 时，的确是通过常开触点 X000 的闭合来驱动 Y000 的线圈，使灯 L 点亮。问题在于，这一程序要求常开触点 X000 始终闭合才能持续驱动 Y000，这就要求操作人必须要一直按着按钮 SB1,而这并不符合实际的操作要求,因此让我们继续深入讨论前节的例 1。

【例 2】 要求使用 SB1 控制灯 L,当按下按钮 SB1 后即便松开按钮,灯 L 将被一直点亮。

解:因为前面例 1 已经实现了通过 SB1 点亮 L 的功能,因此只需要在原有程序上作小修改,图 3.6 给出能够实现功能的修改程序和指令表。

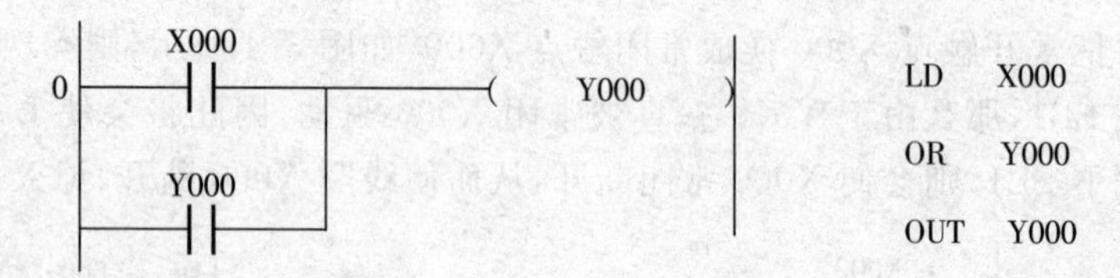

图 3.6

依据上图,当按下按钮 SB1 时,常开触点 X000 闭合,同时驱动 Y000 的线圈,则输出继电器 Y000 的辅助常开触点 Y000(与 X000 并联)将闭合自锁,此后由于 Y000 线圈保持通电,因此即使松开按钮 SB1 使 X000 常开触点还原为断开状态,Y000 线圈也可一直由其辅助常开触点 Y000 来驱动,从而达到按下按钮 SB1 松手后灯 L 始终点亮的目的。

当触点并联时,除第一行并联支路外,其他所有并联支路上若只有单一触点,则这种并联关系用 OR 或 ORI 表示。OR 指令用于并联常开触点,ORI 指令用于并联常闭触点,适用于 X/Y/M/S/T/C 的触点操作,如图 3.7 所示。

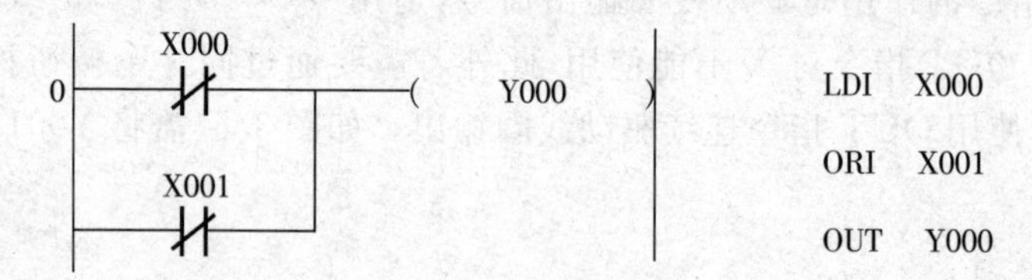

图 3.7

3.2.3 AND 和 ANI 指令

通过分析例 2,我们也能发现一个问题,即例 2 中的程序虽然能够实现使用 SB1 启动灯 L 点亮,但是无法使其关闭,灯处于半可控状态,因此在接下来的例 3 中仍需要对程序和控制要求修改。

【例 3】 使用按钮 SB1 或 SB2 控制灯 L 持续点亮,并添加按钮 SB3 控制其关闭

解:例 3 中添加了 2 个按钮,分别是 SB2 和 SB3,其中 SB2 的功能与 SB1 相同,都是启动 LD 点亮,即通过 SB2 和 SB3 的常开触点闭合驱动同一相应的线圈

输出，而 SB3 是切断电路功能的按钮，一般使用常闭触点串在电路中。下表是需要添加按钮对应的输入端分配情况。

按钮	对应输入端
SB1	X000
SB2	X001
SB3	X002

外部接线图如图 3.8 所示。

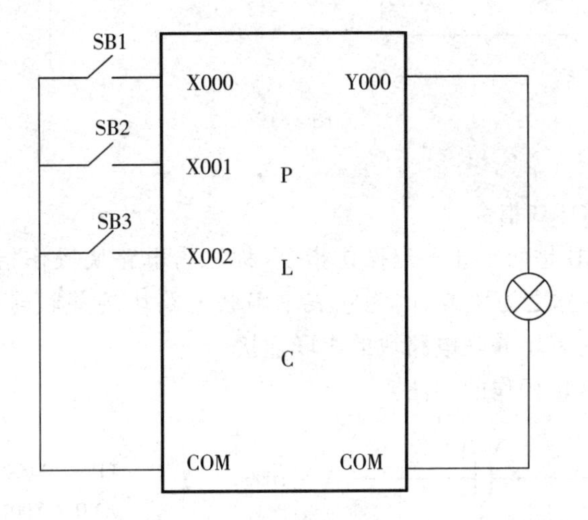

图 3.8

梯形图和指令表如图 3.9 所示。

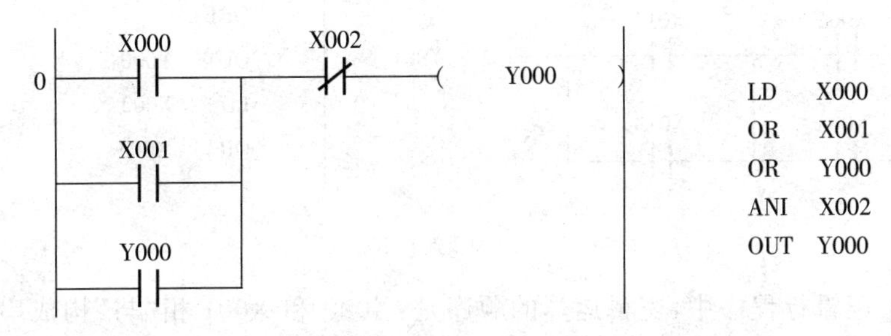

图 3.9

依照上图程序，当按下按钮 SB1 或 SB2，对应的常开触点 X000 和 X001 将要闭合，经过常闭触点 X002 驱动 Y000 的线圈，同时 Y000 的辅助常开触点将实现自锁，与 Y000 相连的 L 将维持点亮状态。若按下按钮 SB3，则其对应的常闭触点 X002 将动作，从常闭状态转为断开状态，一方面切断对 Y000 线圈的驱动，使

Y000 线圈失电，另一方面 Y000 的辅助常开触点将从闭合状态还原为断开状态，从而切断灯 L 的回路，并使其熄灭。

单一触点串联必须使用 AND 或 ANI 指令，AND 指令用于常开触点串联，ANI 用于常闭触点串联，这两条指令均适用于 X/Y/M/S/T/C 的触点操作。

例如改变例 3 控制要求：必须满足同时按下 SB1 和 SB2 两个按钮才能够点亮 L，则可以将程序作如下变化。

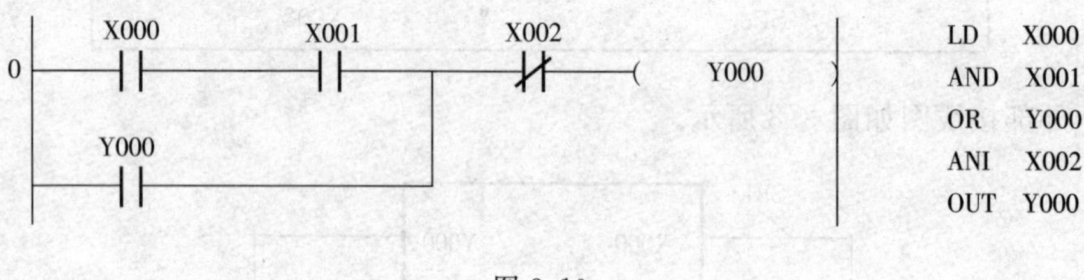

图 3.10

3.2.4 ANB 和 ORB 指令

ANB 和 ORB 是两个非触点操作指令，称之为电路块操作指令，简称块操作指令。ORB 指令称之为块或，因为它表示串联电路块的并联连接，ANB 指令称之为块与，因为它表示并联电路块的串联连接。

图 3.11 表示块操作的用法。

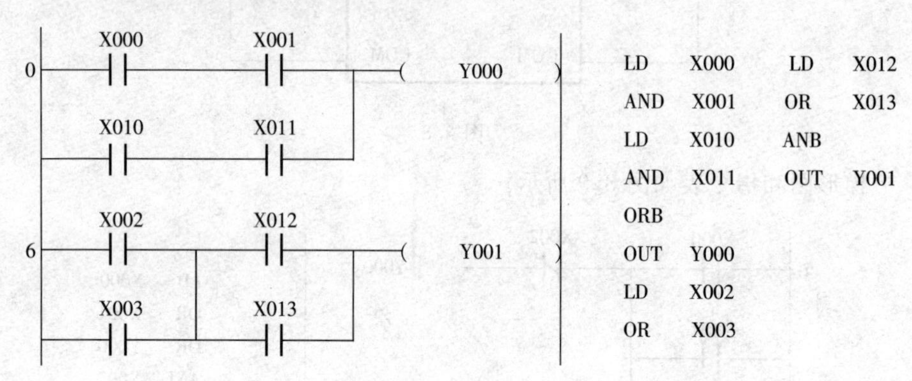

图 3.11

第一逻辑行程序中，逻辑运算的顺序是：X000 和 X001 相“与”构成串联电路块，同时 X010 和 X011 相“与”也构成串联电路块，然后将下面的串联电路块与上面的串联电路块进行“或”操作，即是所谓的“块或”。

同样的道理，在第二逻辑行中，逻辑运算的顺序是：X002 和 X003 相“或”构成并联电路块，X012 和 X013 相“或”构成并联电路块，然后将后面的并联电路块与前面的并联电路块进行“与”操作，即是所谓的“块与”。

请注意，使用块操作指令的规则是“若 A 是电路块，并且去和 B 相与或者相或"则必须使用块操作指令，其中 B 是电路块或者是单一触点与是否使用块操作指令毫无关系，所以关键在于 A 是何种结构。试将图 3.12 与图 3.11 作比较。

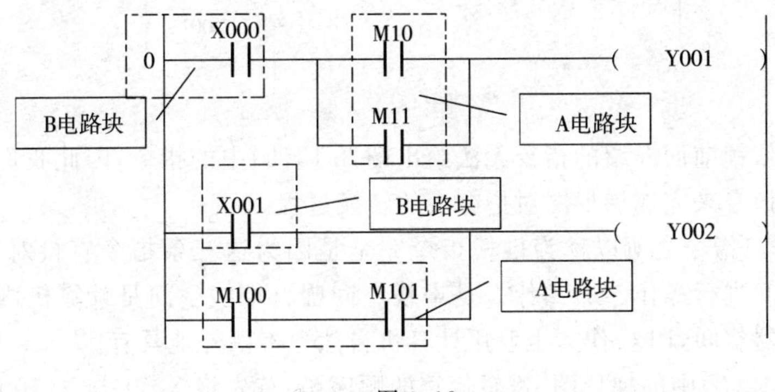

图 3.12

3.2.5 MPS、MPP 和 MRD 指令

本节的内容是 MPS、MPP 和 MRD 指令，这三个指令统称为堆栈操作指令，为了解它们的作用首先举一个例子。

【例 4】 将下面两个梯形图转化为指令。

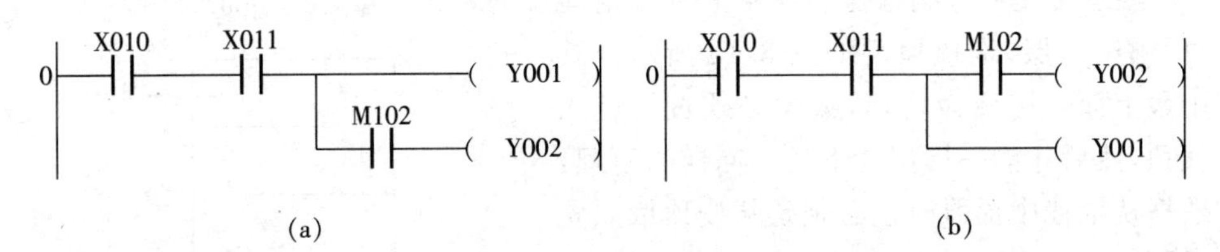

图 3.13

解：上图(a)和(b)其实是两个功能完全相同的梯形图程序，仅仅是因为结构不同，指令上就有所区别。图(a)的程序给出如下：

LD	X010	AND	M102
AND	X011	OUT	Y002
OUT	Y001		

但是图(b)的程序就不是这么简单了，例如我们"尝试"给出指令表(请注意，该尝试可能是错误的)。

LD	X010	OUT	Y002
AND	X011	OUT	Y001
AND	M102		

根据上述指令，我们发现它根本不是图(b)的指令，依据指令，推出如图 3.14 所示的梯形图。

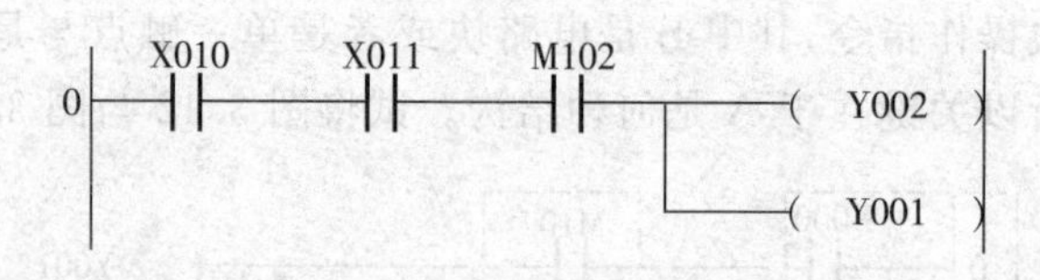

图 3.14

即是说依赖前面介绍的指令无法给出图 3.13(b)中的指令,因此我们必须借助使用堆栈指令来完成梯形图对指令表的转换过程。

MPS 等三指令之所以称为堆栈指令完全是因为这三条指令直接对 PLC 内部的堆栈空间进行操作。那么什么是堆栈空间呢？堆栈空间是计算机内部一块特殊的寄存器空间,PLC 作为工业用计算机自然也不例外地具有。

在图 3.13(b)中的梯形图,逻辑运算的顺序是:首先将 X011 与 X010 相与,其结果设为①,接下来首先要处理的是 M102 与①进行逻辑与的运算,并作为输出内容送往 Y002,其次才轮到把①直接送往 Y001 作为输出内容;即是说在 M102 与①进行逻辑与的运算之前,需要把①进行保存供以后使用。保存的时间是暂时的,保存的地方就在堆栈寄存器中。先存进去以后,等需要的时候再提取出来使用,这就是堆栈的作用。

在三菱 FX 可编程控制器中的堆栈空间总共有 11 层,堆栈模型如图 3.15 所示。其中最上面一层称为栈顶,数据必须首先进入栈顶,然后才能一层层往下送。同样的道理,数据从堆栈中提取时也必须是从栈顶依照先后顺序一个个地弹出。

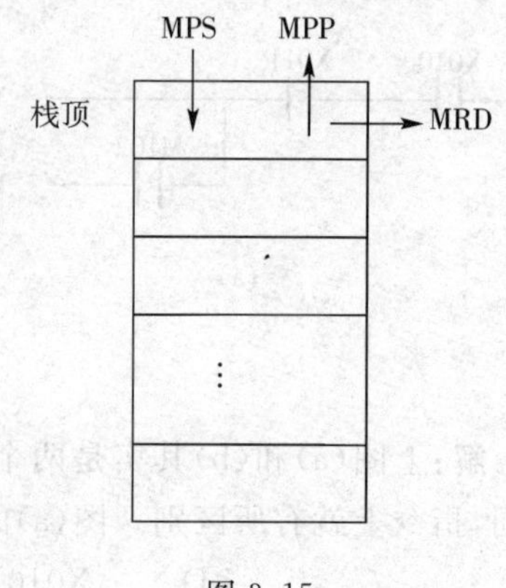

图 3.15

每使用一次 MPS 指令(称为入栈指令),该时刻的逻辑运算结果就被送入堆栈的栈顶,与此同时,原先处于栈顶的数据将会被自动往下压入下一个堆栈单元,总共能够暂时存储 11 个逻辑运算的中间量(即 MPS 指令只能连续使用 11 次)。相对应的,每使用一次 MPP 指令(称为出栈指令),各堆栈单元里的数据依次往上移动一个单元,栈顶数据被弹出拿来参与当前时刻的运算,并从堆栈中消失。注意,在程序中 MPS 和 MPP 指令必须成对使用,有压入就必须有弹出,即在程序完成后,堆栈空间内应当没有任何数据而保持清空状态。

MRD 指令称之为读栈指令,它的作用是读取栈顶的内容,对堆栈内部数据的移动没有任何影响,并且无论读多少次都不会使栈顶数据消失,因此它是一条可以反复使用的指令。

对于 3.13(b)的梯形图,其指令表给出如下:

LD	X010	OUT	Y002
AND	X011	MPP	
MPS		OUT	Y001
AND	M102		

【例5】 给出下面梯形图的指令表,其中需要使用堆栈指令的地方在图3.16中已标明。

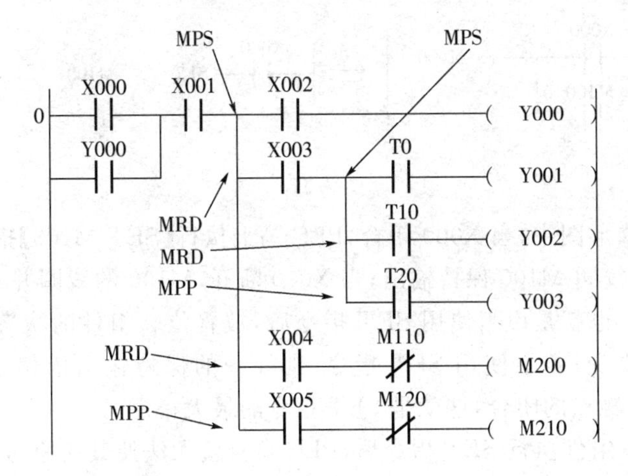

图3.16

LD	X000	AND	T10
OR	Y000	OUT	Y002
AND	X001	MPP	
MPS		AND	T20
AND	X002	OUT	Y003
OUT	Y000	MRD	
MRD		AND	X004
AND	X003	ANI	M110
MPS		OUT	M200
AND	T0	MPP	
OUT	Y001	AND	X005
MRD		ANI	M120
		OUT	M210

总结一下例5可以发现,堆栈指令都是以单个指令方式出现的,由于堆栈指令不是对触点的操作,因此其后不跟任何软组件编号。另外连续使用MPS指令(任两条MPS指令之间没有出现MPP指令)即连续对堆栈操作,连续将运算中间结果压入堆栈。如例5,就使用了2层堆栈空间。

3.2.6 SET 和 RST 指令

SET 指令称为置位指令，RST 称为复位指令，使用 SET 指令可以强制使某线圈被置成 ON 的状态并一直保持下去，若想使线圈恢复 OFF 状态则必须使用 RST 指令进行复位操作。例如，如果想保持线圈输出，通常的做法是使用自锁结构，图 3.17 是使用置位指令来取代自锁实现的输出自保持功能。

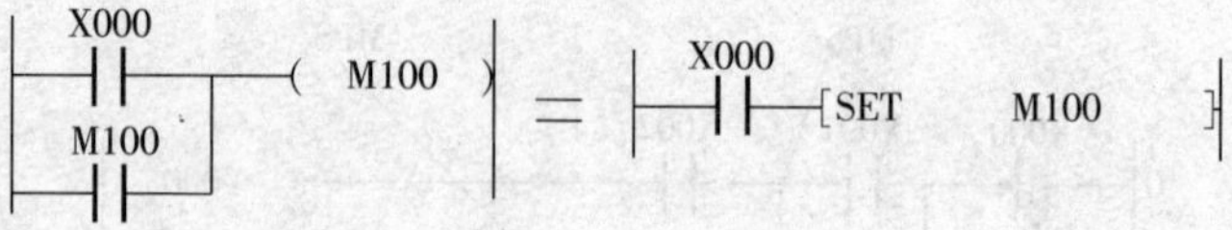

图 3.17

上图右边梯形图中，当 X000 闭合，PLC 马上执行【SET M100】指令，将 M100 线圈置位，使得线圈 M100 保持输出；当 X000 断开，M100 的线圈并不因 X000 触点断开而还原。也就是说当使用 SET 指令后，被置位软组件的状态不因其前面的触点变化而改变；若不使用 SET 指令，则线圈的保持输出依赖于 X000 或者 M100 自身辅助触点的闭合，这就是 SET 指令的最大特点。

一旦对某软组件执行 SET 指令后，PLC 自身就无法使其还原为原先状态，此时无论是断开与指令相连的触点或者是将 PLC 停止运行都无法取消置位的功能，必须使用 RST 指令进行复位操作，如图 3.18 所示。

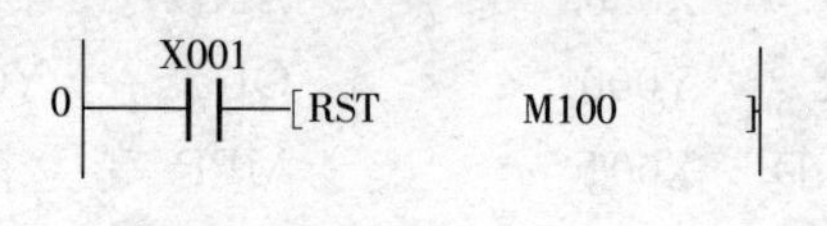

图 3.18

图 3.18 中，一旦 X001 闭合，则【RST M100】指令被执行，即自动将 M100 还原为 OFF 状态。

与前面介绍的指令不同，SET 和 RST 指令操作的对象是对应软组件的线圈，SET 指令对应操作软组件有 M/S/Y，而 RST 指令除了能将被 SET 的软组件复位以外，还可以对计数器、断电保持型定时器以及数据寄存器进行当前值清零的操作，所以 RST 指令的对应操作软组件有 Y/M/S/T/C/D。

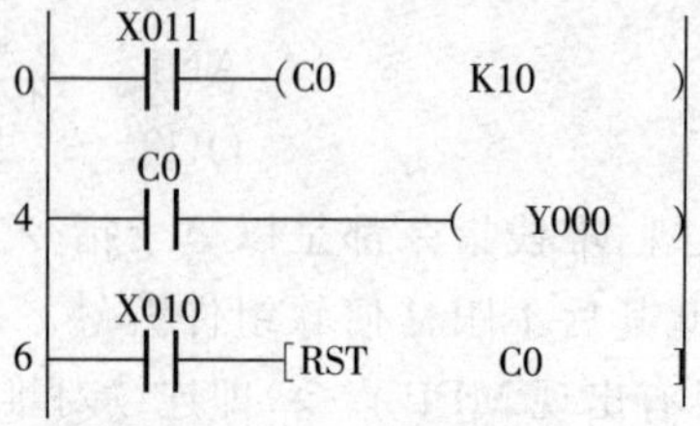

图 3.19

上图中,C0对X011的闭合次数进行记数,当闭合次数达到10次,则C0的辅助常开触点闭合,驱动Y000的线圈变为ON。若想使C0的记数值还原到零,则需要闭合X010,使PLC执行[RST C0],对C0使用复位指令。

3.2.7 MC和MCR指令

MC指令称为主控指令,MCR指令称为主控复位指令。这两条指令的作用是公共串联触点的连接和清除。为了说明这两条指令的用途首先来看例6。

【例6】 将图3.20中的梯形图转化为指令表形式。

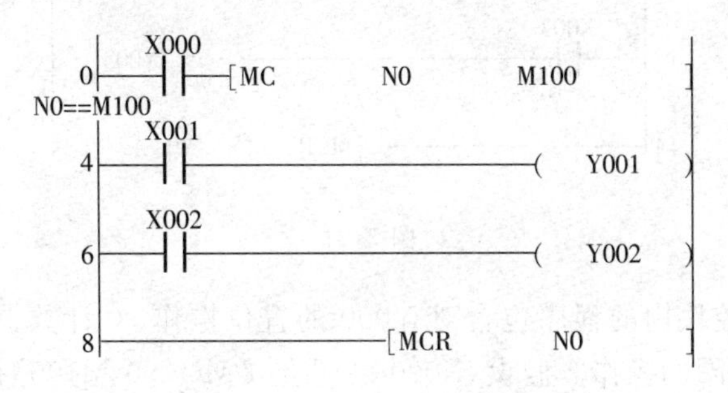

图3.20

解:上面的梯形图中使用MC和MCR指令作为主控块操作,当X000常开触点闭合时【MC N0 M100】指令即被执行,则从MC到MCR指令之间的程序全部被执行,若X000常开触点不闭合,则该段程序并不被执行。即是说,在上图的主控块中,即便闭合了X001或X002,对应的线圈也不一定被驱动,还必须取决于上面的MC指令是否执行。

上图的指令表给出如下:

```
LD    X000           LD    X002
MC    N0   M100      OUT   Y002
LD    X001           MCR   N0
OUT   Y001
```

MC表示程序进入主控块运行,MCR表示主控块结束,返回主程序。MC指令的操作比较特殊,其后必须跟两个参数:一个是N,N可以从N0取到N7,表示主控程序的嵌套层数;另一个是作为主控元件的线圈编号,如图3.20中的程序就使用了M100作为主控元件。在PLC内部能够作为主控元件出现在MC指令后面的只有Y和M两种软组件,并且如果是同级的主控指令,软组件编号不能够相同,这是非常关键的。

当MC指令被执行,并且满足触点组合条件的话,对应线圈得以被驱动为ON状态;当MC指令不被执行,则主控块内的程序完全不被执行,线圈全部保持OFF状态;问题是若MC指令先被执行以后,再切换成不执行会怎样呢?图3.21

中的程序说明了这个问题。

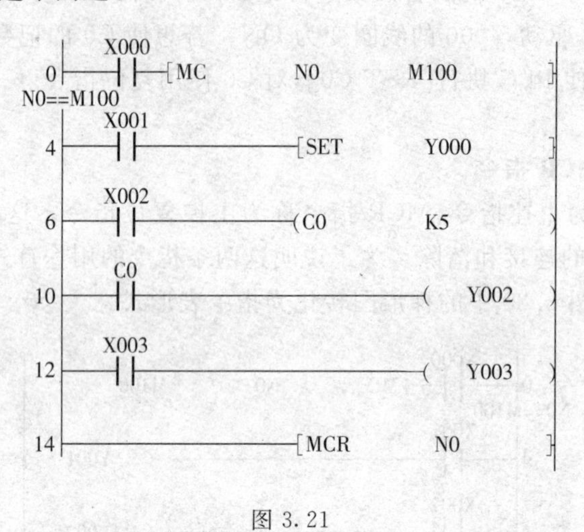

图 3.21

上图中,主控块内的程序包含对 Y000 的置位操作、对计数器的操作以及普通的触点驱动线圈的操作。假设,X000 已闭合,【MC N0 M100】被执行,则 PLC 进行以下操作:Y000 被置位;C0 计数完成,C0 的辅助常开触点闭合驱动 Y002;X003 也处于闭合状态,驱动了 Y003。现在断开 X000,停止执行【MC N0 M100】主控块内的软组件状态将依照以下操作变化:Y000 由于被置位,因此当 X000 断开,Y000 将保持 ON 状态,如想使其变为 OFF 状态只能使用 RST 指令进行复位操作;C0 计数 5 次完成,因此其常开触点将一直闭合,驱动 Y002 为 ON 状态;X003 虽然闭合驱动 Y003,但由于主控回路断开,因此 Y003 将由 ON 变为 OFF。由此我们看出,在主控块中,现状保持的软元件有计数器、累积型的定时器和用置/复位指令驱动的软元件,而变为断开的软元件有非累积型定时器和用 OUT 指令驱动的软元件。

除了上面所述的特点以外,主控指令最大的特点在于嵌套结构,就是主控块中套主控块,如图 3.22 所示。总共分为 N0、N1、N2 三层嵌套,MC 指令嵌套级的编号是从零开始依次增大的(N0→N1→N2→N3→N4→N5→N6→N7),而当使用 MCR 指令作为主控返回时,则从最大的嵌套级开始消除(N7→N6→N5→N4→N3→N2→N1→N0)。在主控块中,若上一层的主控程序不能够执行,则下一层的程序也将得不到执行,如此往下,一层套一层。

3.2.8 PLS 和 PLF 指令

PLS 和 PLF 指令称为脉冲沿检出指令,属于线圈操作指令。这两条指令用于目标组件的脉冲输出,当输入信号跳变时产生一个宽度为一个扫描周期的脉冲。以图 3.23 中程序为例,分析 PLS 指令和 PLF 指令的作用。

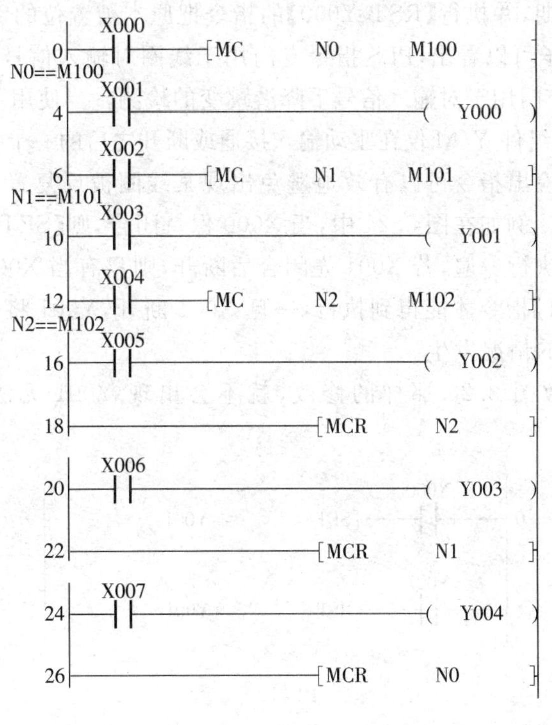

图 3.22

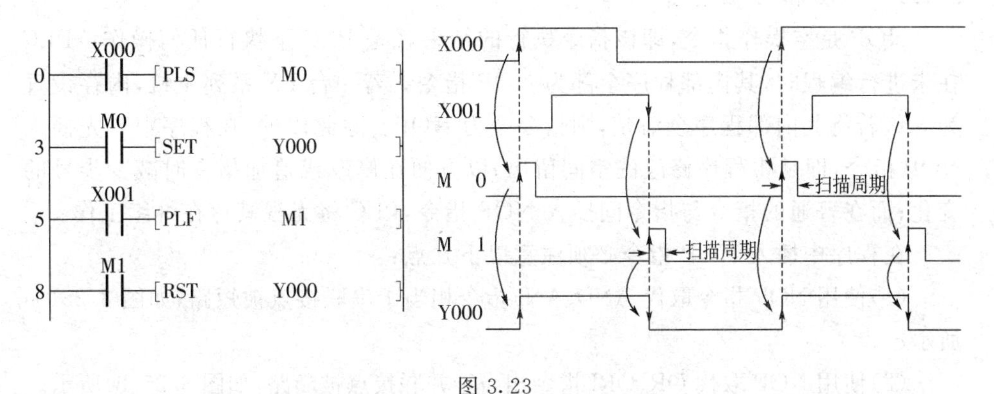

图 3.23

图 3.23 中左边的程序依照右边的时序进行动作，其过程分析如下：当 X000 闭合时，输入端信号产生上升沿跳变，对应的【PLS M0】指令检测到这一跳变后则自动将 M0 的线圈接通一个扫描周期，同时 M0 的辅助常开触点也将接通一个扫描周期，并将执行【SET Y000】指令把输出端 Y000 给置位；当 X001 闭合，程序没有任何影响，而当其断开时，输入端信号产生下降沿跳变，【PLF M1】指令检测到这一跳变后自动将 M1 的线圈接通一个扫描周期，同时 M1 的辅助常开触点也将

接通一个扫描周期,并执行【RST Y000】的指令把原本被置位的 Y000 给复位。

由上面的例子可以看出,PLS 指令专门用于线圈对输入信号上升沿跳变的检测,而 PLF 指令专门用于对输入信号下降沿跳变的检测。当使用了 PLS 或 PLF 指令后,可使用的软组件 Y/M 仅在驱动输入接通或断开之后的一个扫描周期内动作。

使用脉冲沿检出指令可以有效地避免出现某线圈被反复置位以致于无法被复位的情况发生。例如在图 3.24 中,当 X000 保持闭合,则【SET Y001】指令在每个扫描周期都被执行一遍,若 X001 先闭合后断开,则只有当 X001 闭合时的扫描周期,【RST Y001】指令才能得到执行,一旦 X001 断开,Y001 将仍会被置位从而出现无法被复位的情况发生。

所以,如果做图 3.23 那样的修改,就不会出现 Y001 无法被复位的情况发生。

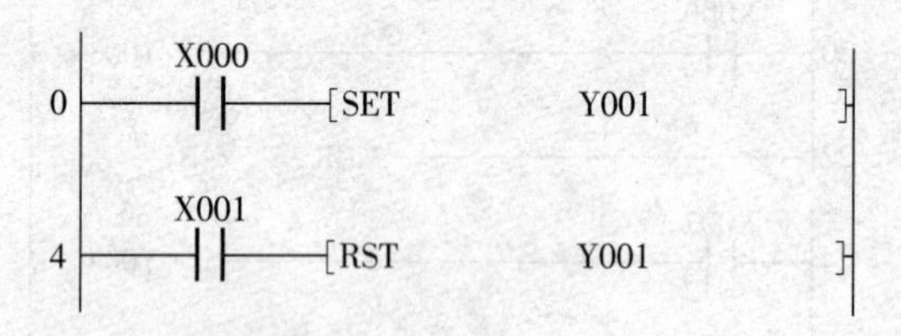

图 3.24

3.2.9　NOP 和 END 指令

NOP 是空操作指令,即该指令执行的结果就是 PLC 不执行任何操作。PLC 在未进行编程时,其内部程序全部为 NOP 指令。若一台 FX 系列主机,内存设置为 8K,若将其内部程序全清楚,则指令全为 NOP。除此以外,在程序中事先插入 NOP 指令,即是将程序修改的空间留出,以方便在修改或追加指令时减少步号的变化;而在普通的指令与指令间插入 NOP 指令,PLC 将无视其存在继续工作。

在程序中插入 NOP 指令必须注意以下几点:

(1)使用 NOP 指令取代 AND、ANI 指令相当于串联接点被短路,如图 3.25(a)所示;

(2)使用 NOP 取代 OR、ORI 指令相当于并联接点被断路,如图 3.25(b)所示。

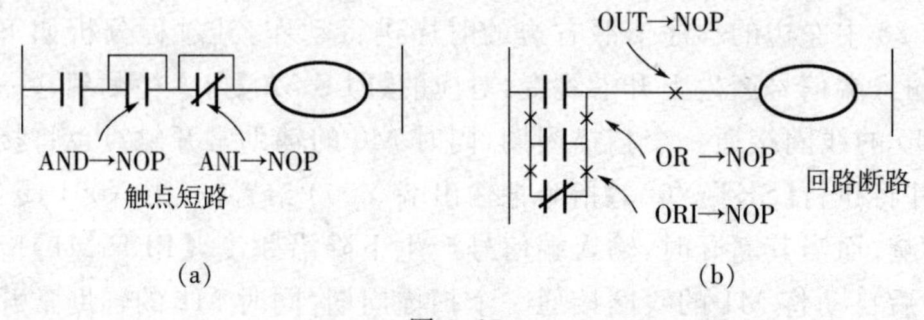

图 3.25

(3)若将已写入过的指令替换成NOP,可能造成梯形图出错,例如将ANB或ORB替换为NOP将直接影响到梯形图的结构,使得PLC不能识别程序。

END指令是表征程序结束的指令。PLC在整个工作过程中反复进行输入处理、程序执行、输出处理。若在程序中写入END指令,则END指令以后的程序一律略过,直接进行输出处理。

程序调试时,可以在程序中各处插入END指令,来确认各程序段的功能,待到确认动作正确后可以依序删去END指令。此外,主机RUN开始的首次程序运行从END指令开始执行,因此当从编程状态STOP切换到运行状态RUN时,主机首先确认的是程序中是否存在END指令。若不存在END指令,则主机面板ERROR指示红灯会闪烁,提示出错。

习　题

3-1　写出下图中梯形图对应的指令。

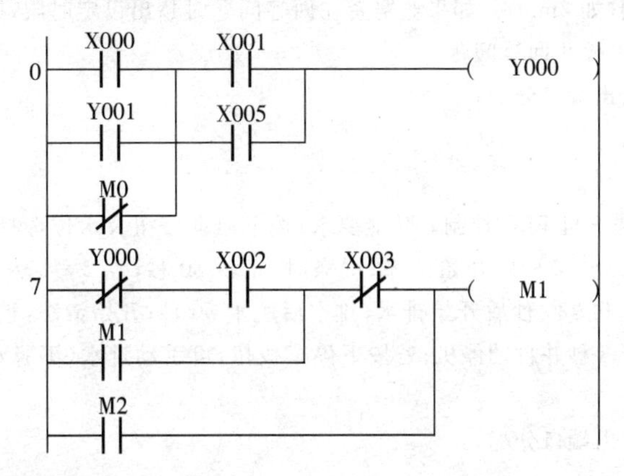

3-2　写出下图中梯形图对应的指令。

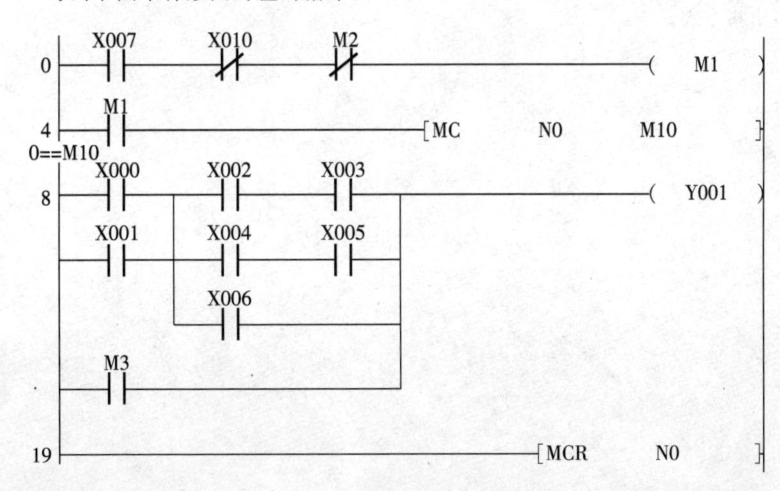

3－3　使用 PLC 控制一个电机点动和长动的继电接触控制电路，要求：接上电源后，按下长动按钮 SB2，电机作连续运转；按下点动按钮 SB1，电机作点动运转；按下 SB3 电机停转。

(1)列出输入、输出端口分配；

(2)画出梯形图；

(3)写出指令表。

3－4　设计一个双灯闪烁 PLC 控制系统。功能要求：接上电源，并按下开关 SB 后，两灯即交替闪烁，每个灯被点亮和熄灭时间间隔为 1S。

(1)列出输入、输出端口分配；

(2)画出梯形图；

(3)写出指令表。

3－5　试使用 PLC 作控制器设计一个四路抢答器。功能要求：竞赛者若要回答主持人所提问题时，须抢先按下桌上的抢答按钮；绿色指示灯亮后，需等主持人按下复位按钮后，指示灯才熄灭；如果竞赛者在主持人打开开关 10s 内抢先按下按钮，电磁线圈将使彩球摇动，以示竞赛者得到一次幸运的机会；如果在主持人打开开关 10 s 内无人抢答，则必须有声音警示，同时红色指示灯亮，以示竞赛者放弃该题；在竞赛者抢答成功后，应限定一定的时间回答问题，根据题目难易可设定时间(如 2min)。如果竞赛者在回答问题时超出设定时限，则红色指示灯亮并伴有声音提示，竞赛者停止回答问题。

(1)列出输入、输出端口分配；

(2)画出梯形图；

(3)写出指令表。

3－6　全自动洗衣机 PLC 控制。功能要求：按下启动按扭及水位选择开关，开始进水直到(高、中、低)水位，关水；2 秒后开始洗涤；洗涤时，正转 30 秒，停 2 秒，然后反转 30 秒，停 2 秒；如此循环 5 次，总共 320 秒后开始排水，排空后脱水 30 秒；开始清洗，重复(1)～(4)，清洗两遍；清洗完成，报警 3 秒并自动停机；若按下停车按扭，可手动排水(不脱水)和手动脱水(不计数)。

(1)列出输入、输出端口分配；

(2)画出梯形图；

(3)写出指令表。

第 4 章　步进顺控指令

通过前几章的学习，我们学会了用基本指令编写梯形图。本章我们学习用步进顺控指令编写程序，这不仅是一种指令的使用方法，更是一种编程思路，一种编程语言。尤其是对顺序控制系统，用该指令对其编程控制，思路清晰，非常方便，很值得下功夫掌握之。

4.1　状态流程图

4.1.1　顺序控制系统

既然步进顺控指令非常适合顺序控制系统的编程，那么什么是顺序控制系统呢？下面先看两个例子。

【例 1】 图 4.1 是一个小车运料系统，其运行过程为：小车在 *A* 点等待 2 分钟装料，然后向 *B* 点前进；再在 *B* 点等待 1 分钟卸料，之后再向 *A* 点后退；再等待 1 分钟装料，小车在自动控制下将循环动作。

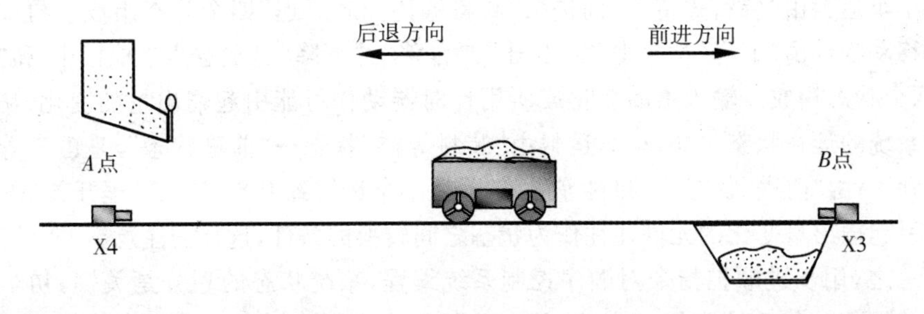

图 4.1

【例 2】 图 4.2 是机械手移动物件系统。在自动控制下，机械手循环不断地将 *A* 点的工件搬运到 *B* 点。机械手的工作过程为：开始机械手处于左上角→下降→到 *A* 点后夹紧，并延时 1 秒钟→上升→到位后右移→到右上角后下降→到 *B* 点后放松，并延时 1 秒钟→上升→到位后左移→到左上角→下一次循环。

像这样的实例在生产中很多，也很常见。由此不难想象，所谓顺序控制，就是按照生产工艺流程的顺序，在控制信号的作用下，使得生产过程的各个执行机构自动地按照顺序动作，这样的系统称为顺序控制系统。

如果上述两例用梯形图对其编程实现自动控制，初学者一时不知从哪下手，其程序较复杂，这里不再讨论，读者可试着编写，或参考其他书。如果用状态流程图来描述将非常简单，并且一目了然。

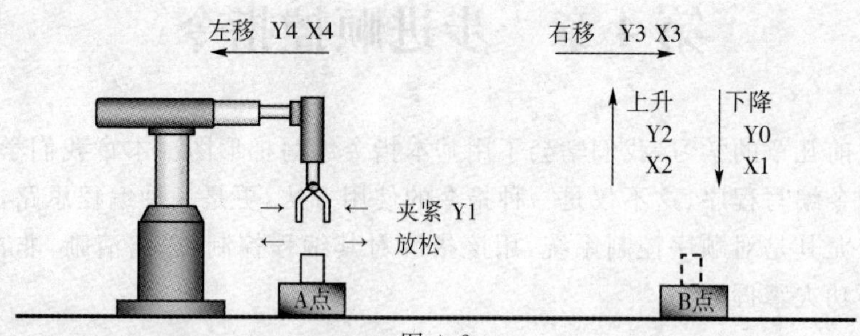

图 4.2

4.1.2 状态流程图

1. 状态的概念

(1)生产工艺中的状态

在上述两例中，我们常称小车在“前进状态”；小车在“等待装料状态”；机械手在“下降状态”等。这里的状态是指输入和输出量相对保持不变的某一种态势，即当输入量没有变化或所用计时器和计数器没有动作，输出量也没有变化，系统处于相对稳定的运行状态。状态不是按时间长短划分，关键是个“变”。在一个生产工艺流程中有很多个状态，我们可以通过分析，一个个找出来，用列表或画图的办法来表示。例如小车运料由“装料等待”、“前进”、“卸料等待”和“后退”四个状态组成。再如机械手移动物件由“下降”、“夹紧”、“上升”、“右移”、“下降”、“放松”、“再上升”和“左移”八个状态构成。输入量的变化或所用计时器动作可能引起输出量的变化，从而改变系统的运行状态。如，小车运料由“装料等待”状态→“前进状态”，是由于等待时间到了；由“前进”状态→“卸料等待”是因为小车运行到B点，B点行程开关X3动作。引起输出量变化的元件往往作为状态之间转换的条件，这点需注意。

总之，用步进顺控指令对顺序控制系统编程，系统状态的划分是关键，初学者要多加练习才能熟练掌握。当然，状态的划分也不是一成不变的，对于复杂的控制系统也可以划分为大状态，大状态中嵌套小状态，或大状态中用基本指令和功能指令编写。

(2)PLC中的状态

对应生产工艺中的状态，在PLC中用“状态寄存器”S表示，编程时又称“步”(注意与助记符指令中步的区别)。FX2系列中共有900个状态寄存器S0～S899，其中S0～S9和S10～S19专用于IST指令(详见4.4节)，S20～S499为普通型，S500～S899为失电保持型。状态“S”是构成状态流程图的重要元素。

2. 状态流程图

从以上例子不难看出，一个顺序控制过程可以分成若干个状态，状态与状态之间由转换分隔，相邻的状态具有不同的动作，当相邻两状态之间的转换条件得到满足时，就实现状态的转移，即上一个状态的动作结束而下一个状态动作开始。将这一过程的方框图用国际电工委员会（IEC）标准的 SFC（Sequential Function Chart）语言来描述就成为顺序功能图，或称为状态转移图，也称为状态流程图。

3. 举例说明

【例 3】 将前例小车运料过程用状态流程图来描述。

(1)首先列出 PLC 输入和输出端子编号及功能表，见表 4.1。

表 4.1

输　入		输　出	
输入开关	功　能	输出编号	功　能
X0	启动开关	Y1	驱动前进电机
X3	B 点行程开关	Y2	驱动后退电机
X4	A 点行程开关	Y3	前进指示灯
		Y4	后退指示灯

(2)然后根据生产工艺要求画出生产工艺流程图，见图 4.3。其画法非常类似计算机语言算法中的流程图，只要划分好状态，弄清每个状态下系统在干什么，找到状态之间的转换条件，生产工艺流程图并不难画出。

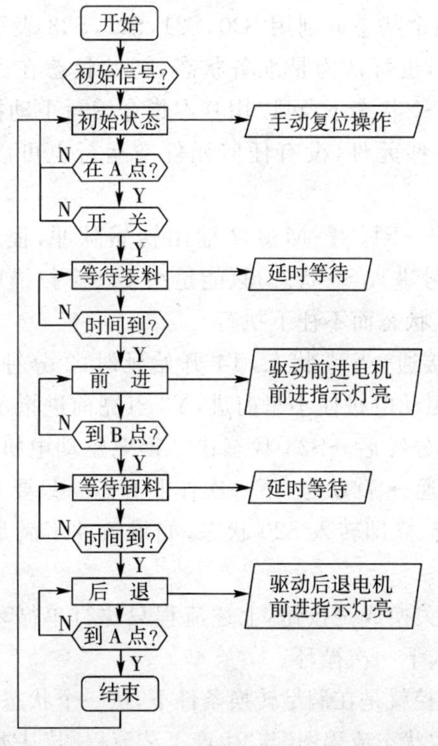

图 4.3

(3)将生产工艺流程图转换成状态流程图，见图 4.4。

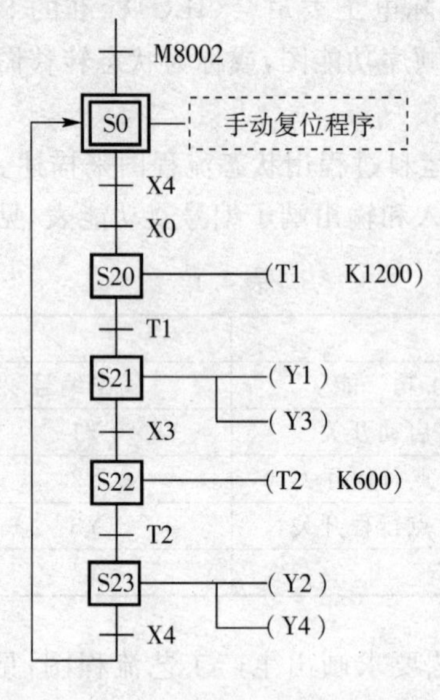

图 4.4

流程图说明：

(1)小车运行的四个状态分别用 S20，S21，S22，S23 表示，各状态之间用竖线连接。S0 为初始状态，也可认为是准备状态(初始状态在后面讨论，这里只要学会模仿就可以了)，在 S0 状态下，可以用基本指令编写手动控制程序，或对输出量进行复位，或初始化一些元件，没有任何元件空运行也可以，一般不作为实质性状态。

(2)PLC 由 STOP→RUN→M8002 输出初始脉冲，程序进入 S0 初始状态。也可以用其他脉冲信号进入 S0 状态，只能是小于一个扫描周期的脉冲，否则程序每次扫描后都回到 S0 状态而不往下执行。

(3)当 X0 和 X4 接通→S20 状态，T1 开始延时，2 分钟后，T1 常开触点接通→S21 状态；Y1 吸合驱动电机使小车前进，Y3 点亮前进指示灯，当 X3 接通→S22 状态；T2 开始延时，1 分钟后→S23 状态；Y2 得电驱动电机使小车后退，Y4 点亮后退指示灯，当 X4 接通→S0 状态，下一次作业开始。只要 S0→S20 的条件满足，程序不在 S0 状态停留，立即转入 S20 状态，如果条件不满足，程序停在 S0 状态，时刻准备着。

(4)如果将 X0 开关换成是按钮，上述流程只执行单循环后，则停在 S0 状态，等待 X0 再次接通进入下一次循环。

由此可见，步进顺控就是在满足转换条件下，从一个状态转到另一个状态，一步步向下执行，从而实现“状态流程图”与“生产工艺流程图”基本一致的编程特点。

4.1.3　状态的功能

当我们初步学习了怎样用状态流程图来描述一个顺序控制过程后,下面该对状态作进一步探讨。

1. 状态的三个功能

状态流程图由一个个状态组成,每一个状态都有三个功能:(1)驱动负载;(2)转移条件;(3)转移方向。图 4.5 为前例中小车的"前进状态 S21",它具有驱动 Y1、Y3 和当 X3 接通后转移到 S22 状态的功能。

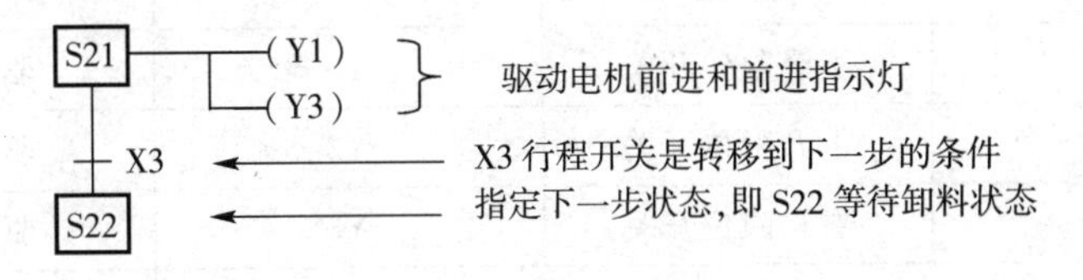

图 4.5

2. 状态流程图的动作特点

当系统处于某状态时,称为"状态有效"或"状态接通"或"状态置位,置 1"。以图 4.6 为例说明状态在转换过程中的动作特点。

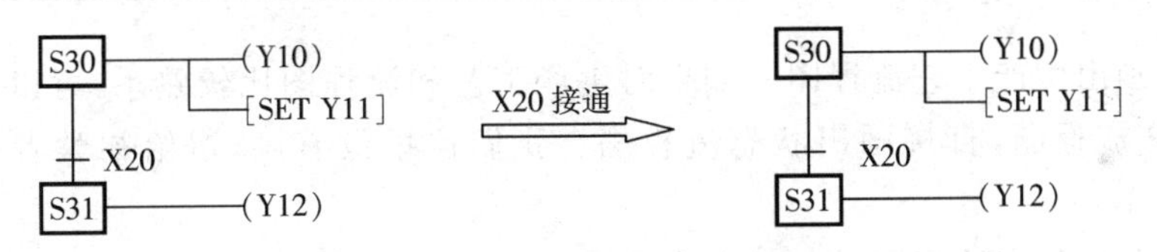

图 4.6

当 S30 状态有效时,使 Y10 和 Y11 得电吸合,程序等待转移条件。当 X20 接通(即使瞬时接通),状态将从 S30 状态转到 S31 状态,此时 S30 无效,S31 有效。当 S31 状态有效时,Y10 失电,Y12 得电吸合,Y11 因 SET 指令被保持。要使 Y11 复位,必须在某状态下用 RST 指令对其复位。

3. 状态转换与 PLC 程序扫描的关系

PLC 扫描是对所有状态程序都扫描,但系统在某时间内只能处于某个状态(也可以同时处于多个状态,但驱动负载不一样,下一节讨论),处在有效状态前后的状态都是无效状态,转移条件对其无效,也不驱动负载。也就是说 PLC 扫描到的程序可能很长,但有效执行程序很短,这是因为系统是按顺序,一步一步动作的。在分析程序的过程中,可以对无效状态"视而不见"。

4. 举例

【例 4】　画出前例机械手移动物件控制系统的状态流程图

类似图 4.2 的机械手大多采用气压(或液压)传动手臂,由电磁阀控制,装在汽缸两头的行程开关(可调整)来检测手臂伸缩的位置。该机械手上升/下降,左行/右行分别使用双螺线管的电磁阀,即在某方向的驱动线圈失电时能保持在原位置上,只有驱动反方向的线圈才能反向运动。夹钳使用单螺线管,即有电夹紧,失电放松。

(1)列出限位开关和驱动电磁阀输出点号表,见表4.2。

表4.2

输　入		输　出	
点号	作用	点号	作用
X1	下降限位开关	Y0	驱动下降
X2	上升限位开关	Y2	驱动上升
X3	右移限位开关	Y3	驱动右移
X4	左移限位开关	Y4	驱动左移
X26	启动按钮	Y1	驱动夹紧
X5	手动上升		
X6	手动左移		

(2)画出生产工艺流程图。如果对生产工艺和流程图比较熟悉,可以不要画生产工艺流程图,直接画出状态流程图。我们这里没有画,留给初学者一个小练习。

(3)画出状态流程图,即SFC图,见图4.7,旁边加有汉字注释。

流程图说明:

(1)手动操作使机械手复归到原点(左上位置,并夹钳放松)位置,状态S0是初始状态,用M8002产生的脉冲进入S0状态。原点位置是系统循环控制的初始位置,也就是设备的初始状态,关于原点问题下一节将进一步讨论。

(2)当机械手处于原点S0状态时,Y1=**0**,夹钳放松,手臂在左上位置,则X2=**1**,X4=**1**;当按下启动按钮X26→S20;S20状态使Y0=**1**,手臂下降,当下降到位,X1接通,X1=**1**→S21; S21状态使Y1=**1**,并保持夹紧,延时1秒→S22;S22状态使Y2=**1**,手臂上升,当上升到位X2=**1**→S23;S23状态Y3=**1**,使其右移,当右移到位X3=**1**→S24;S24状态Y0=**1**,使其下降,下降到位X1=**1**→S25;S25状态Y1=**0**,放松夹钳,延时1秒→S26;S26状态Y2=**1**,使其上升,上升到位X2=**1**→S27;S27状态Y4=**1**,手臂左移,左移到位X4=**1**→S0状态,回归原点。

(3)一次单循环运行结束后,只有等到X26再按下,才能开始下一次单循环。如果将X26换成开关,则会自动循环下去。

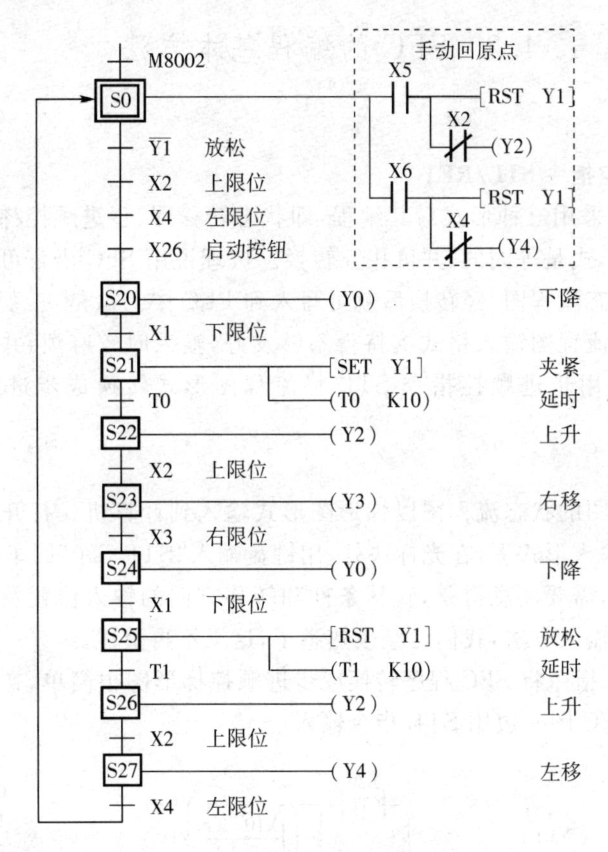

图 4.7

4.1.4　状态流程图(SFC)的优点

用 SFC 语言编写程序，尤其是对顺序控制系统编程有很多优点，这里列出几条，供读者在以后的编程中去体会。

(1)根据生产工艺流程图很容易编制状态流程图，对该语言较熟练者，可以对简单系统直接编程；

(2)编程者每次只考虑一个状态，不用考虑其他状态，思路清晰，有条不紊，程序规范性强，容易实现模块化，使编程更加容易；

(3)此编程语言一旦掌握，编程时会不由自主使用之，即使是熟练的电气工程师用这种方法也能大大提高编程效率；

(4)这种方法也为调试和试运行带来许多方便；

(5)对于较复杂的助记指令程序或梯形图，如不加注释很难读懂，而状态流程图较容易读懂弄清。

4.2　SFC 的编程基本方法

4.2.1　步进顺控指令 STL/RET

SFC 语言可采用三种形式对其编程，即状态转移图、步进顺控梯形图和助记符指令，这三种形式是等同的，并可相互转换。按理说用 SFC 语言可以在计算机上直接编写出状态流程图，经转换后就可写入到 PLC 中。可是，三菱公司提供的编程软件对状态流程图输入格式支持得不够友好，输入时较麻烦，并不直观。所以本节着重介绍用步进顺控指令 STL 将流程图形式转换成步进顺控梯形图形式。

1. 举例示范

将图 4.8 左图的状态流程图以梯形图形式输入到计算机。打开对应的应用软件，在梯形图输入形式下，在光标块处，用键盘输入“STL S20”回车即可，S21 状态输入方法同理，需要注意得是，转移条件和转移方向的输入位置及形式。其他就是基本指令的输入方法，我们已经较熟悉了，这里不再赘述。

可见用 STL 指令将 SFC 程序转换成步进顺控梯形图很简单，初学者略加练习就可一边看 SFC 图一边用 STL 指令输入。

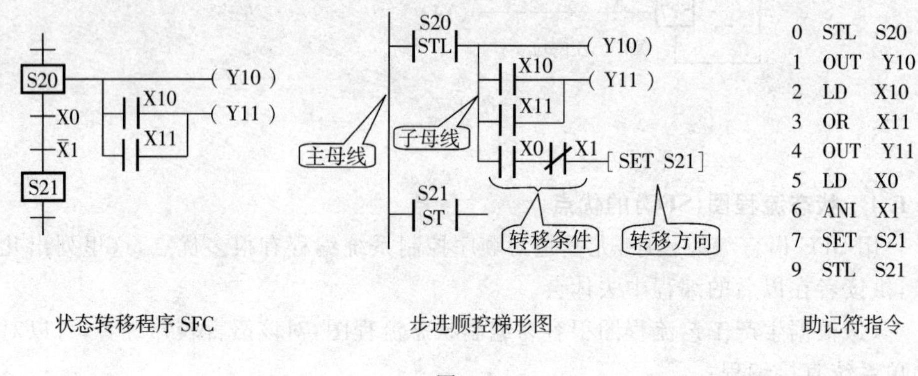

图 4.8

2. 应用举例

【例 5】 将前述小车装卸料的状态转移图用步进顺控梯形图和助记符指令表示，见图 4.9。

【例 6】 将前述机械手搬运工件的状态转移图转换为顺控梯形图和助记符指令，见图 4.10。

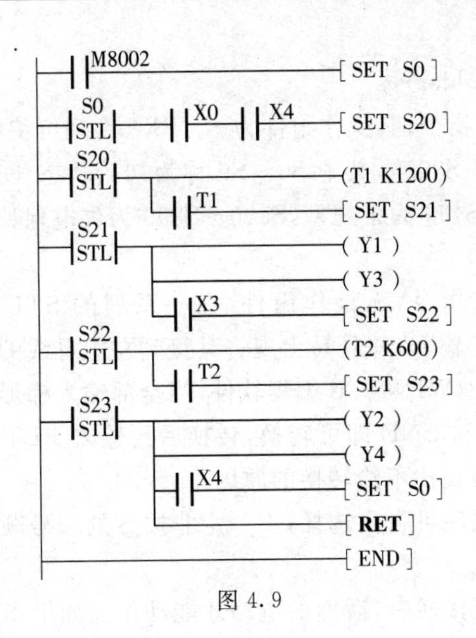
M8002
SET S0
S0
STL
X0
X4
SET S20
S20
STL
T1 K1200
T1
SET S21
S21
STL
Y1
Y3
X3
SET S22
S22
STL
T2 K600
T2
SET S23
S23
STL
Y2
Y4
X4
SET S0
RET
END

图 4.9

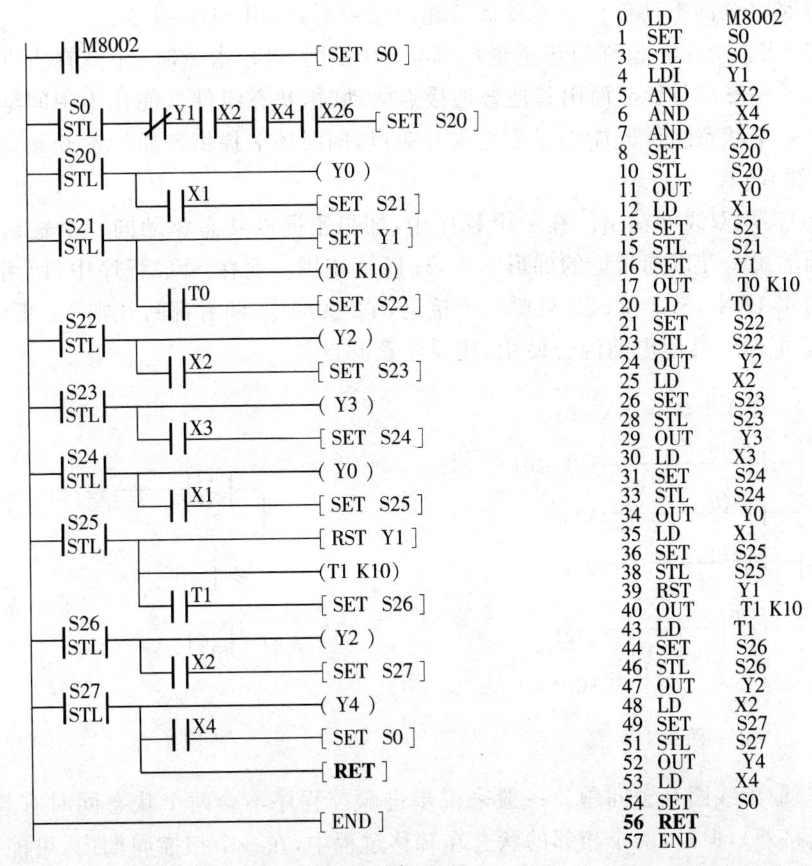
M8002
SET S0
S0
STL
Y1
X2
X4
X26
SET S20
S20
STL
Y0
X1
SET S21
S21
STL
SET Y1
T0 K10
T0
SET S22
S22
STL
Y2
X2
SET S23
S23
STL
Y3
X3
SET S24
S24
STL
Y0
X1
SET S25
S25
STL
RST Y1
T1 K10
T1
SET S26
S26
STL
Y2
X2
SET S27
S27
STL
Y4
X4
SET S0
RET
END
0 LD M8002
1 SET S0
3 STL S0
4 LDI Y1
5 AND X2
6 AND X4
7 AND X26
8 SET S20
10 STL S20
11 OUT Y0
12 LD X1
13 SET S21
15 STL S21
16 SET Y1
17 OUT T0 K10
20 LD T0
21 SET S22
23 STL S22
24 OUT Y2
25 LD X2
26 SET S23
28 STL S23
29 OUT Y3
30 LD X3
31 SET S24
33 STL S24
34 OUT Y0
35 LD X1
36 SET S25
38 STL S25
39 RST Y1
40 OUT T1 K10
43 LD T1
44 SET S26
46 STL S26
47 OUT Y2
48 LD X2
49 SET S27
51 STL S27
52 OUT Y4
53 LD X4
54 SET S0
56 RET
57 END

图 4.10

3. 说明

(1)STL(Step Ladder)

STL 是步进接点指令,其操作组件为 S。FX_{2N}系列可编程控制器的软组件中共有 900 点状态(S0～S899),其中 S0～S9 称为初始状态,S10～S19 用于置初始状态指令 IST,S20～S499 为常规型,S500～S899 为失电保持型。

(2)RET(Return)

RET 是步进返回指令,无操作组件,在一系列的 STL 指令最后必须写入 RET,初学者容易忘记输入,并且易出现将其接到左主母线的错误。需注意,如果使用 SWOPC－FXGP/WIN－CB 编程软件,当全部输入梯形图后,往往软件不给转换,只要删除 RET 和 END 即可转换,转换后再输入 RET 和 END。最好输入一段转换一段,这样易查找不给转换的原因。

(3)状态的编号顺序可自由选择,不一定非按 S 的编号顺序选用,但状态组件的编号绝对不能重复。

(4)只有步进接点接通时,后面的电路才能动作。如果步进接点断开,则其后面的电路将全部不动作。当需要保持输出结果时,应用 SET 指令。

(5)状态组件 S 也称为步进继电器,只有使用 STL 指令时,才具有步进控制功能。不用 STL 指令,而用其他普通接点驱动时,状态组件只能作为中间继电器使用。一个状态组件既能提供步进常开触点,同时还能提供普通的常开和常闭触点,见图 4.11。

(6)实现双线圈输出。在一个程序中,如果不同的状态驱动同一个输出称为双线圈输出。在以前讨论的梯形图中,须谨慎使用。而在 SFC 程序中,使用较方便。图 4.12 中,S22 和 S32 只要一个接通,Y2 就动作,两者都断开则 Y2 不动作。当 SFC 电路与其他电路混合使用,还要注意此点。

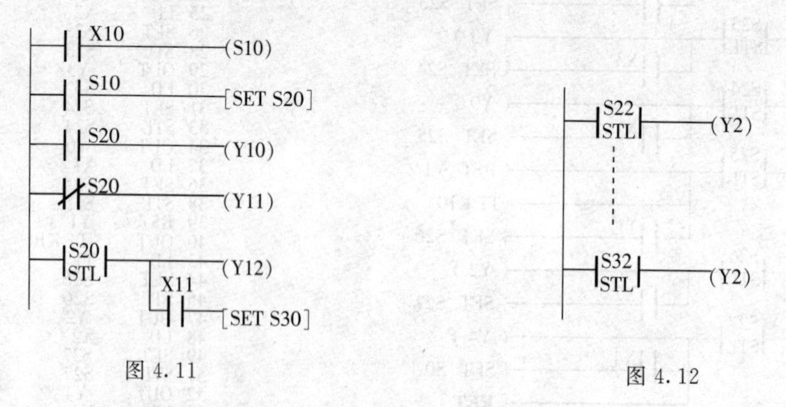

图 4.11　　图 4.12

(7)输出线圈互锁问题。一般来说步进顺控程序不会两个状态同时有效(除分支电路外),但是,两个相邻的状态在转移过程中,在一个扫描周期内,可能有同时为 ON 的情况。因此,如果要求不能同时为 ON 的一对输出之间,必须加互锁,防止同时为 ON 情况。图 4.13 为某台电动机的正反转控制电路。

(8)在 SFC 程序中只要使用 2～3 个时定器和计数器，因为一般情况只有一个状态有效，则使得该状态驱动时定器和计数器有效，其他定时器和计数器无效。但是要注意，相邻状态不能重复使用同一个定时器和计数器，否则会互相影响，使定时器无法复位，见图 4.14 说明，一般情况下最好分别使用。

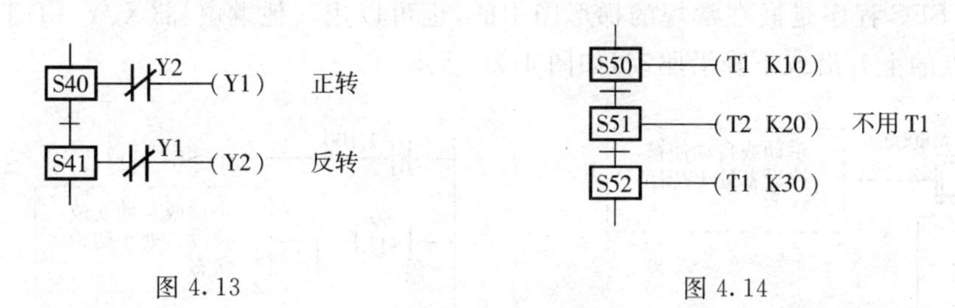

图 4.13　　图 4.14

(9)步进顺控状态触点后面不能紧接 MPS 指令。如：不允许写成图 4.15 形式，可以写成图 4.16、图 4.17 或图 4.18 的形式。STL 电路后面也不能用 MC 指令。

(10)在子程序和中断程序中，不能有 STL 程序块，即 STL 程序块不能出现在 FEND 指令之后。在 ROX－NEXT 结构中也不能有 STL 程序块。

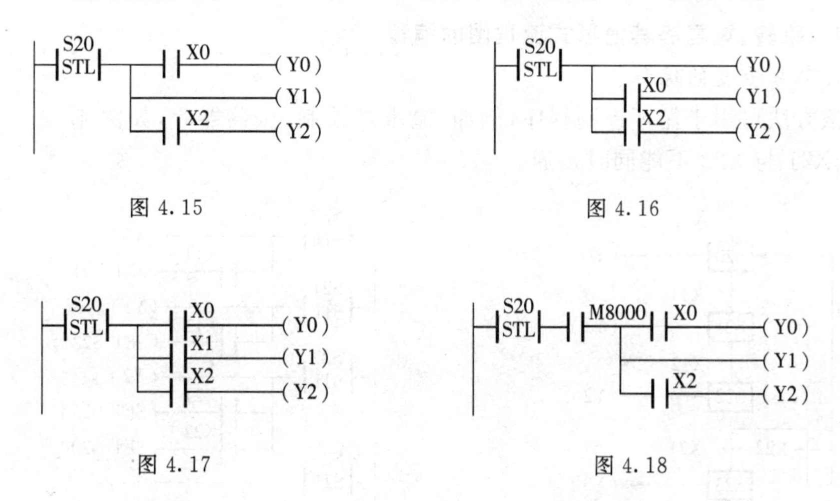

图 4.17　　图 4.18

4.2.2　初始状态编程

1. 初始状态

在顺序控制系统中，设备都有一个初始状态，又称为“原点”。例如，机械手处在左上角，并且夹钳放松为其初始状态。一般情况下，初始状态设计原则是：(1)一个作业循环的开始点；(2)设备停在此处方便设备检修；(3)让移动的被控设备离开作业现场，如焊接机械手离开被焊工件；(4)装载设备应卸去重物等。

2. 初始状态的编程

编程时应将初始状态编在其他状态之前，用S0～S9作为初始状态的编号（为什么？见4.4节）。程序进入步进顺控状态，一般首先进入初态，即驱动初态有效。驱动初态有效有两种途径：(1)PLC开机运行就驱动初态有效，可利用M8002特殊辅助继电器，如图4.19所示；(2)当PLC开机时不需要进入初始状态，或SFC程序是嵌在常规的梯形图中的，也可以用其他继电器(X、Y、M、T、C、S)触点的上升沿或下降沿驱动，如图4.20所示。

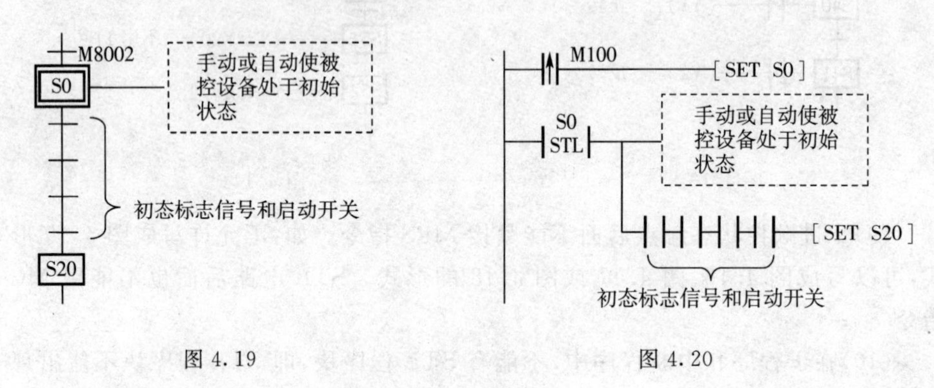

图4.19　　图4.20

4.2.3 跳转、重复等其他形式流程图的编程

1. 部分重复的编程

该方法可用于循环控制程序，例如，流水灯控制，振荡器等，如图4.21所示。注意：X21与X22不能同时接通。

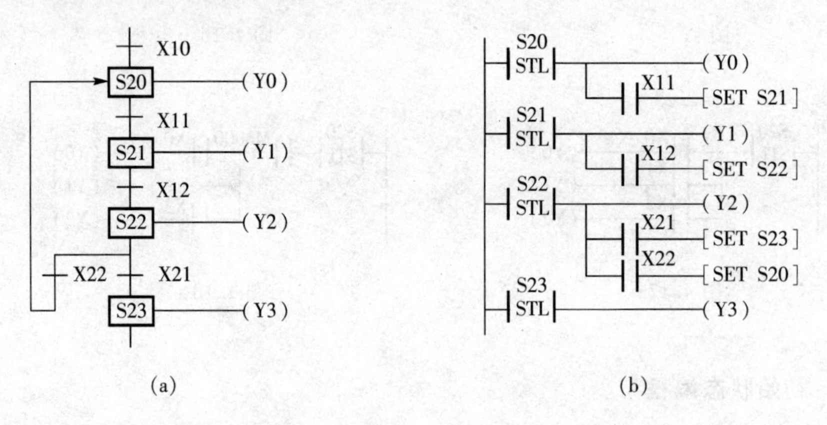

图4.21

2. 同一分支内跳转的编程

在一条分支的执行过程中，由于某种原因需要跳过几个状态而执行下面的程序，如图4.22所示。同上，X11与X12不能同时接通。

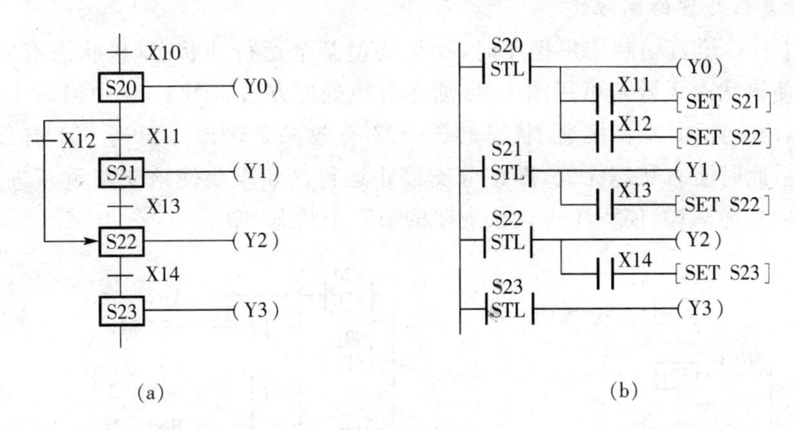

图 4.22

*3. 跳转到另一分支的编程

在某种情况下，要求程序从一条分支的某个状态跳转到另一条分支的某个状态继续执行，如图 4.23 所示。

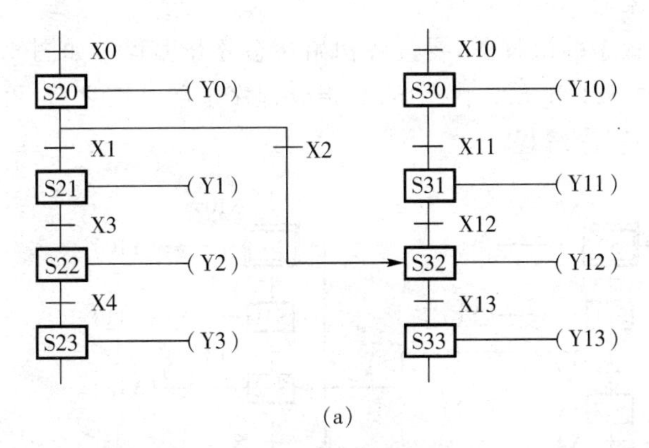

(a)

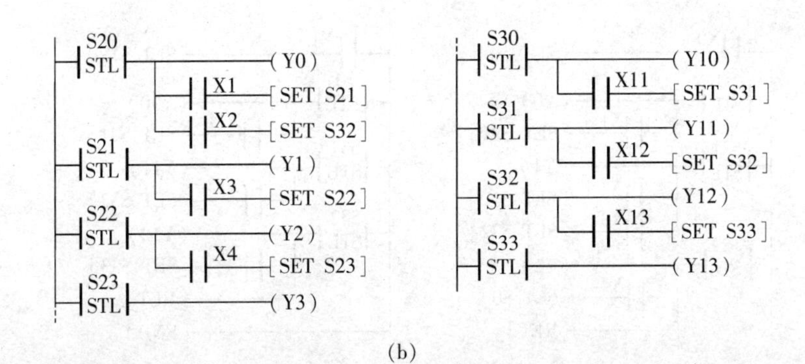

(b)

图 4.23

*4. 复位处理的编程

在用SFC语言编制用户程序时，如果要使某个运行的状态（该状态有效）停止运行（使该状态无效），可用图4.24所示复位处理方法。图4.24中当S21有效时，Y1输出。此时X12接通，状态转至S22有效，Y2输出。而当S21有效时，X13接通，此时所有状态无效，即该分支停止运行。如果要使该支路重新进入运行，则必须接通X10，使程序进入该支路的第一个状态S20。

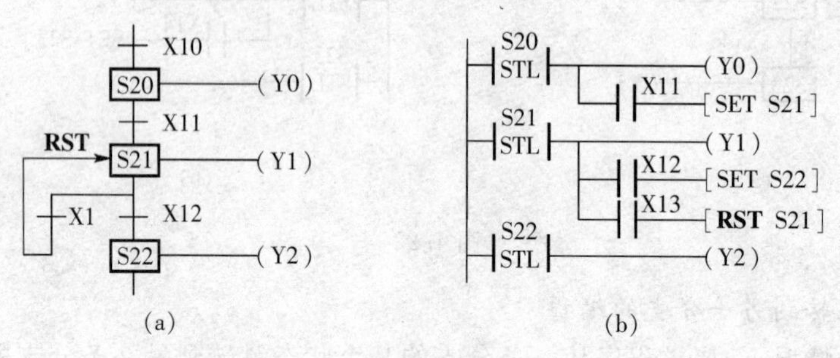

图4.24

*5. 分离程序流的编程

具有多个初始状态的流程图，要按各初始状态分开编程。如图4.25所示，从属于初始状态S0的S21和S22状态STL指令程序全部结束之后，再进行与下一初始状态S1有关的程序编程。

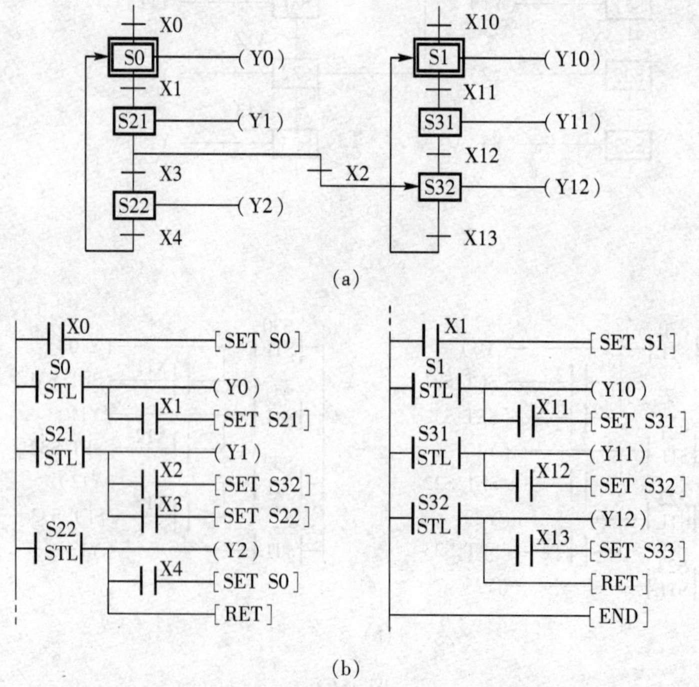

图4.25

*6. 同一脉冲信号作为多个状态之间转移条件的编程

如图4.26所示，其本意是当M0第一个脉冲信号来时，流程转到S31状态，第二个脉冲来时，流程转到S32状态，第三个脉冲来时，流程再转到S33状态。但是若写成图4.26形式，则当M0第一个脉冲信号来时整个流程会“走通”，即一次通过全部状态。处理方法如图4.27所示（或其他方法），在每个状态中设置一个阻挡组件，以防止“走通”现象。程序进入S30时，M1脉冲阻止其进一步转移；M0下一个脉冲来时，阻挡脉冲消失，程序可顺利向下转移。如果用移位指令实现此功能将会更加简单明了。

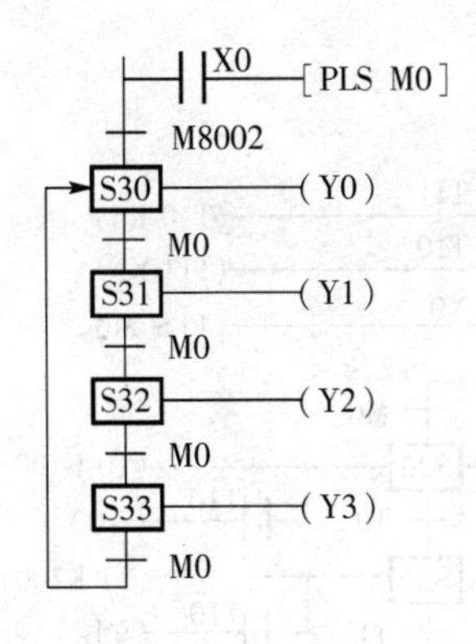

图4.26

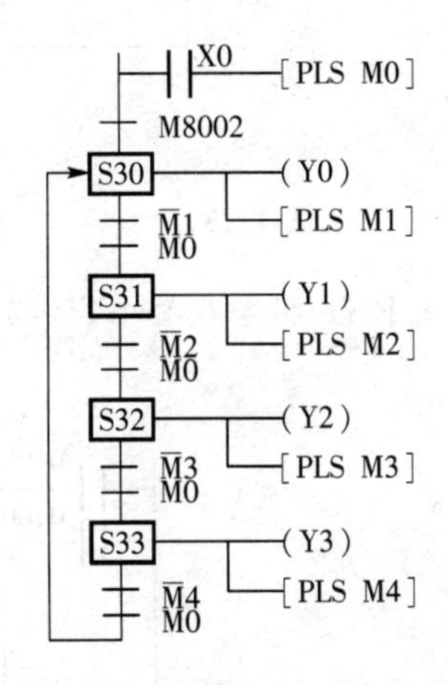

图4.27

7. 梯形图与状态流程图混合编程

SFC图比较适用于顺序控制，但是在某些步进顺序控制过程中加入一些随机控制信号显得更方便。也就是说，在梯形图中可以嵌有SFC图，在SFC图中也可以加入梯形图来补充随机控制信号。图4.28所示是梯形图与状态流程图混合编程的例子，开始梯形图中T10、T11构成振荡器，当X0接通程序转入状态流程，S20使Y0闪亮；10秒钟后，转入S21状态，使Y1闪亮；再10秒钟后，S22有效使Y2闪亮……。程序后面又回到梯形图，当X4接通，对所有S状态复位，并且使Y3闪亮输出。

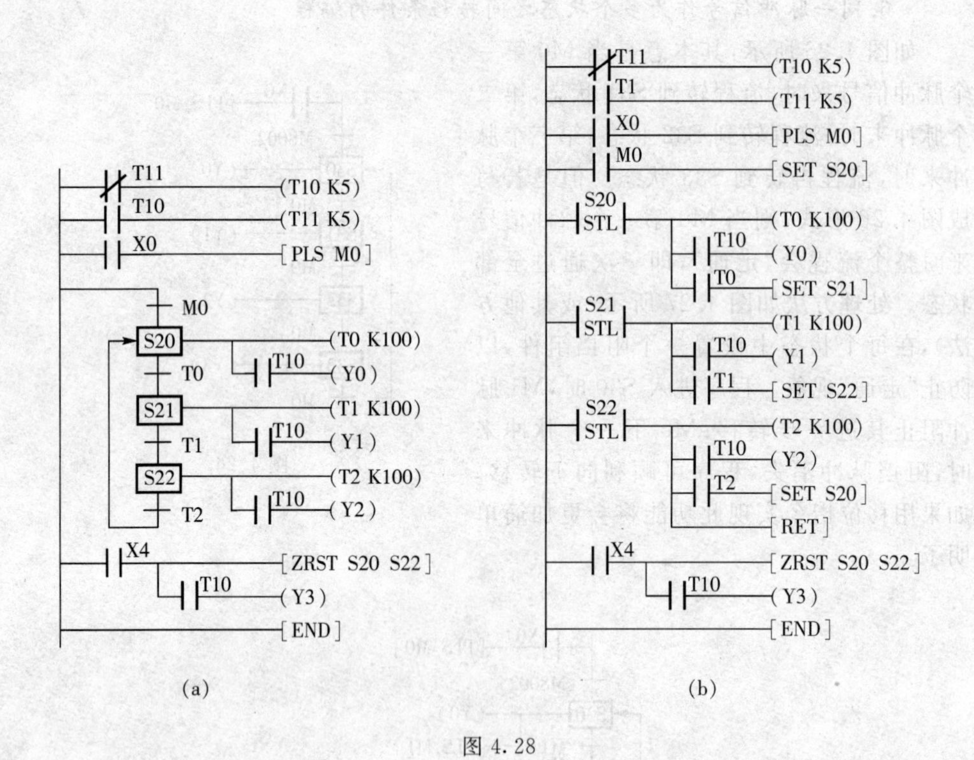

图 4.28

8. 用中间继电器和 SET 及 RST 指令代替 STL 指令的编程方法，如图 4.29 和图 4.30 所示。

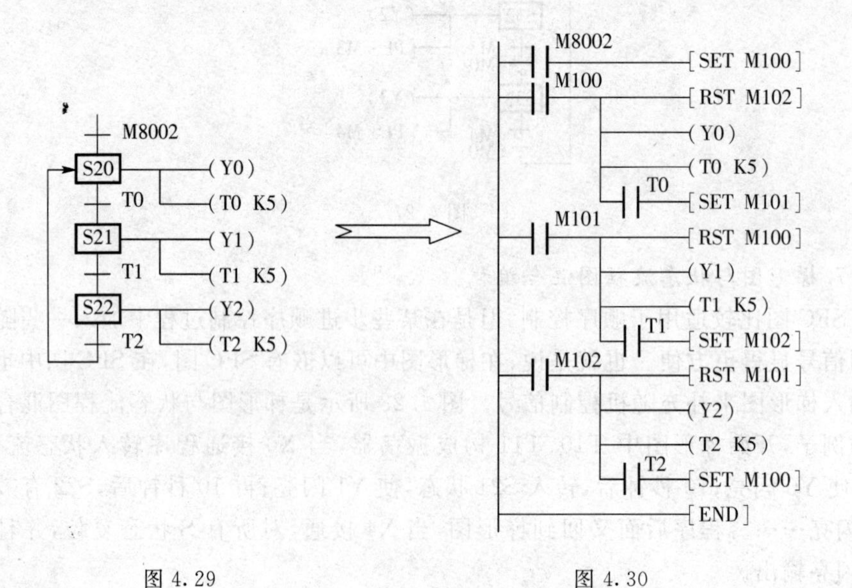

图 4.29　　　　图 4.30

4.3　分支/汇合的编程方法

上一节我们学习讨论了单流程的编程方法,其特点是流程单方向步进,某一时刻只有一个状态有效。本节我们再学习讨论分支与汇合流程的编程方法,仍从例题入手,然后总结出一般规律。

4.3.1　选择性分支与汇合

1. 举例

图4.31为机械手将大小球分别移到大小球容器中的控制系统。该系统类似图4.2的机械手,只是左右行改为电机驱动,抓钢球用电磁铁吸引。系统其动作顺序见图4.32生产工艺流程图,请读者自己阅读分析。对传感器不太熟悉者可能有个问题,系统怎么区分大小球的?在风缸的下端装有传感器(X2),当风缸杆下降2秒钟后,传感器仍没接通,认为电磁铁没有下降到底,遇到大球了,否则认为是小球。

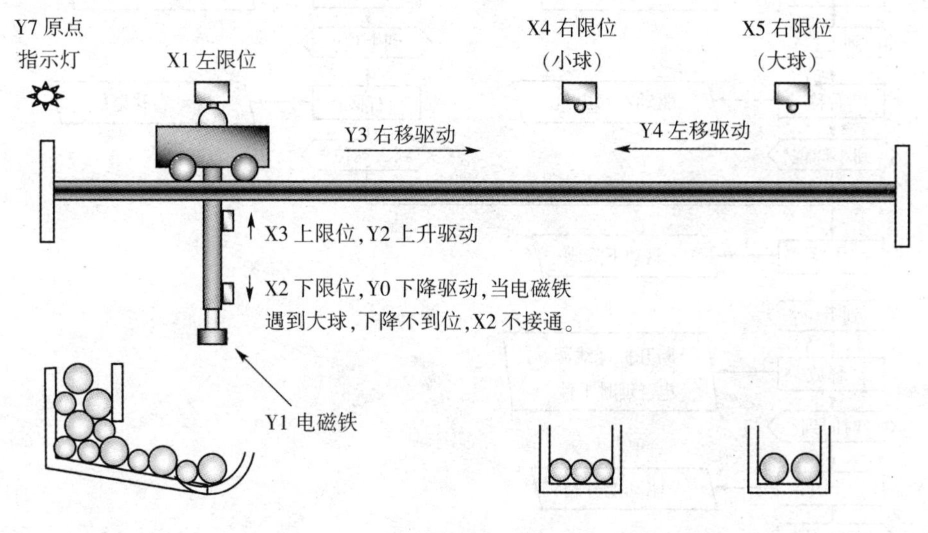

图4.31

图4.33是用SFC语言表示的状态流程图,大球和小球分别用两条分支流程控制,小球分支用到X4,忽略X5,而大球分支用到X5,忽略X4。选择的条件是X2,X2接通选择小球支路,X2断开选择大球支路。当X4和X5有一个接通,两支路将汇合到一个流程,即电磁铁带球下降→释放→再上升→左移→到原点。

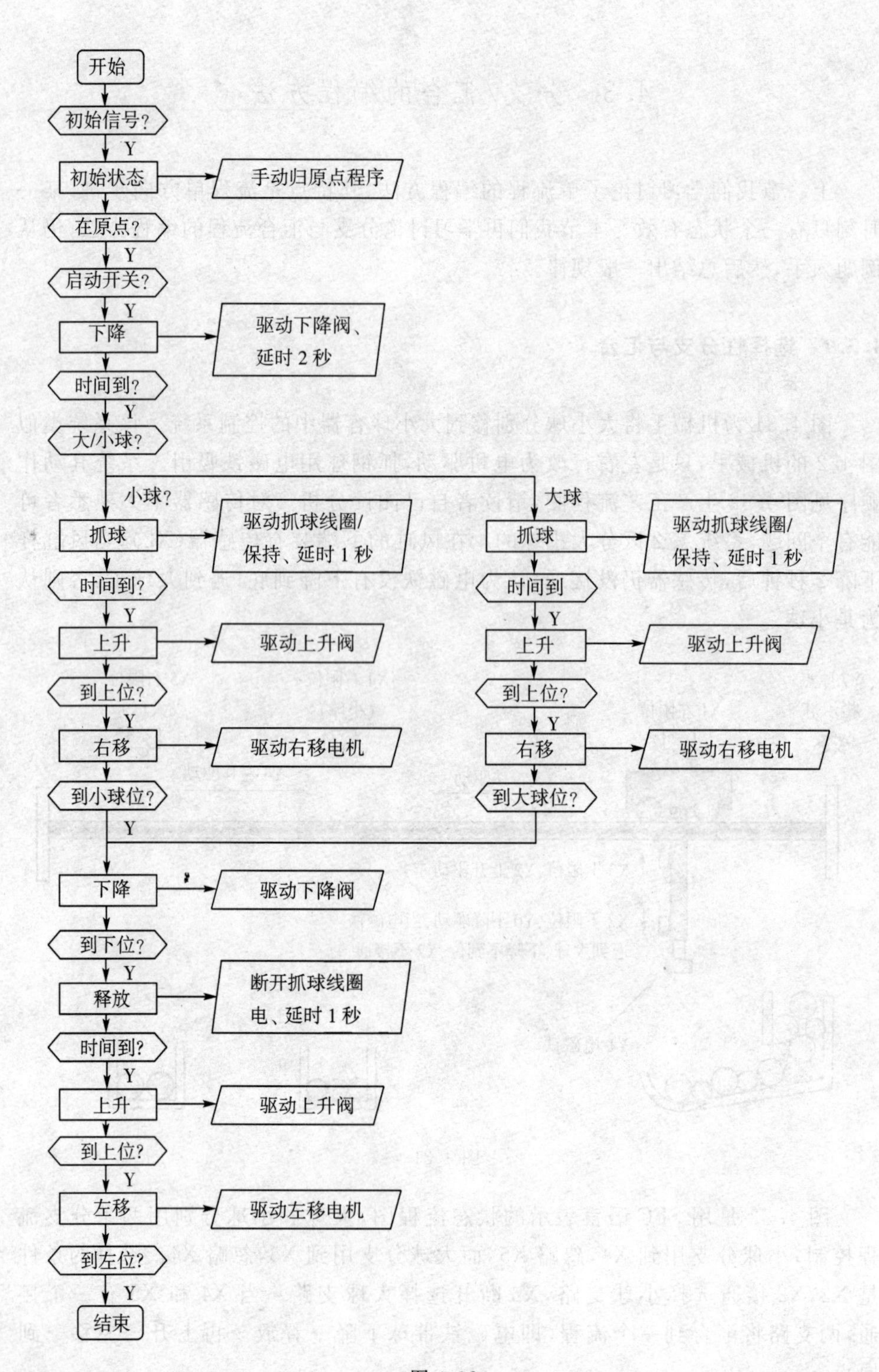

开始
初始信号?
Y
初始状态
手动归原点程序
在原点?
Y
启动开关?
Y
下降
驱动下降阀、
延时 2 秒
时间到?
Y
大/小球?
小球?
大球
抓球
驱动抓球线圈/
保持、延时 1 秒
时间到?
Y
上升
驱动上升阀
到上位?
Y
右移
驱动右移电机
到小球位?
Y
抓球
驱动抓球线圈/
保持、延时 1 秒
时间到
Y
上升
驱动上升阀
到上位?
Y
右移
驱动右移电机
到大球位?
下降
驱动下降阀
到下位?
Y
释放
断开抓球线圈
电、延时 1 秒
时间到?
Y
上升
驱动上升阀
到上位?
Y
左移
驱动左移电机
到左位?
Y
结束

图 4.32

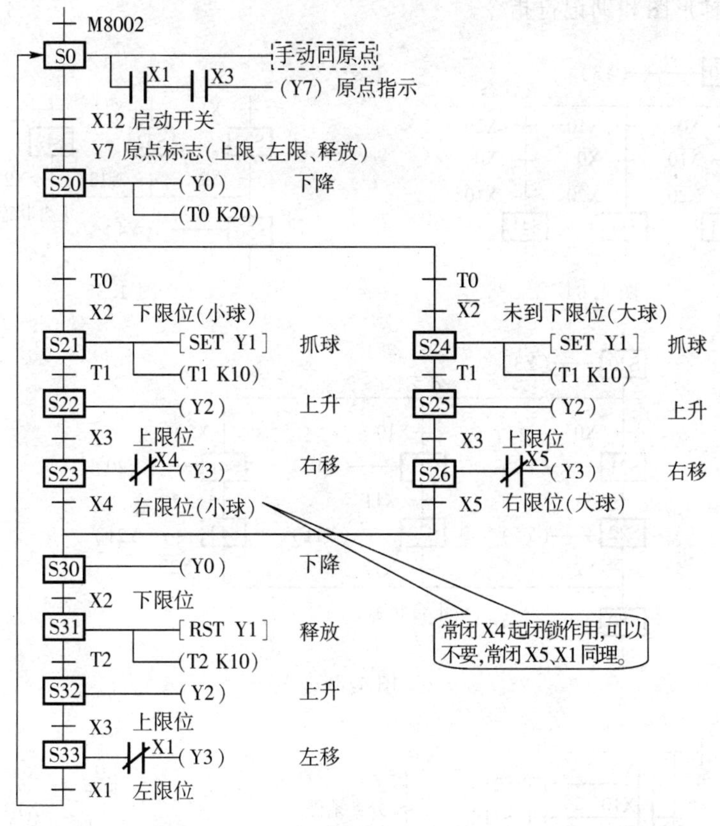

图 4.33

2. 选择性分支与汇合

现在我们可以总结出:所谓选择性分支就是从多个流程中选择执行一个流程。如上述大小球分装系统中,分别用大球和小球两条分支流程控制。一般规律如图 4.34,状态 S20 可转移到 3 条分支流程,由 X0,X10,X20 的状态决定执行哪条分支流程,X0,X10,X20 称为分支选择的条件。但 X0,X10,X20 不能同时接通,为避免条件同时满足,可对选择条件加闭锁关系。选择某条分支,就意味放弃其他分支,例如一旦 X0 接通,S21 有效,S20 复位,此后即使 X10 或 X20 接通,S31 或 S41 也不会有效。

所谓选择性汇合就是控制系统从多条分支流程变成一个流程。上述大小球分装系统,当机械手到达大球或小球右限位时,由两条分支变成下降,归原点这一个流程。又如图 4.35 汇合状态 S50 可由 S22,S32,S42 中任意一个驱动,X2,X12,X22 为驱动汇合条件,选择性就是 X2,X12,X22 不需要同时接通。

3. 选择性分支与汇合的梯形图和助记符指令

将图 4.34 与图 4.35 合并成图 4.36,图 4.37(a)为其梯形图,图 4.37(b)为其助记符指令表。读者可参考图 4.36,图 4.37(a)和图 4.37(b)将图 4.33 状态流程图转换为梯形图和助记符指令。

图 4.34

图 4.35

图 4.36

(a)

STL	S20
OUT	Y3
LD	X0
SET	S21
LD	X10
SET	S31
LD	X20
SET	S41
STL	S21
OUT	Y0
LD	X1
SET	S22
STL	S22
OUT	Y1
LD	X2
SET	S50
STL	S31
OUT	Y10
LD	X11
SET	S32
STL	S32
OUT	Y11
LD	X12
SET	S50
STL	S41
OUT	Y20
LD	X21
SET	S42
STL	S42
OUT	Y21
LD	X22
SET	S50
STL	S50
OUT	Y4
LD	X3
SET	S51

(b)

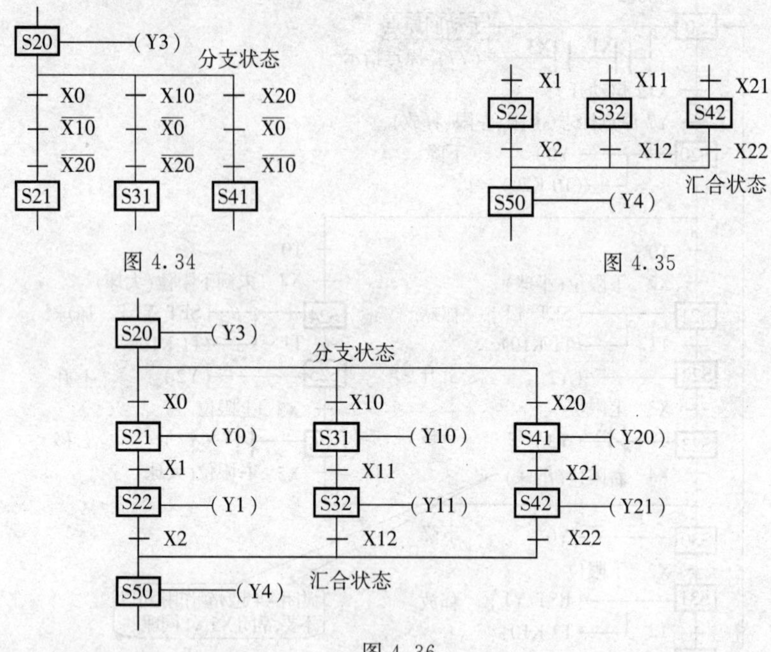

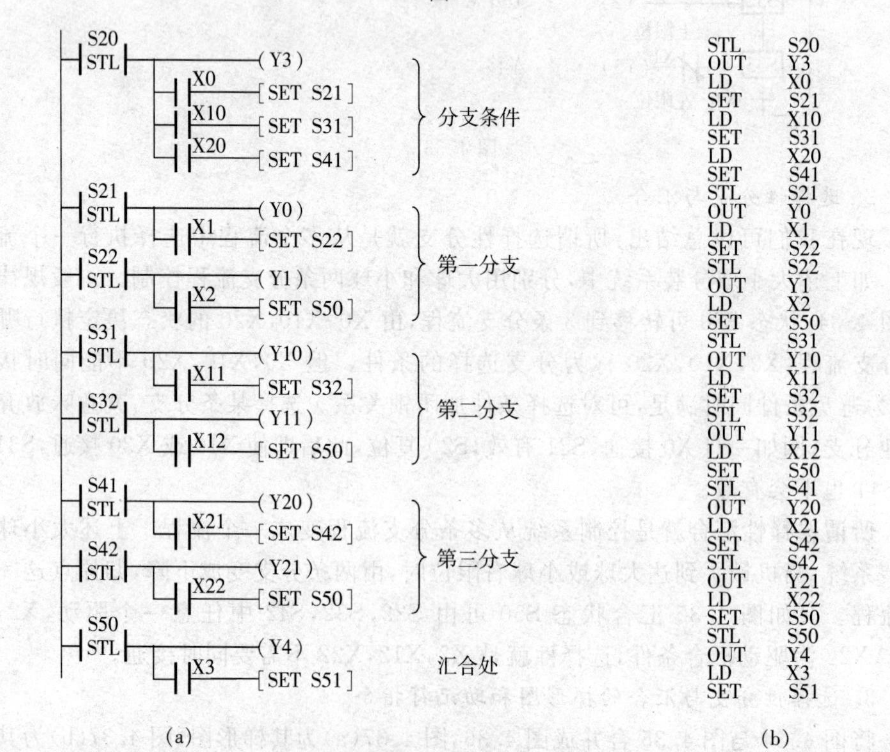

图 4.37

4.3.2 并行分支与汇合的编程

1. 举例

【例 7】 我们先回头看看第一节图 4.2 机械手移动工件的轨迹…上升到位→右行或…上升到位→左行，即以↱或↰路线运行，这样的运行路线长，循环周期也长。如果将运行路线改为一边上升一边右移或一边上升一边左移，让机械手在运行中同时处于两种状态，即两种状态同时有效。图 4.38 是将其改写成并行的状态流程图，读者可将图 4.38 与图 4.5 单流程比较。

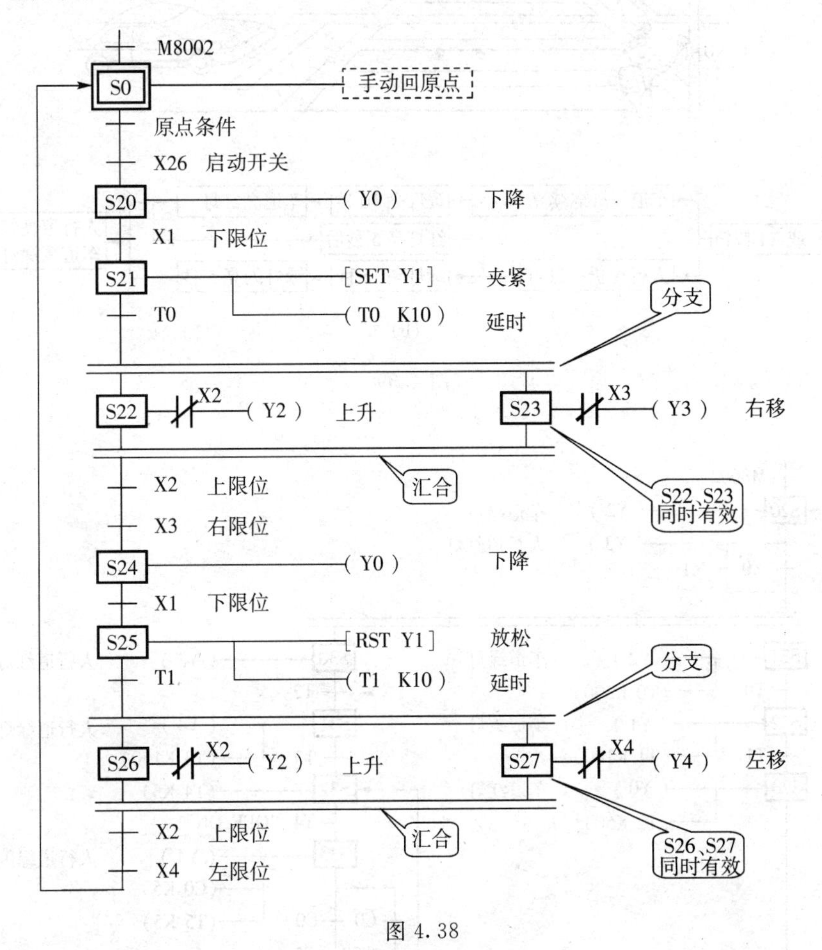

图 4.38

还例如，吊车吊重物时，我们常看到吊车同时处在上升(下降)、前进(或后退)和左(或右)转动的三维运动中，这样明显缩短运行时间。

【例 8】 自助按钮式人行横道交通指示灯，见图 4.39(a)。平时车道为绿灯，人行道为红灯；当有行人需要通过马路时，信号灯亮的顺序见图 4.39(b)。

图 4.40 是例二的状态流程图，将车道信号灯驱动和人行道信号灯驱动分成

两个分支流程，其中 S30 分别与 S21、S22、S23 状态同时有效，S23 分别与 S31、S32、S33、S34 状态同时有效，可见两条分支流程同时在执行。S32 和 S33 循环构成振荡器，周期由 T4、T5 决定，C0 计数器决定何时跳出循环，当 C0 计到 5 后进入下个状态 S34。

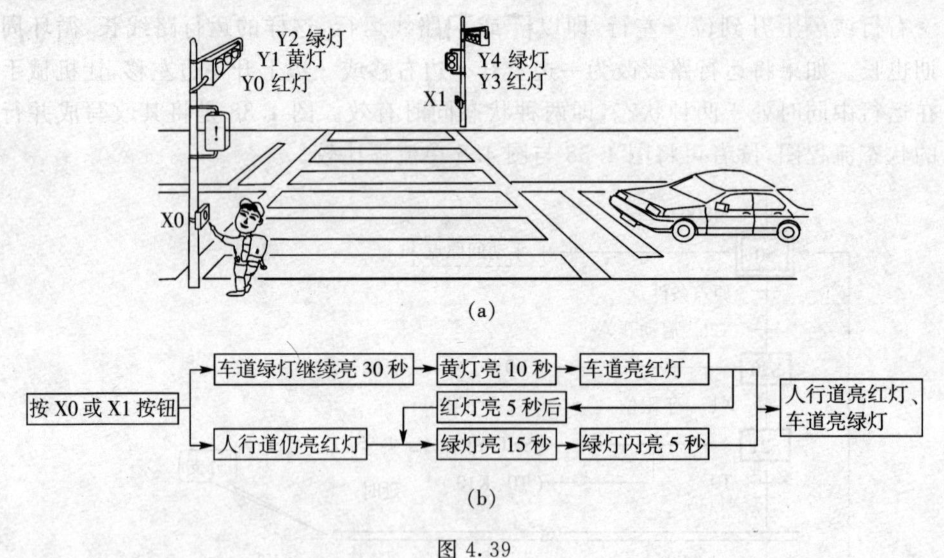

图 4.39

M8002
S20 (Y2) 车道绿灯
(Y3) 人行道红灯
X0 X1
S21 (Y2) 车道绿灯
(T0 K300)
T0
S22 (Y1) 车道黄灯
(T1 K100)
T1
S23 (Y0) 车道红灯
(T2 K50)
S30 (Y3) 人行道红灯
T2
S31 (Y4) 人行道绿灯
(T3 K150)
T3
S32 (T4 K5)
T4 "OFF, ON"
S33 (Y4) 人行道绿闪
(C0 K5)
(T5 K5)
$\overline{C0}$ C0
T5 T5
S34 (Y3) 人行道红灯
(RST C0)
(T6 K50)
T6

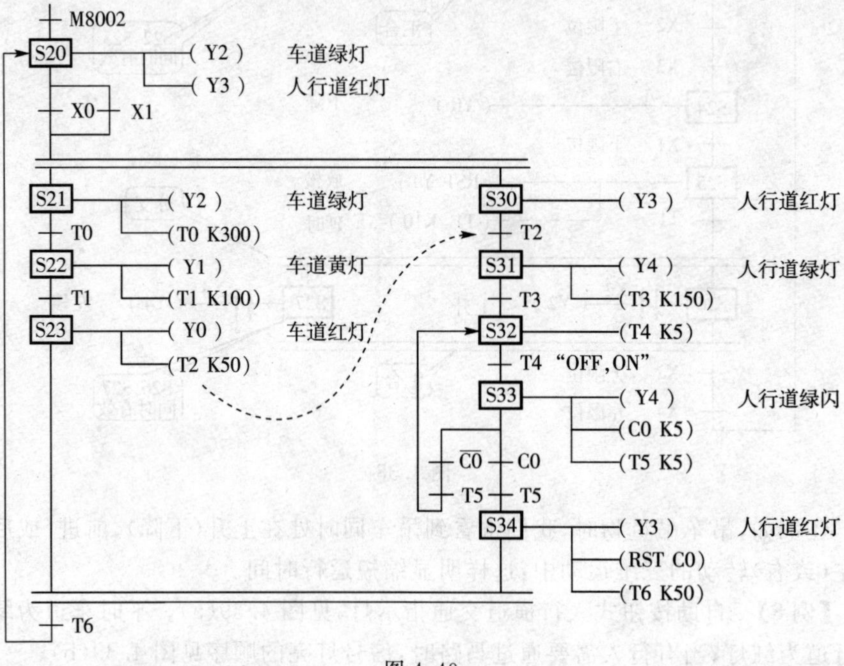

图 4.40

2. 并行分支与汇合

现在我们同样可以总结出：所谓并行分支就是多个流程可同时执行的分支。例如图 4.38 所示，PLC 同时执行上升分支和右移或左移分支流程。又如图 4.40 所示，车道信号灯控制分支流程和人行道信号灯控制分支流程同时被执行。其特点是，如果某个状态的转移条件满足，程序将转移到两个以上状态，即有两个以上状态同时有效。再如图 4.41 所示，当 S20 有效时，接通 X0 后，S21、S31、S41 状态同时有效。将图 4.34 与之比较可见，选择性分支各分支前各有一个选择条件（X0，X10，X20），而并行分支各分支前公用一个转移条件（X0）。

所谓并行汇合就是将并行分支流程变成单流程。其特点是，在各分支流程中最后一个状态同时有效时，并且转移条件满足，程序才能转移到单流程。如图 4.41 所示，在 S22、S32、S42 状态同时有效后，并且 X2、X3 均接通，方可汇合（转移）到单支路 S50 状态，转移条件是串联关系。再如图 4.40 所示，S23、S34 都有效后，T6 接通，程序转至 S20 状态。

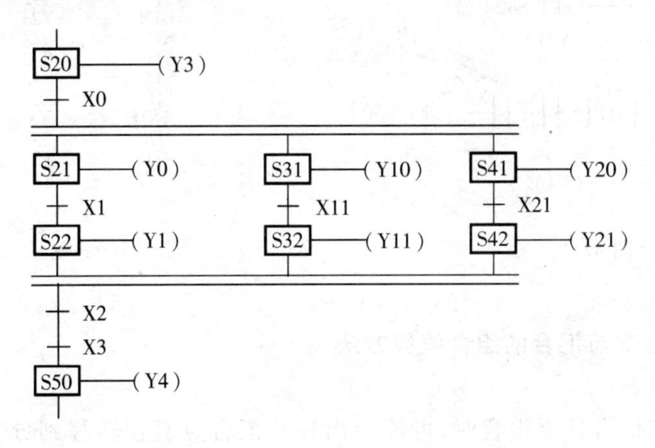

图 4.41

需要提醒初学者的是，选择性分支与汇合在实际应用中分支与汇合流程较明显，选择条件易确定，而并行流程往往并不明显，甚至用单流程中一个状态驱动两个（或两个以上）输出反而更简单些。例如十字路口交通信号灯控制系统，表面上南北信号灯和东西信号灯是两条并行支路，实际上用单流程控制同样能实现，只是某个状态下同时驱动南北和东西不同颜色的信号灯。这里请读者考虑，怎样用单流程实现图 4.38 和图 4.40 的并行控制。总之，分支流程图同梯形图与单流程一样，每个人设计编程都不完全相同，在符合编程规范和基本要求下，要不断形成自己的风格和特点。

3. 并行分支与汇合的梯形图和助记符指令

图 4.42 和图 4.43 分别是图 4.41 的梯形图和助记符指令。读者可参考图 4.41、图 4.42 和图 4.43 将图 4.38 和图 4.40 状态流程图转换为梯形图和助记符

指令。请注意旁边汉字说明，区别他与选择性的不同之处。

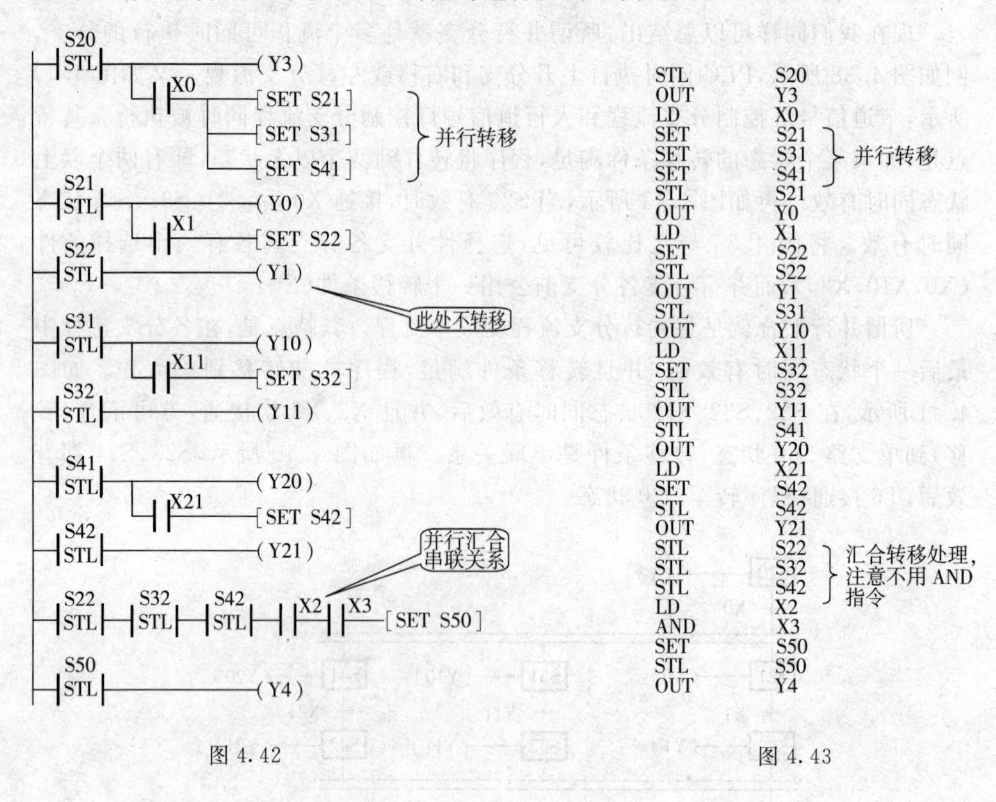

图 4.42　　图 4.43

*4.3.3　分支与汇合的组合编程方法

1. 简单组合

当分支与汇合任意组合时，可能会出现从汇合点直接转移到分支点，而没有中间状态的情况，这样一般需要在汇合线与分支线直接连线之间插入一个虚拟状态(或称空状态)，其编号可以任意用一个，图 4.44 中用 S100。

【例 9】 选择性汇合直接转接选择性分支，见图 4.44。

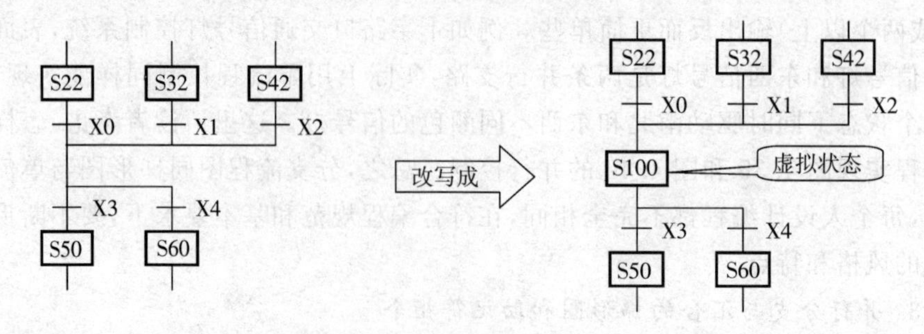

图 4.44

【例 10】 并行汇合直接转接并行分支，见图 4.45。

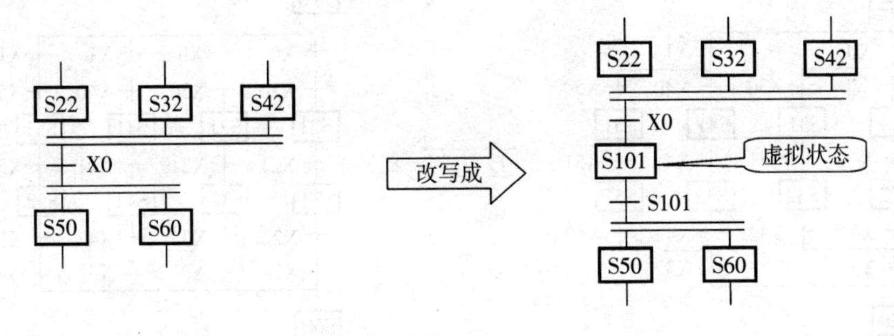

图 4.45

【例 11】 选择性汇合直接转接并行分支，见图 4.46。

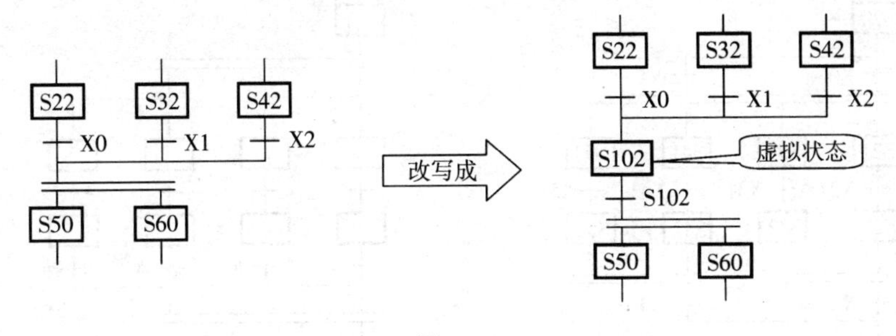

图 4.46

【例 12】 并行汇合直接转接选择性分支，见图 4.47。

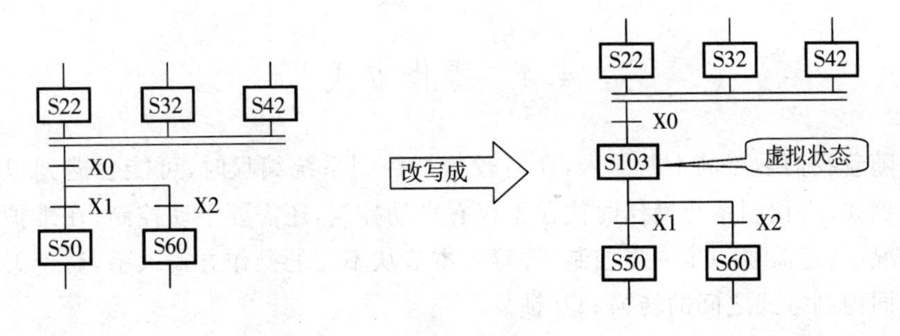

图 4.47

2. 嵌套组合

如果选择性分支与汇合状态流程图中嵌套有选择性分支与汇合，编程时可以将这种形式的图改写为没有嵌套的选择性分支与汇合，如图 4.48 所示。还有，允许写成图 4.49 形式，不可以写成图 4.50 形式，图 4.50 需插入虚拟状态。

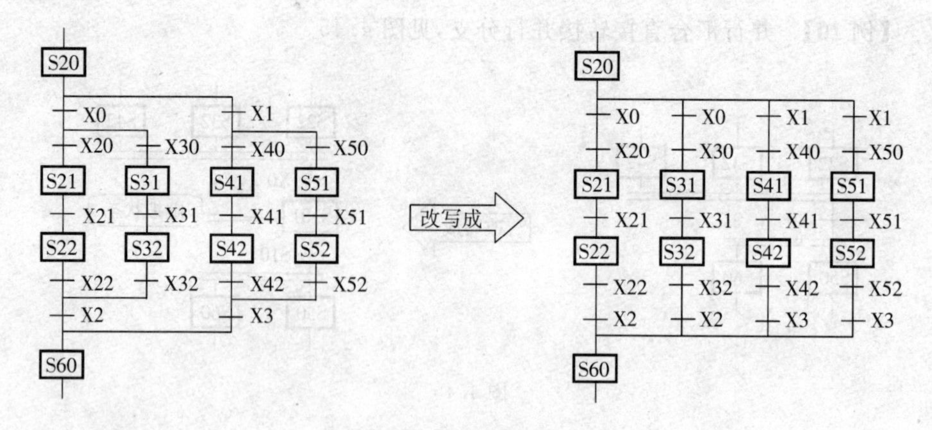

图 4.48

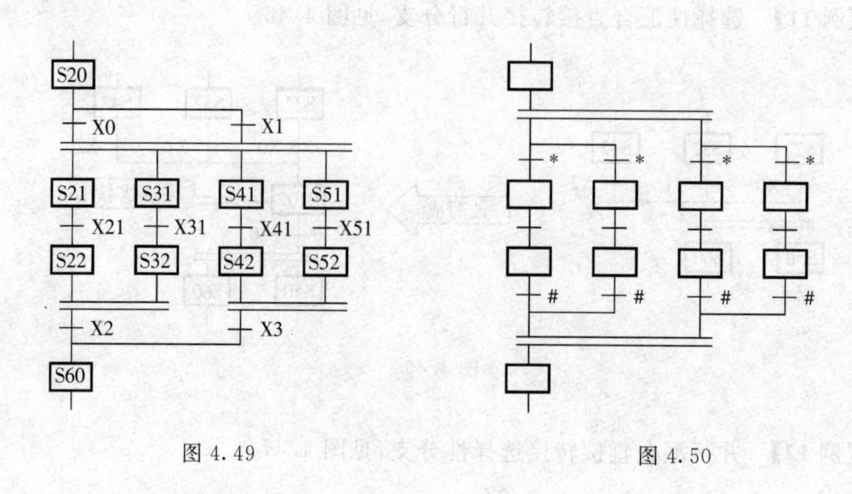

图 4.49　　图 4.50

4.4　操作方式

随着我们学习的不断深入，在对较复杂控制系统编程时，可能会遇到很多问题。例如，对控制系统操作时往往不仅有自动控制，还需要手动控制；在维护或特殊情况下，还需要一步一步控制，等等。本节从不同的操作方式入手，讨论怎样实现不同控制方式之间的转换和互锁。

4.4.1　操作方式的概念

1. 操作面板

为了讲清操作方式的概念，我们仍以前述如图 4.2 机械手移动物件系统为例。图 4.51 为其设备操作面板，它由选择开关和按钮组成，选择开关决定不同的操作方式，每个按钮对应不同的运行状态。随着科学技术的发展，操作面板也越来越先进，有液晶显示屏和触摸屏等。这里仅给出较原始的操作面板，使问题简单化。

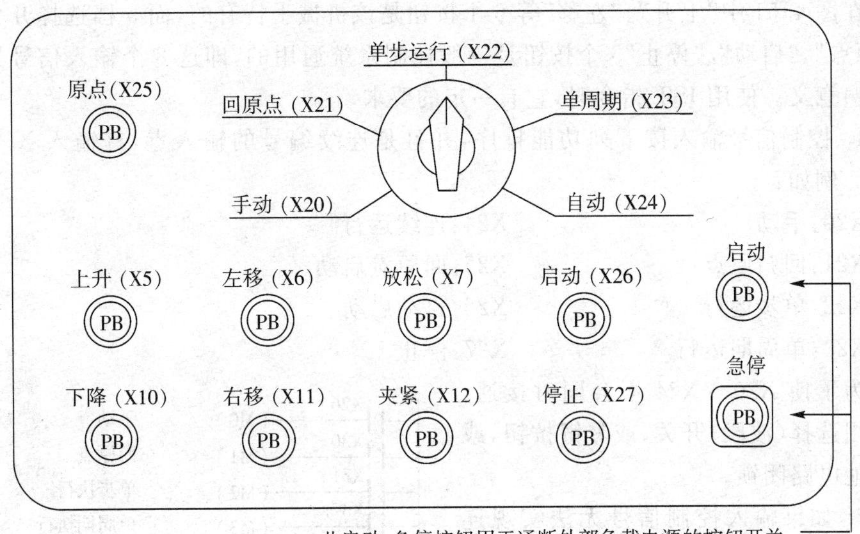

图 4.51

2. 操作方式分类

人们总结实际步进顺控系统时认为，一般的设备操作方式大致可分为手动操作方式和自动操作方式两类，它们又可以再分为其他运行方式。

(1) 手动操作方式中包含两种形式

① 手动操作：用各自的按钮使各个负载单独接通或断开的方式。每一步都需要设单独的按钮，按着按钮不动设备运行，松开按钮设备停止。

② 回原点操作：在该方式下，按动"回原点"按钮时，机械自动向原点回归。设计时应注意，运行设备可能在某种状态下不允许立即回归原点，如机械手抓住工件移动途中，就不能随便放松，这里就涉及互锁关系。

(2)自动操作方式中包含三种自动运行方式

① 单步运行：按动一次启动按钮，前进一个工步(或工序)，或一个状态。此方式由 SFC 语言和 IST(IST 为初始状态指令，稍后我们详细讨论它的使用方法)自动完成，不需要人工单独编程。

② 单周期运行：设备在原点位置时，按动启动按钮，设备自动运行一个循环，在原点处停止。若在中途按动停止按钮，设备将停止运行；再按动启动按钮，设备从断点处开始运行，回到原点自动停止。此方式也由 SFC 语言和 IST 自动完成。

③ 自动连续运行：设备处在原点位置，按动启动按钮，设备开始连续的反复运行。若中途按动停止按钮，设备将继续运行到原点才停止。

4.4.2 操作方式与输入控制信号关系

在图4.51中“上升”、“左移”等6个按钮是该机械手特有的，而5档选择开关和“原点”、“启动”、“停止”3个按钮是一般控制系统通用的，即这8个输入信号具有普遍意义。使用IST指令时，它有一定的要求。

1. 控制信号输入按下列功能排序，并且是连续编号的输入点，首输入X号不限。例如：

X20：手动　　　　X24：连续运行
X21：回归原点　　X25：回原点启动
X22：单步运行　　X26：自动启动
X23：单周期运行　X27：停止

为了使X20～X24不会同时接通，应使用选择（波段）开关，或琴键按钮，或用其他电路闭锁。

2. 如果输入控制信号无法实现连接编号，可使用辅助继电器（M）重新安排输入编号，M的首号没有规定，但必须是连续编号。

(1)用非连续输入编号时，可用图4.52所示梯形图重新用M排序。例如：

触点	线圈	功能
X26	(M0)	手动
X30	(M1)	回原点
X31	(M2)	单步执行
X32	(M3)	单周期执行
X33	(M4)	自动运行
X34	(M5)	回原点启动
X40	(M6)	自动启动
X41	(M7)	停止

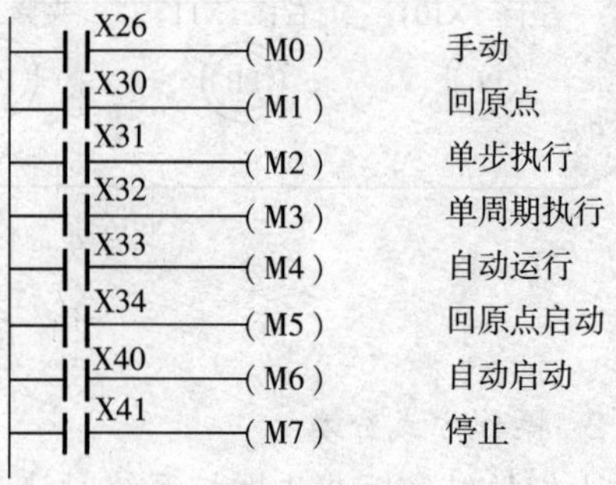

图4.52

X26：手动
X30：回原点
X31：单步执行
X32：单周期执行
X33：自动运行
X34：回原点启动
X40：自动启动
X41：停止

(2)设备只使用自动及原点操作方式，可用图4.53所示梯形图重新用M排序。例如：

X30：回原点　　X32：自动/回原点启动
X31：自动　　　X33：停止

(3)设备只使用自动及手动方式操作，可用图4.54所示梯形图重新用M排序。例如：

X30：手动　　X32：自动方式启动
X31：自动　　X33：停止

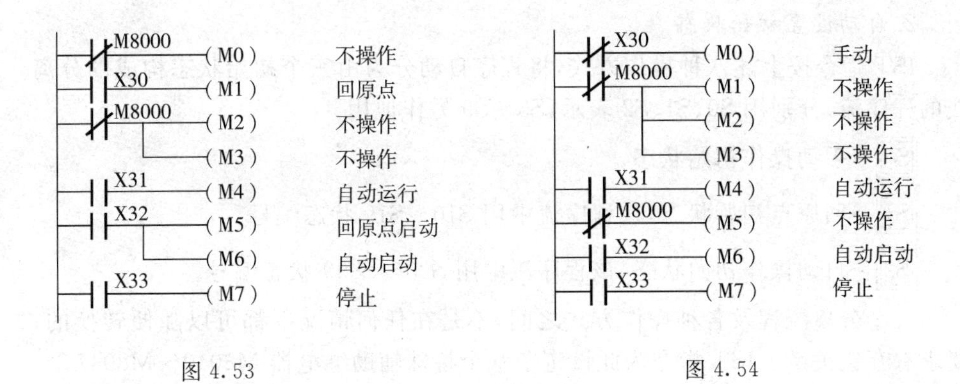

图 4.53　　　　图 4.54

4.4.3　初始状态指令

三菱公司专门为 FX2N 系列 PLC 应用不同操作方式设计了一条功能指令 IST (Initial Set),即初始状态指令,在功能指令表中为 FNC60。

1. 指令形式

(1)功能:置初始状态指令,用它能自动设置初始状态和特殊辅助继电器。

(2)指令格式

—| |——[IST [S.] [D1.] [D2.]]

[S.]:指定操作方式输入的首元件(编号),操作元件为:X,Y,M。

[D1.]:指定在自动操作中程序中实际用到的最低状态号,S20～S899。

[D2.]:指定在自动操作中程序中实际用到的最高状态号,S20～S899。

要求[D1.]<[D2.]

(3)例如:上述机械手程序

—| |— M8000 ——[IST X20 S20 S40]

八种操作方式,输入的首元件为 X20(或 M0),自动操作程序中最小和最大状态编号分别为 S20,S40。

(4)说明

①本指令只能使用一次,即在一个完整的梯形图中出现一次。

②使用 IST 指令时,将 S0～S9 作为初始化状态,S10～S19 用于回原点。如若不用 IST 指令,S0～S19 可作通用状态。有时虽然不用 IST 指令,人们也习惯用 S0～S9 作为初始状态编号,这就是为什么前面三节真正第一个状态用 S20 的原因。

③编程时,IST 指令必须写在 STL 指令之前,即在 S0～S19 出现之前。

2. 自动设置初始状态

IST 指令按上述八种操作方式，将程序自动分为由三个初始状态构成的分离式的程序流，分别用 S0、S1、S2 表示，S3～S9 另作他用。

S0→手动操作初始状态。

S1→回原点初始状态，该程序流中用 S10～S19 状态编号。

S2→自动操作初始状态，该程序流中用 S20～S899 状态编号。

三个分离流程及各种操作方式之间，不是在任何情况下都可以随便转换的，要求有互锁关系。IST 指令为此设定了八个特殊辅助继电器 M8040～M8047。

*3. 特殊辅助继电器

为了帮助读者更好理解 IST 指令，下面讨论当 IST 指令有效时，与之有关的特殊辅助继电器的作用。

(1)M8040：禁止状态转移继电器

M8040 为 **1** 时，禁止状态转移；为 **0** 时，才允许状态转移，也就是说状态流程图有效状态即使条件满足也不向下转移。M8040 的状态与操作方式有关，它的动作程序由指令自动完成。其内部等效梯形图如图 4.55 所示。

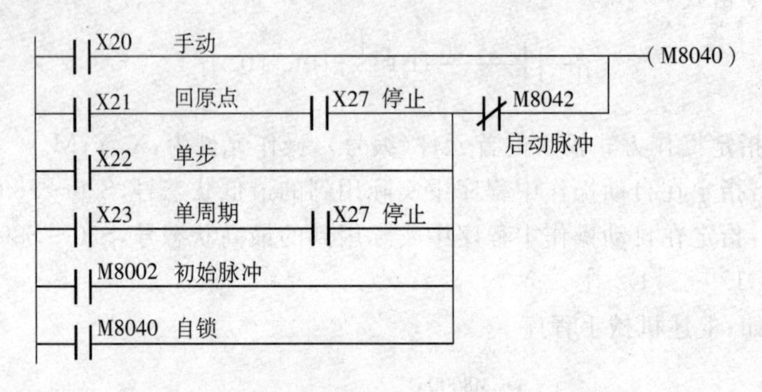

图 4.55

① 手动操作方式：X20 接通→M8040＝**1**，禁止状态转移。

② 回原点和单周期操作方式：X21 或 X23 接通，当系统在运行中，按下停止按钮，X27 接通→M8040＝**1**→自保→禁止状态转换，即停车。只有再按启动按钮，M8042 有启动脉冲→M8040 失电解锁，才允许进行下一步操作。

③ 单步操作方式：X22＝**1**→M8040＝**1**，只能单步运行，按一次启动按钮，M8042 产生一个脉冲，使 M8040 瞬间为 **0**，状态可以按顺序转移一步。

④ 初始脉冲：PLC 由 STOP→RUN→M8002 初始脉冲→M8040＝**1**，保证 PLC 投入运行时，设备不能随便动。

(2)M8041：开始转移继电器

当 M8041＝**1**，程序允许从 S2 状态向另一个状态转移；M8041＝**0**，禁止转移，即 M8041＝**0** 时，禁止运行单步、单周期和自动三种操作方式。

设备停在 S2 初始状态，M8041 的动作程序也由 IST 指令自动完成，如图 4.56 所示。

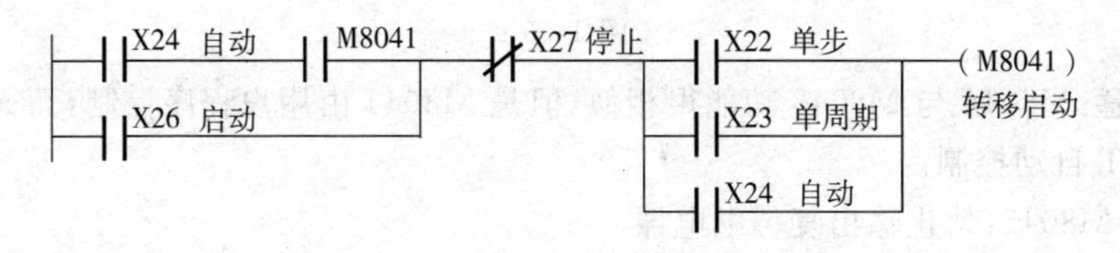

图 4.56

① 手动操作方式：由于 X22～X24＝**0**，则 M8041＝**0**，设备不会从 S2 状态开始转移。

② 单步、单周期方式：由于 X24＝**0**，M8041 不能自锁。按下 X26 启动按钮时，M8041＝**1**，弹起 X26，M8041＝**0**。

③ 自动运行方式：当 X24 接通，按下 X26→M8041 自锁→M8041＝**1**→才允许从 S2 向下个状态逐步转移。

(3)M8042：启动脉冲继电器

如图 4.57 所示，按下启动或回原点启动按钮，M8042 输出一个扫描周期的脉冲。当手动 X20＝**1**，M8042 不输出脉冲。

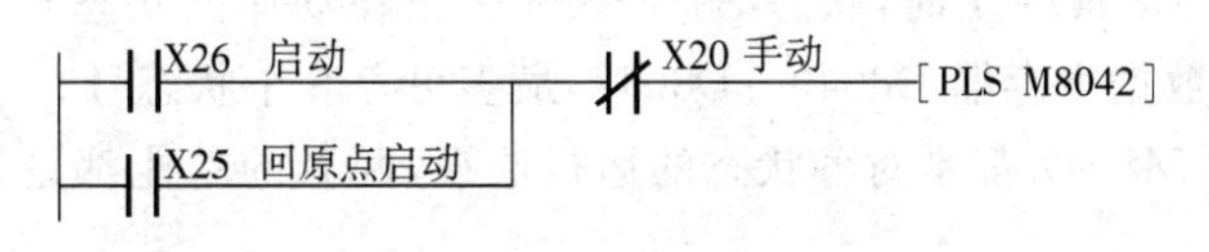

图 4.57

(4)M8043：回原点完成标志继电器，M8043＝**1** 表明设备已回到原点状态。

① M8043 如果由用户程序编程控制，一般写在以 S1 为回原点初始状态的程序流最后，待所有状态完成后，在自我复位前先置 M8043＝**1**。

② IST 指令也能自动控制 M8043 的状态。IST 指令自动完成图 4.58 功能。

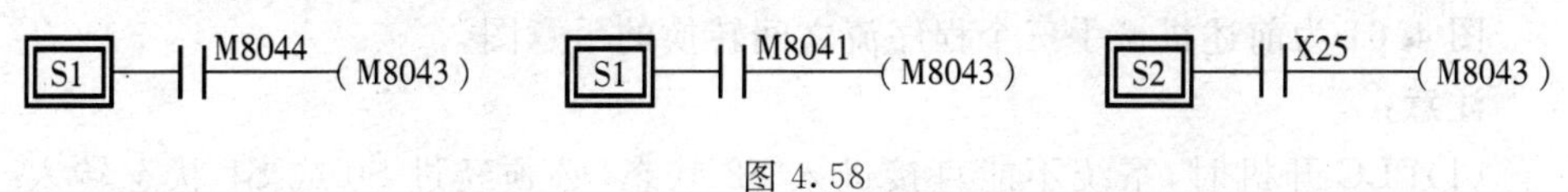

图 4.58

③ 返回原点完成继电器(M8043)接通之前，如果操作选择开关(X20，X21，X22，X23，X24)来改变运行方式，则 PLC 所有输入都被关断。

④ 只有在 M8043＝**1** 时，才能进入自动操作方式。

(5) M8044：原点位置条件继电器

M8044 由原点的各传感器驱动，由用户程序控制，它的 ON 状态作为自动方式时的允许状态转移的条件。如前述机械手初始化电路程序,如图 4.59 所示。

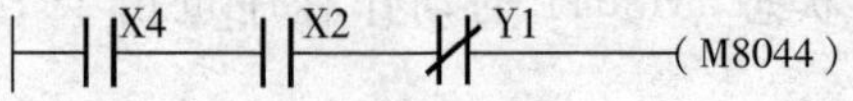

X4 X2 Y1 (M8044)

图 4.59

注意:M8044 与 M8043 功能很相似,但是 M8044 由用户程序控制,而 M8043 可由 IST 自动控制。

(6)M8045:禁止输出复位继电器

当 M8045=**1** 时,Y 不允许复位,由用户程序控制。

(7)M8046:STL 状态置 1 标志继电器

由 M8047 和 S0～S899 的状态共同决定 M8046 状态,等效电路如图 4.60 所示。

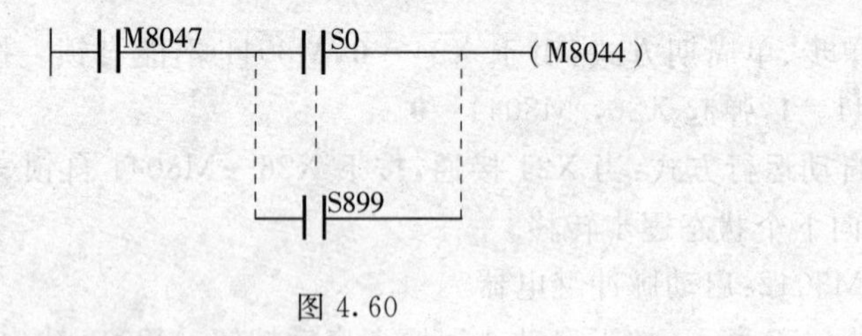

图 4.60

(8)M8047:状态监控有效继电器

当用户使 M8047=**1** 时,状态 S0～S899 中正在动作的状态号从最低号开始顺序存入特殊数据寄存器 D8040～D8047,最多可存 8 个状态号。

M8046 和 M8047 都是对各状态的运行监视,两者的功能都是由 IST 指令自动控制。

以上八个特殊辅助继电器之间,有些在 PLC 指令内部已存在闭锁关系,因此用户在设计程序时只要学会使用这些继电器,不必太多考虑它们内部的关系。

4.三个程序流之间的跳转

由 IST 指令自动设定的初始状态 S0,S1 和 S2,形成了三个分离程序流,但它们之间可以通过选择开关,利用特殊辅助继电器的功能,实现程序间的跳转。

图 4.61 为前述机械手三个程序流之间转换的示意图。

注意:

(1)PLC 开机时,系统不能直接进入 S2 状态,必须经过 S0 或 S1 状态转入 S2,因为开机时 M8043=**0**。

(2)系统设备处于原点时,各种操作方式相互转换没有影响,IST 指令将程序自动引导到目的程序流的初态。

(3)在系统运行过程中改变操作方式,则全部输出 Y 和原程序流的所有状态会自动复位,这点要引起重视。例如:机械手在加紧工件移动过程中,改变操作方式,机械手会放松,工件将掉下来,造成事故。

(4)在图 4.61 中,第⑧种情况转换是不允许的,因为手动过程中,程序不知设备处于何种状态,不能自动控制。

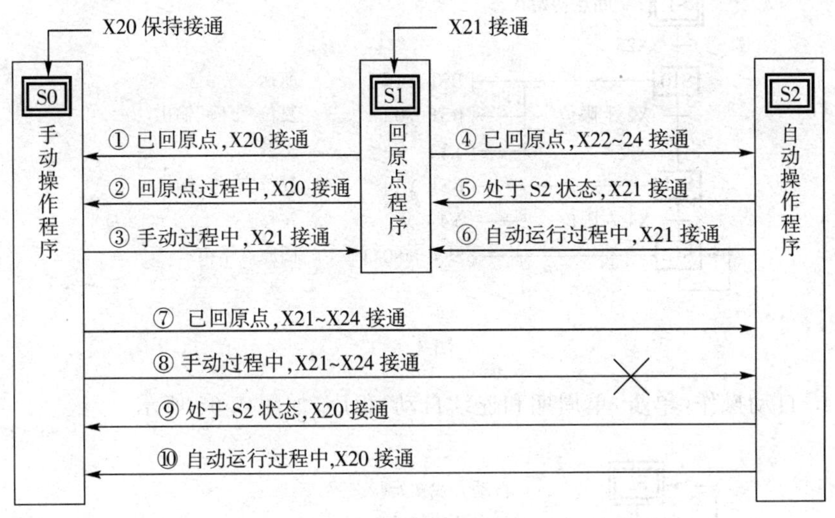

图 4.61

4.4.4 操作方式编程举例

下面我们仍以机械手移送工件系统为例,用 IST 指令实现多种方式操作,其中涉及的移动顺序、到位检测输入和执行输出,以及操作面板见前述。

1. 初始化程序,如图 4.62 所示。

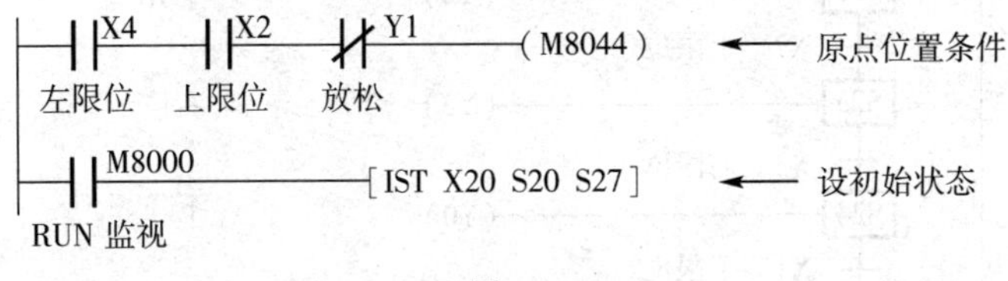

图 4.62

2. 手动操作方式程序,如图 4.63 所示。

图 4.63

3. 回原点操作程序，如图 4.64 所示。

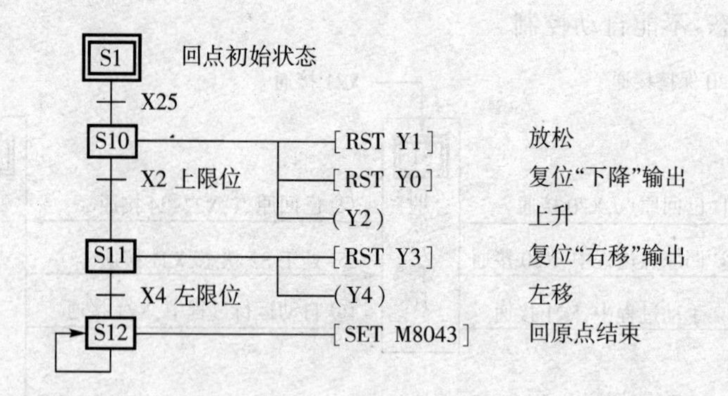

图 4.64

4. 自动操作（单步，单周期和连续自动）程序，如图 4.65 所示。

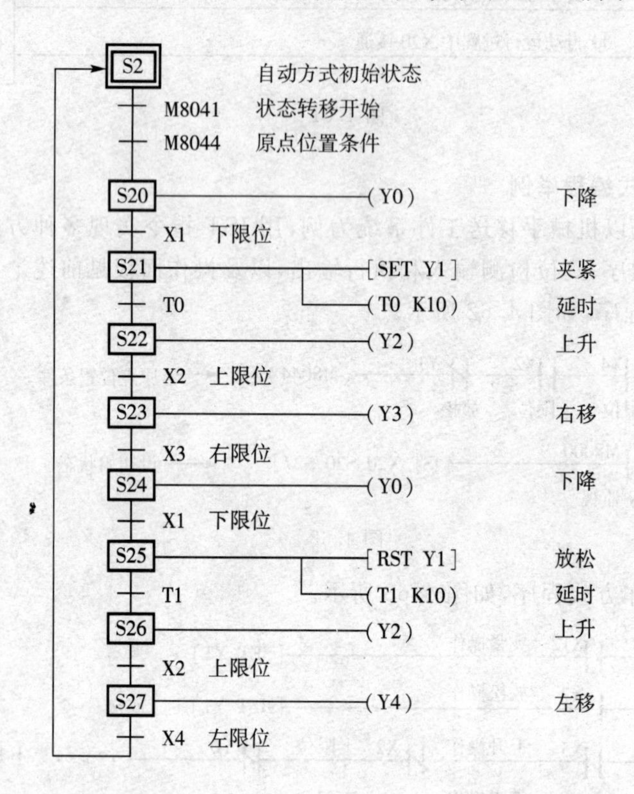

图 4.65

5. 助记符指令表(将上述 4 个程序流合并在一起)。

0	LD	X004	35	STL	S1	73	LD	T0
1	AND	X002	36	LD	X025	74	SET	S22
2	ANI	Y001	37	SET	S10	76	STL	S22
3	OUT	M8044	39	STL	S10	77	OUT	Y002
5	LD	M8000	40	RST	Y001	78	LD	X002
6	IST	X020	41	RST	Y000	79	SET	S23
		S20	42	OUT	Y002	81	STL	S23
		S27	43	LD	X002	82	OUT	Y003
13	STL	S0	44	SET	S11	83	LD	X003
14	LD	X012	46	STL	S11	84	SET	S24
15	SET	Y001	47	RST	Y003	86	STL	S24
16	LD	X007	48	OUT	Y004	87	OUT	Y000
17	RST	Y001	49	LD	X004	88	LD	X001
18	LD	X005	50	SET	S12	89	SET	S25
19	ANI	X002	52	STL	S12	91	STL	S25
20	ANI	Y000	53	SET	M8043	92	RST	Y001
21	OUT	Y002	55	RST	S12	93	OUT	T1
22	LD	X010	**57**	**RET**				K10
23	ANI	X001	58	STL	S2	96	LD	T1
24	ANI	Y002	59	LD	M8041	97	SET	S26
25	OUT	Y000	60	AND	M8044	99	STL	S26
26	LD	X006	61	SET	S20	100	OUT	Y002
27	ANI	X004	63	STL	S20	101	LD	X002
28	ANI	Y003	64	OUT	Y000	102	SET	S27
29	OUT	Y004	65	LD	X001	104	STL	S27
30	LD	X011	66	SET	S21	105	OUT	Y004
31	ANI	X003	68	STL	S21	106	LD	X004
32	ANI	Y004	69	SET	Y001	107	OUT	S2
33	OUT	Y003	70	OUT	T0	**109**	**RET**	
34	**RET**				K10	110	END	

习 题

4-1 什么叫顺序控制系统？举出生产生活中的实例。

4-2 怎样划分生产控制系统中的状态？在 PLC 中是怎样描述状态的？

4-3 简述“状态”的功能及有效状态和无效状态的特点。

4-4 SFC 语言可采取哪几种形式对其编程？各有什么特点？

4-5 使用 STL 指令时应注意哪些主要问题？

4－6　设置初始状态时应遵守哪些基本原则？

4－7　举例说明在状态之间实现跳转和振荡器功能的流程图。

4－8　什么叫选择性分支与汇合？什么叫并行分支与汇合？两者的主要区别是什么？

4－9　一般的自动控制系统操作分几种方式？各有什么特点？

4－10　使用 IST 指令时应注意哪些事项？

4－11　用 STL 指令分别将图 4.66 和图 4.67 状态流程图改成梯形图形式，并说明 Y 的输出规律。

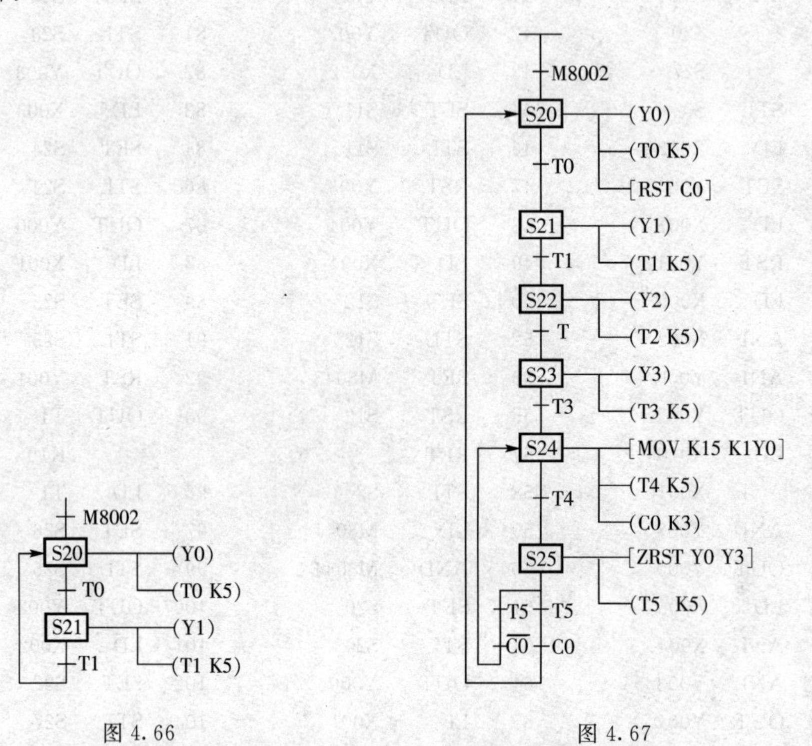

图 4.66　　　　图 4.67

4－12　用状态流程图分别实现图 4.68 和图 4.69 所示脉冲序列发生器。

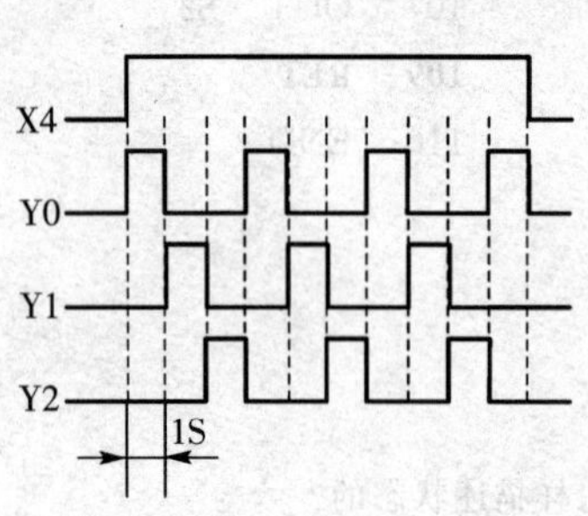

图 4.68　　　　图 4.69

4－13　图 4.70 所示为三种液体混合自动控制系统示意图。液位传感器 L1，L2，L3 分别由 X14,X15,X16 端输入,液面淹没时接通。液体 A、B、C 输入与混合液体输出电磁阀 F1,F2,F3,F4 分别由 Y1,Y2,Y3,Y4 控制,搅匀电动机 M 由 Y5 控制,电热炉 H 由 Y6 控制,温度控制仪输出触点由 X17 端输入。其控制过程如下:

(1)初始状态,容器是空的,F1,F2,F3,F4 为 OFF,L1,L2,L3 为 OFF,搅拌机 M 为 OFF。

(2)按下启动按钮 SB1(X10),打开 F1,液体 A 注入容器;当液位达到 L3 时,关闭 F1,同时打开 F2,液体 B 注入容器;当液位达到 L2 时,关闭 F2,同时打开 F3,液体 C 注入容器;当液位达到 L1 时,关闭 F3,同时启动 M 开始搅拌;搅拌到 10 秒后,开始对液体加热;当温度达到一定时,停止加热,同时打开 F4,放出混合液体;当液位下降到 L3 后,过 5 秒,容器空,关闭 F4;中间隔 5 秒时间后,开始下一周期。如此循环。

(3)按下停止按钮 SB2(X11),在当前一个混合过程结束后,控制系统才停止操作,回到初始状态。

要求:

(1)列出输入和输出接线表,或画出 PLC 输入和输出接线图;

(2)用状态流程图(SFC)实现上述控制过程,并用 STL 指令将状态流程图转换成步进梯形图;

(3)上述过程中搅拌和加热是分步进行的,如果要同时进行,试用状态并行方法对其修改。

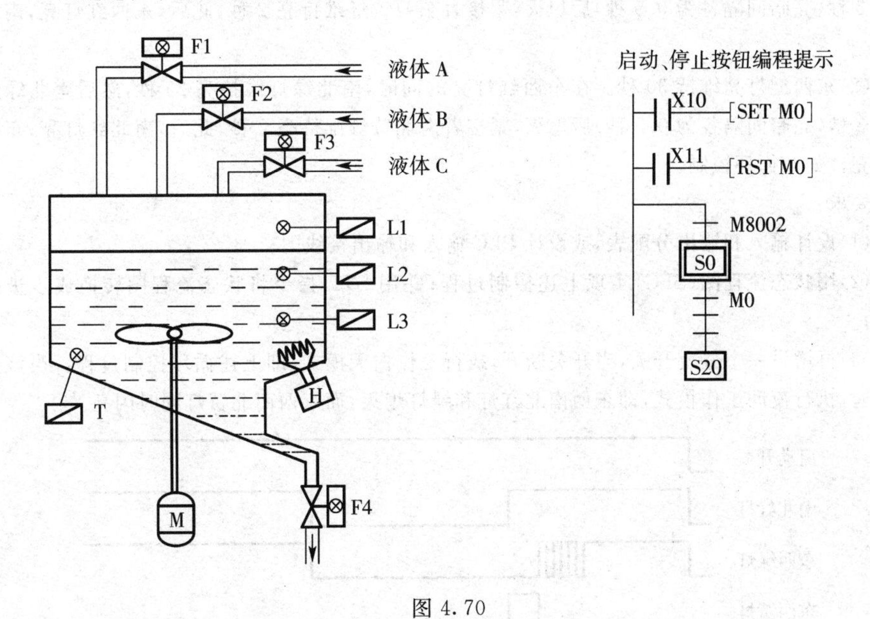

图 4.70

4-14　图 4.71 为三条皮带运输机接续运物系统,三条皮带机分别为 A、B、C,分别由三台电机 M0、M1、M2 驱动。现要求用步进顺控指令实现如下生产工艺流程:

(1)逆物流起动,顺物流停车的控制顺序。即,按下 SB0(X0),皮带机按 A→B→C 顺序间隔 10 秒钟逐台启动。按下 SB1(X1),按 C→B→A 间隔 20 秒钟逐台停车。

(2)如果增加料斗物料传感器 SQ(X5),有料 SQ 接通,无料 SQ 断开。程序中应有无料启不了车和运行中物料中断 30 秒后,系统自动按上述顺序停车的功能。

(3)再增设紧急停车按钮为 SB2(X2),在任何时候按下 SB2,系统将立即全部停车。

提示：初学者设计时应分三步，逐步实现上述三个功能。

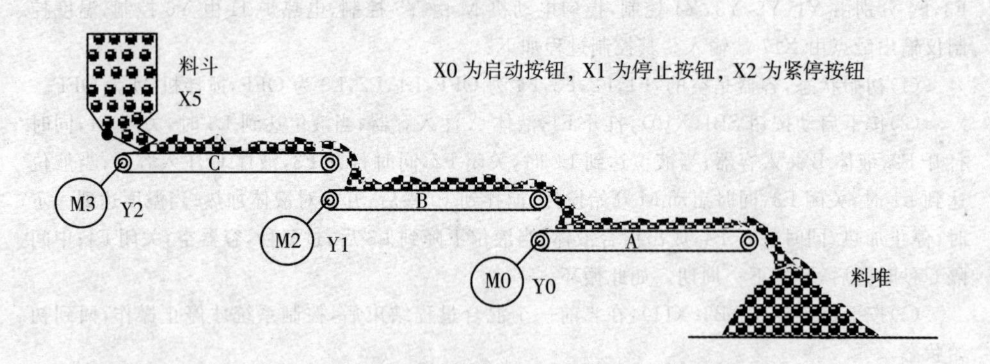

图 4.71

4-15　图 4.72 是某一十字路口交通信号灯控制要求时序图，当启动开关接通时，信号灯控制系统开始工作，当启动开关断开时，所有信号灯熄灭。时序流程为：

(1)南北红灯亮维持 25 秒。在南北红灯亮的同时，东西绿灯维持亮 20 秒，然后东西绿灯闪亮 3 秒(亮暗间隔各为 0.5 秒)后熄灭，紧接着东西黄灯维持亮 2 秒，此后，东西红灯亮，南北绿灯亮。

(2)东西红灯亮维持 30 秒。在东西红灯亮的同时，南北绿灯维持亮 25 秒，然后南北绿灯闪亮 3 秒(亮暗间隔各为 0.5 秒)后熄灭，紧接着南北黄灯维持亮 2 秒，此后，南北红灯亮，东西绿灯亮。如此循环控制。

要求：

(1)设计输入和输出分配表，或设计 PLC 输入和输出接线图；

(2)用状态流程图(SFC)实现上述控制过程；并用 STL 指令将状态流程图转换成步进梯形图；

(3)再增设一个昼夜开关，当开关断开，执行工作白天模式，即上述循环控制过程。当该开关接通，执行夜间工作模式，即东西南北红灯和绿灯熄灭，而东西南北黄灯同时闪亮。

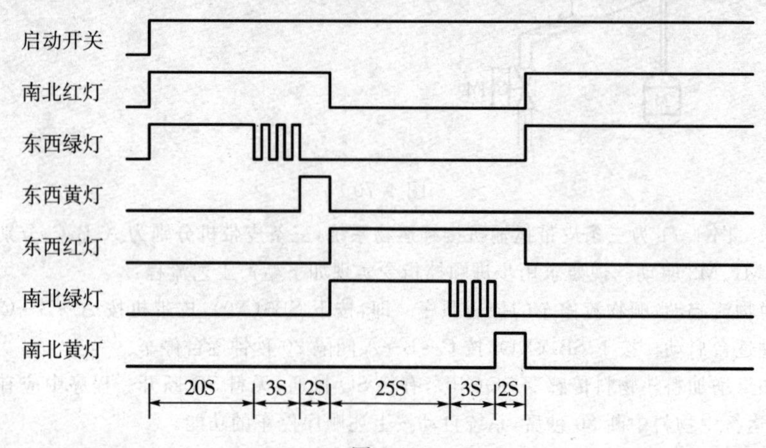

图 4.72

4-16　图 4.73 为一小车自动往还运料系统图。小车开始处于原点(卸料点)，其状态为：卸料点限位开关接通(X4=**1**)，卸完料并且卸料阀关闭(Y3=**0**)，使小车底门关闭。

小车自动运料过程为：当按下启动按钮(X0=**1**)，关闭制动阀(Y2=**0**)，小车开始前进(Y0=**1**)，当小车达到装料点，装料点限位开关接通(X5=**1**)，小车停止(Y0=**0**)并制动(既刹车，Y2=**1**)，此时打开装载料门(装料阀 Y6=**1**)，装料 5 秒钟后，关闭装料门(Y6=**0**)和制动阀(Y2=**0**)，小车开始后退(Y1=**1**)，当小车达到卸料点，卸料点限位开关接通(X4=**1**)，小车停止(Y1=**0**)并制动(Y2=**1**)，此时打开卸料底门(卸料阀 Y3=**1**)，卸料 3 秒钟后，关闭卸料底门(Y3=**0**)。此时完成一个运料循环过程。当按下停止按钮(X1=**1**)，小车完成一次单循环后停在原点。

要求：

(1)试用状态流程图实现小车上述连续往返自动控制。提示，启动和停止按钮的设计见 13 题提示。

(2)在(1)的基础上增加暂停开关(X2)，接通该开关控制系统暂时停止运行，当该开关再次断开小车控制系统继续运行。提示，使用特殊辅助继电器 M8034。

(3)再设紧急停止和紧停恢复按钮(X3 和 X4)，能使系统运行在任何状态时，按下紧急停止按钮(X3=**1**)，小车立即停止(Y0=**0**，Y1=**0**，Y2=**1**，Y3=**0**，Y6=**0**)。当事故处理完后，按下紧停恢复按钮(X4=**1**)，小车将回到原点处，再按下启动按钮(X0=**1**)，小车则重新启动运行。提示，按钮加在随机控制梯形图中，紧停按钮使所有输出状态复位，恢复按钮使系统回到原点处。

*(4)在上述的基础上怎样改动才能实现停电后，小车不是回到原点，而是按照停车前的状态继续运行的功能？提示，使用失电保持状态继电器。

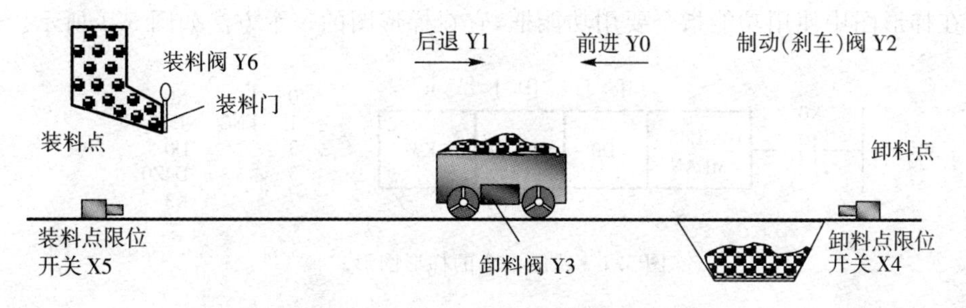

图 4.73

第5章 三菱FX系列PLC常用功能指令

根据现代工业控制的需要,PLC仅仅有基本指令是不够的,于是生产厂家逐步在PLC中引入了功能指令,主要解决的是数据处理任务。特别是近几年来,功能指令又向综合性方向迈进了一大步,出现了许多一条功能指令即能实现以往需要大段程序才能够完成的某种任务,如PID(比例积分微分)运算指令等,这类指令实际上就是一个个功能完整的子程序,从而大大提高了PLC的实用价值和普及率。

FX_{2N}系列PLC具有丰富的功能指令,由于篇幅的限制,本章将选择常用的功能指令加以介绍,对其余指令的使用方法可参阅FX的编程手册。

5.1 功能指令的基本规则

5.1.1 功能指令的表示方法

FX系列PLC采用计算机通用的助记符形式来表示功能指令,一般用指令的英文名称或缩写作为助记符。例如,求平均值指令用助记符"MEAN"来表示,如果在梯形图中使用功能指令要用功能框,它在梯形图的表示方法如图5.1所示。

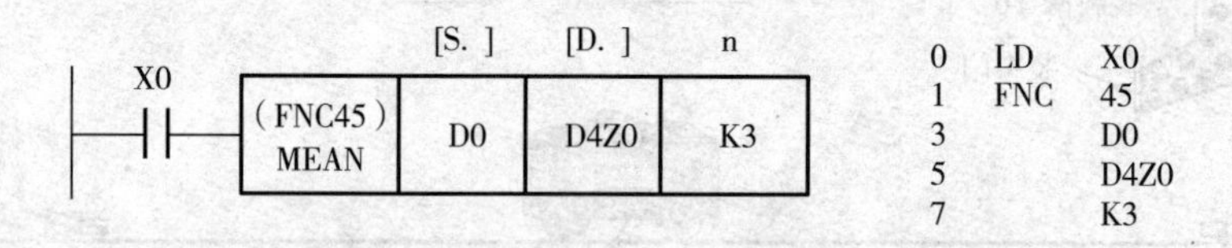

图5.1 功能指令的梯形图形式

由图5.1可知,功能指令的梯形图结构包括以下三个部分。

1.执行条件

由输入继电器X、输出继电器Y、辅助继电器M、状态继电器S、定时器T、计数器C等软元件的触点构成,比如图5.1中的X0。有的功能指令没有执行条件,即直接与左母线相连。当执行条件为ON时,执行该功能指令。

2.功能号和助记符

每条功能指令都有一个功能编号和助记符。例如,求平均值这条功能指令,功能号为FNC45,助记符为"MEAN"。

3.操作数

绝大多数功能指令后面必须指定操作数(个数为1~4个)。操作数有以下几种：

(1)源操作数(Source)，用[S]表示。如果可以使用变址功能，则用[S.]表示。当有多个源操作数时，分别用[S1.]、[S2.]等表示。在执行指令的过程中，源操作数中的内容保持不变。

(2)目标操作数(Destination)，用[D]表示。如果可以使用变址功能，则用[D.]表示。当有多个源操作数时，分别用[D1.]、[D2.]等表示。在执行指令的过程中，目标操作数中的内容会改变。

(3)其他操作数，常用来表示常数或作为源操作数和目标操作数的补充说明。用m或n表示，当有多个常数时，用m1、m2或n1、n2等方式表示。表示常数时，K为十进制，H为十六进制。

例如，在图5.1中源操作数为D0、D1、D2，目标操作数为D4Z0(Z0为变址寄存器)，K3表示源操作数有3个相邻元件，当X0的常开触点接通时，执行的操作为[(D0)+(D1)+(D2)]/3→D4Z0，即求D0，D1，D2里数据的平均值，结果送到目标寄存器D4Z0(如果Z0的内容为20，则运算结果送入D24中)。

5.1.2　功能指令的执行方式与数据长度

1. 功能指令的执行方式

功能指令的执行方式有连续执行和脉冲执行两种类型。如图5.2所示，在指令助记符MOV后面有“P”的表示脉冲执行，即该指令仅在X1接通(由OFF到ON)时执行一次，将D10中的数据送到D12中；如果没有“P”则表示连续执行，即该指令在X1接通(ON)的每一个扫描周期都被执行。

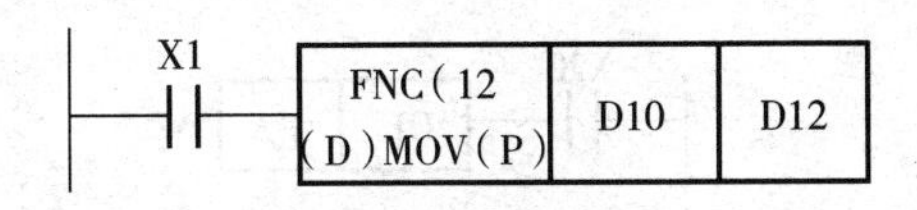

图5.2　功能指令的执行方式

2. 数据长度

功能指令可处理16位或32位数据。处理32位数据的指令是在助记符前加“D”表示，无此标志即为处理16位数据的指令。如图5.2中助记符MOV之前的“D”即表示处理32位数据，此时相邻的两元件组成元件对，该指令将D11，D10中的数据传到D13，D12。处理32位数据时，为了避免出现错误，建议使用首地址为偶数的操作数。

5.1.3　功能指令的数据格式

1. 位元件

只有ON/OFF两种状态的元件称为位元件，例如X、Y、M和S。位元件用来表示开关量的状态,如触点的通、断,线圈的通电、断电等。

2. 字元件

处理字(一个字由16位二进制数组成)的元件称为字元件,例如定时器和计数器的当前值和设定值寄存器和数据寄存器。由位元件可以组成字元件来进行数据的处理。

3. 位组合元件

在PLC中,人们除了要用二进制数据外,常希望能够直接使用十进制数据。FX系列PLC中使用4位BCD码表示一位十进制数据,由此产生了位组合元件,这是由4位位元件成组使用的情况。位组合元件表达为KnP的形式,式中Kn指有n组这样的数据,每组由4个连续的位元件组成,P为位元件的首地址。例如,K2M0表示由M0~M7组成的两个位元件组,M0为数据的最低位(首位)。

5.2 程序流向控制指令

5.2.1 条件跳转指令(CJ)

条件跳转指令CJ的操作数为指针标号P0~P127,其中P63即END,无需再标号。

条件跳转指令用于跳过顺序程序中的某一部分,以控制程序的流程。如图5.3所示,当X20为ON时,程序跳到标号为P7处向下继续执行,如果X20为OFF,不执行跳转,程序按原顺序执行。跳转时,不执行被跳过的那部分指令。

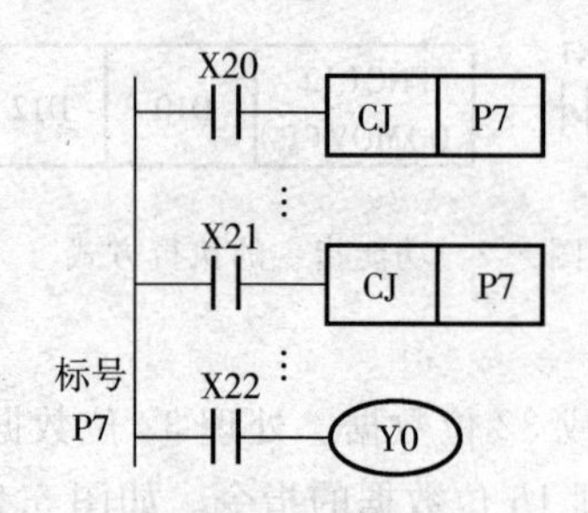

图5.3　两条跳转指令使用同一标号

条件跳转指令可用来选择一定的程序段,在工业自动化控制中经常使用。例如,某装置在不同的条件下,有两种工作方式(如手动、自动工作方式)相互转换,这就需要运行两段不同的程序。设备调试、维修时用手动程序,正常运行时执行自动程序。其典型的梯形图如图5.4所示。

图中X0为手动/自动转换开关。当X0置1时,执行自动工作方式;当X0置0时,执行手动工作方式。

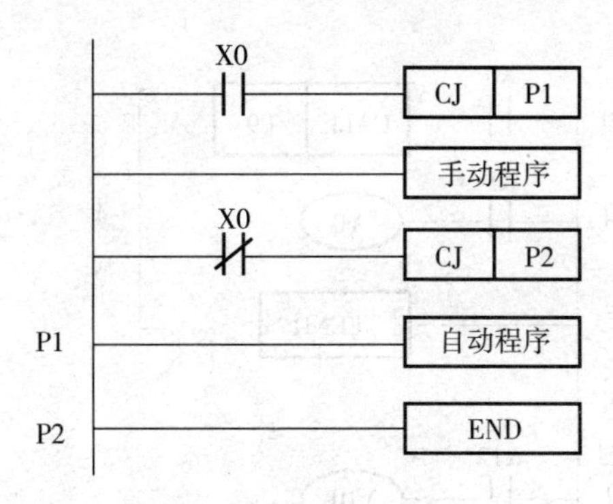

图5.4　自动/手动转换程序

使用跳转指令时的注意事项：

(1)跳转指针标号一般在CJ指令之后,如图5.3所示。但也可出现在跳转指令之前,如图5.5所示。这种情况下如果X20为ON时间过长,会造成该程序的执行时间超过警戒时钟设定值,则程序就会出错。

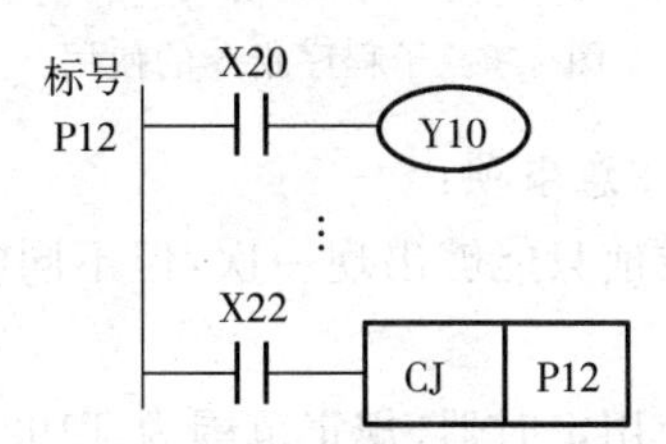

图5.5　标号指针可以设在跳转指令之前

(2)在一个程序中一个标号只能够出现一次,否则程序会出错。但是在同一个程序中两条跳转指令可以使用相同的指针标号,如图5.3所示。

5.2.2　子程序调用指令(CALL)与子程序返回指令(SRET)

子程序是为一些特定的控制目的而编制的相对独立的程序。编这样的程序就要使用子程序指令。为了使其区别于主程序,规定在程序编排时,将主程序排在前面,子程序排在后面,并以主程序结束指令FEND将它们隔开。

子程序调用指令CALL的功能是当执行条件满足时,该指令使程序跳到标号处,执行该标号对应的子程序。子程序调用指令CALL的操作数为P0～P127(不包括P63)。

子程序返回指令SRET的功能是返回到调用该子程序的CALL指令的下一个逻辑行。该指令无操作数。

子程序指令在梯形图中的使用情况如图5.6所示。当X0闭合时,标号为P9的子程序得以执行,当执行完SRET指令,程序返回到主程序中的104步处继续向下执行,一直到FEND指令。

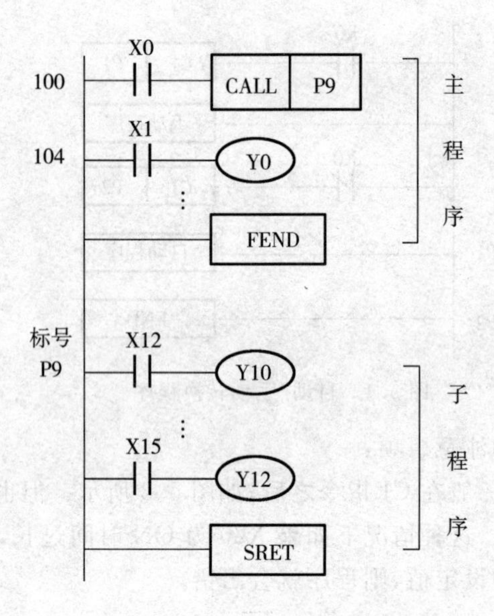

图 5.6　子程序指令的使用

使用子程序指令时的注意事项：

(1)同一标号在左母线前只能够出现一次，但不同的 CALL 指令可调用同一标号的子程序。

(2)如果在子程序中使用定时器，规定范围为 T192～T199 和 T246～T249。

(3)在子程序中可再调用子程序，形成子程序嵌套，总共可有 5 级嵌套。如图 5.7 所示是子程序嵌套调用的例子。

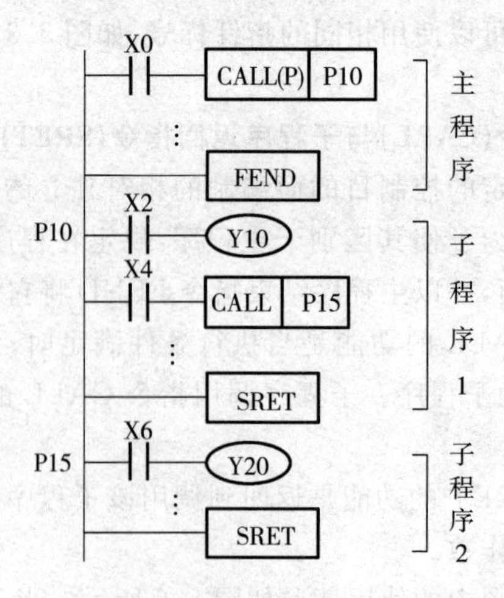

图 5.7　子程序的嵌套调用

图中 CALL(P)P10 指令仅在 X0 由 OFF 变为 ON 时执行一次，在执行子程序 1 时，如果 X4 为 ON，CALL P15 被执行，程序跳到 P15 处，嵌套执行子程序 2。执行第二条 SRET 指令后，返回子程序 1 中 CALL P15 指令的下一条指令，执行第一条 SRET 指令后返回主程序中 CALL(P)P10 指令的下一条指令继续向下执行。

下面讲一个子程序指令应用的实例。

【例 1】　某化工反应装置完成多液体物料的化合工作，连续生产。使用可编程控制器完成物料的比例投入及送出，并完成反应装置温度的控制工作。反应物料的投入比例，根据装置内的酸碱度，经过运算后，通过控制有关阀门的开启程度来实现；反应物的送出量，根据投入物料的量，经过运算后，通过控制出料阀门的开启程度来实现。温度控制使用增温及降温设备。温度需维持在 1 个区间内。

设计过程分析：在设计程序的总体结构时，将运算为主的程序内容作为主程序，将增温及降温等逻辑控制为主的程序作为子程序。子程序的执行条件 X10 及 X11 为温度高限继电器及温度低限继电器。图 5.8 为该程序的结构示意图。

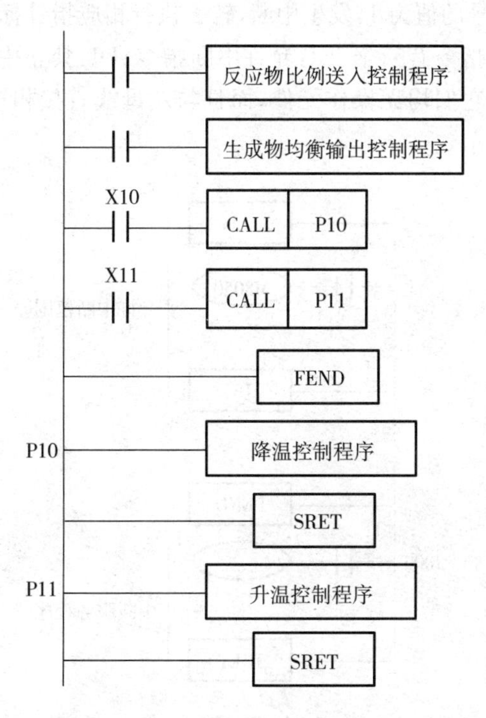

图 5.8　温度控制子程序结构图

5.2.3　与中断有关的指令(EI、DI、IRET)

中断是计算机所特有的一种工作方式，它是指在执行主程序的过程中，中断主程序执行的是中断子程序。

和普通子程序一样,中断子程序也是为某些特定的控制功能而设定的。不同的是,这些特定的控制功能都有一个共同的特点,即要求响应时间小于机器的扫描周期。因而中断子程序都不能够有程序内安排的条件引出,而应该是中断源(能引起中断的信号)。

FX_{2N}系列的中断源有外部中断、定时器中断及计数器中断。其中外部中断有6个,每个中断源的中断请求信号连接到相应的高速输入端X0~X5,外部中断的中断指针标号为I○0□,○代表0~5,与高速输入端X0~X5一一对应,□代表0或1,0表示中断请求信号是下降沿引起中断,1表示中断请求信号是上升沿引起中断。例如在执行主程序过程中,若有中断请求信号的上升沿通过X0输入,此时应该停止执行主程序,转去执行外部中断指针标号为I001的中断子程序。定时器中断有3个,用于每隔一定的时间去执行中断子程序,指针标号为I6□□~I8□□,□□为间隔时间,单位为毫秒。计数器中断有6个,标号指针为I0□0(□=1~6)。当HSCS(高速计数器比较置位)指令的两个源操作数相等时,其目标操作数中断指针标号的值为1,发生中断,转去执行相应指针标号的中断子程序。

与中断有关的指令有三个,EI:允许中断指令;DI:禁止中断指令;IRET:中断子程序返回指令。它们均无操作元件,而且与左母线直接相连。与中断有关的指令使用如图5.9所示。

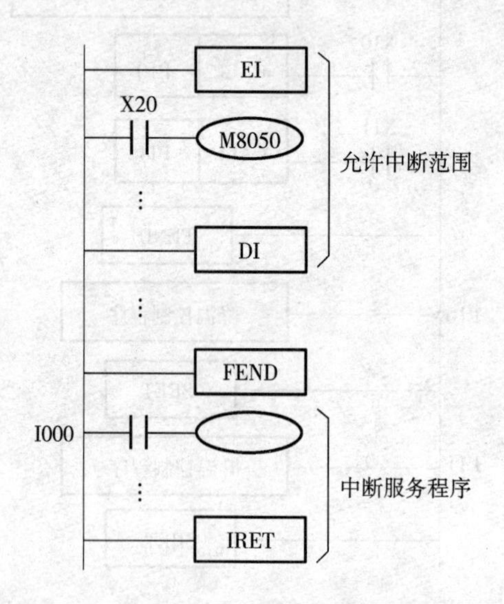

图5.9 中断指令的使用

可编程控制器通常处于禁止中断的状态,指令EI和DI之间的程序段为允许中断的区间,当程序执行到该区间时,如果中断源产生中断,CPU将停止执行当前的程序,转去执行相应的中断子程序,执行到中断子程序的IRET指令时,返回原断点,继续执行原来的程序。

使用中断指令时的注意事项：

(1)如果中断信号在禁止中断区出现，该中断信号被存储，并在 EI 指令之后响应该中断。若在任何时候都可响应中断，只使用 EI 指令，不必用 DI 指令。

(2)如果有多个中断信号依次发出，则优先级按发生的先后顺序，发生越早的优先级越高。若同时发生多个中断信号，则中断指针小的优先。

(3)通过特殊辅助继电器 M8050－M8058 可实现中断的选择，它们分别与外部中断和定时器中断一一对应。当特殊辅助继电器 M8050－M8058 通过控制信号被置为 ON 时，其相应的中断被禁止执行。当 M8059 为 ON 时，关闭所有的计数器中断。

FX_{2N}系列可编程控制器可实现不多于两级的中断嵌套，即在中断子程序中再使用一对 EI 和 DI 指令。

5.2.4　循环指令(FOR、NEXT)

循环指令有 FOR 和 NEXT 构成，它们总是成对出现的。FOR 表示循环区的开始，它的操作数用来表示循环次数(范围为 1～32767)，负数当作 1 处理。可以取任意的数据格式。NEXT 表示循环区的结束，无操作数。

循环指令可嵌套使用，最多允许 5 层嵌套。

下面通过例子分析该指令的用法。

如图 5.10 所示是 3 层嵌套的例子。循环体分别为 A、B、C，程序从上到下开始执行，若 X0 断开，不跳转按顺序执行，当执行到 A 时，会重复扫描 A 5 次，到 5 次后，再扫描 A 的 NEXT 指令下面的程序，B、C 的执行规律也是如此。所以 C 循环 1 次，B 循环 4 次(设 D02 里的数据为 4)，B 循环 1 次时，A 循环 5 次，即 C 循环 3 次，B 要循环 4×3＝12 次，A 要循环 5×4×3＝60 次。

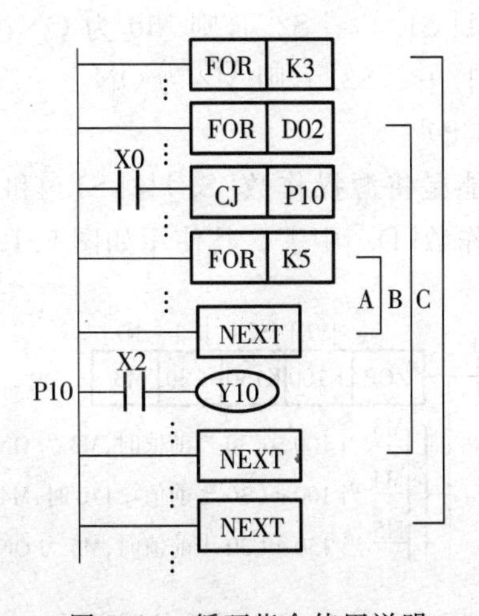

图 5.10　循环指令使用说明

在使用循环指令时注意 FOR 和 NEXT 必须成对出现，数目相符，并且 NEXT 指令不能编在 FEND 或 END 之后。

5.3　比较与传送指令

5.3.1　比较指令

比较指令包括 CMP(比较)和 ZCP(区间比较)，该指令的源操作数可取 K、H、KnX、KnY、KnM、KnS、T、C、D、V 和 Z，目标操作数可取 Y、M 和 S，占用连续的 3 个元件，用这 3 个元件的状态表示比较结果。

1. 比较指令(CMP)

比较指令的功能是将源操作数[S1.]和[S2.]的数据进行比较，比较的结果送到目标操作数[D.]中去。其使用如图 5.11 所示。

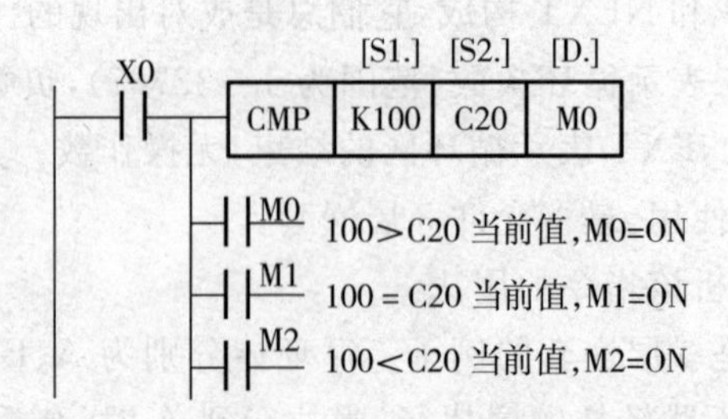

图 5.11　CMP 指令使用说明

比较指令将十进制常数 100 与计数器 C20 的当前值比较，比较结果送到 M0、M1、M2。当 X0 为 OFF 时，不进行比较，M0～M2 的状态保持不变。当 X0 为 ON 时进行比较，如果[S1.]>[S2.]，则 M0 为 ON；如果[S1.]=[S2.]，则 M1 为 ON 状态；如果[S1.]<[S2.]，则 M2 为 ON。

2. 区间比较指令(ZCP)

区间比较指令的功能是将源操作数[S.]与[S1.]和[S2.]的数据进行比较，比较的结果送到目标操作数[D.]中去。其使用如图 5.12 所示。

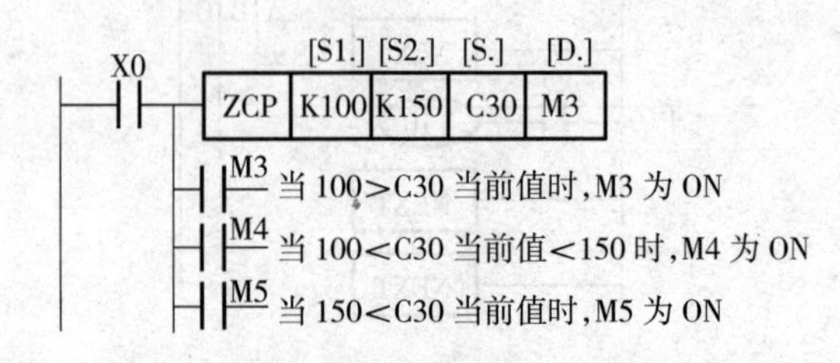

图 5.12　ZCP 指令使用说明

当 X0 为 ON 时，执行 ZCP 指令，将 C30 的当前值和常数 100 和 150 相比较，比较结果送到 M3～M5。值得注意的是，[S1.]里的数据不能够大于[S2.]里的数据。

5.3.2 传送指令

传送指令包括传送(MOV)、移位传送(SMOV)、取反传送(CML)、数据块传送(BMOV)和多点传送(FMOV)及数据交换(XCH)指令。

MOV、CML 和 SMOV 指令的源操作数可取 K、H、KnX、KnY、KnM、KnS、T、C、D、V 和 Z，FMOV 指令的源操作数可取 KnX、KnY、KnM、KnS、T、C、D、V 和 Z，BMOV 指令的源操作数可取 KnX、KnY、KnM、KnS、T、C 和文件数据寄存器，XCH 指令无源操作数；BMOV 指令的目标操作数可取 KnY、KnM、KnS、T、C 和文件数据寄存器，其他的目标操作数 KnY，KnM，KnS，T，C，D，V 和 Z。

1. 传送指令(MOV)

传送指令 MOV 的功能是将源操作数的数据送到目标操作数，如图 5.13 中的 X0 为 ON 时，将常数 100 传送到 D10 中，并自动转换为二进制数。

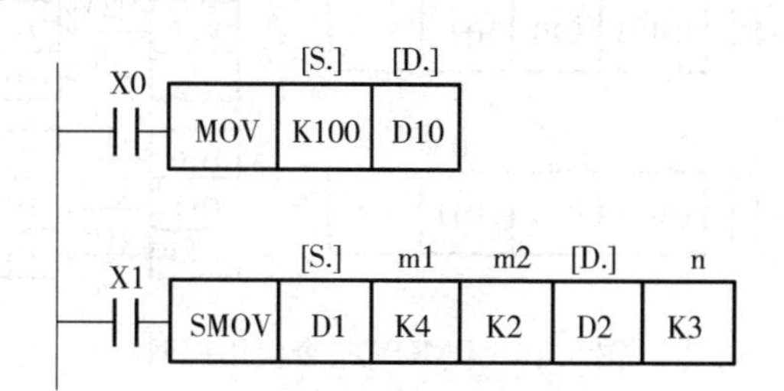

图 5.13　MOV 和 SMOV 指令使用说明

2. 移位传送指令(SMOV)

移位传送指令的使用说明如图 5.14 所示。首先将二进制的源数据(D1)转换成 4 位 BCD 码，然后将 BCD 码移位传送。源数据 BCD 码右起第 4 位(m1＝4)开始的 2 位(m2＝2)移送到目标 D2 的右起第 3 位(n＝3)和第 2 位，而 D2 的第 4 和第 1 两位 BCD 码不变。然后，目标 D2 中的 BCD 码自动转换成二进制数。

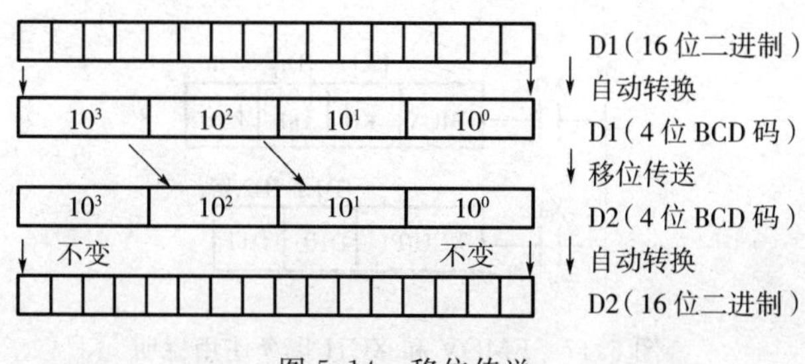

图 5.14　移位传送

3. 取反传送指令(CML)

取反传送指令的功能是将源操作数中的数据逐位取反(1→0,0→1),并传送到目标操作数。其使用如图5.15所示。CML指令将D0的低4位逐位取反后传送到Y3～Y0中。

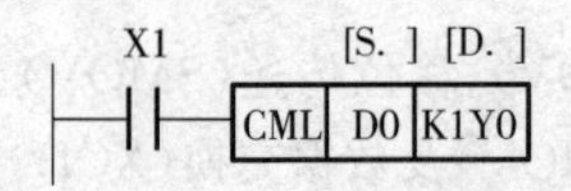

图5.15　CML指令使用说明

4. 数据块传送指令(BMOV)

该指令的功能是将源操作数指定的元件开始的n(n可取K,H,D)个数据组成的数据块传送到指定的目标。如果元件号超出允许的元件号范围,数据仅送到允许范围的元件中。传送顺序是自动决定的,以防止源数据块重叠时源数据在传送过程中被改写。如果源元件与目标元件的类型相同,传送顺序如图5.16所示。

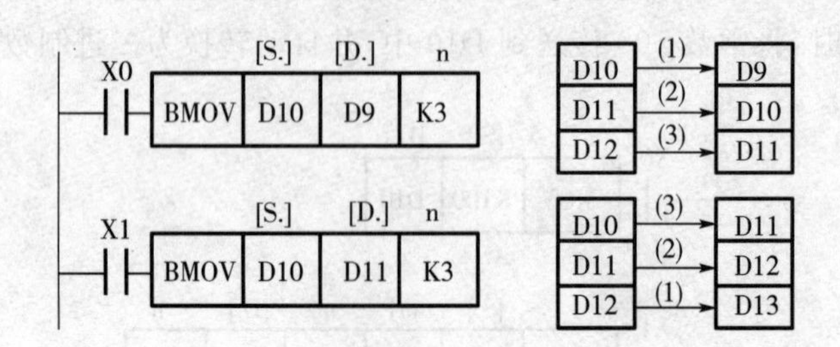

图5.16　BMOV指令使用说明

5. 多点传送指令(FMOV)

多点传送指令的功能是将单个元件中的数据传送到指定目标开始的n(n≦512)个元件中,传送后n个元件中的数据完全相同。如图5.16中的X0为ON时,将常数0送到D0～D9这10个(n=10)数据寄存器中。

6. 数据交换指令(XCH)

该指令的作用是将两个目标元件D1和D2的内容相互交换。使用说明如图5.17所示。

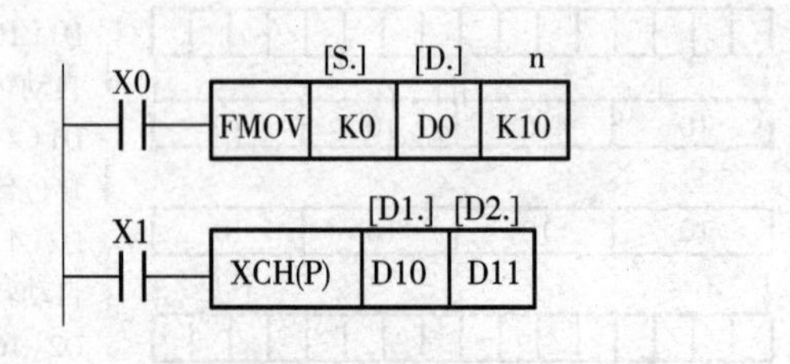

图5.17　FMOV和XCH指令使用说明

5.3.3 数据变换指令

数据变换指令包括BCD和BIN指令。它们的源操作数可取KnX、KnY，KnM，KnS，T，C，D，V和Z，目标操作数可取KnY，KnM，KnS，T，C，D，V和Z。

1.BCD变换指令

BCD变换指令功能是将源元件中的二进制转换为BCD码并送到目标元件中。对于16位或32位二进制操作数，如果执行的结果超过0～9999或超过0～99999999，将会出错。

BCD指令常用于将PLC中的二进制数变换成BCD码输出以驱动LED显示器。

2.BIN变换指令

BIN变换指令的功能是将源元件中的BCD码转换成二进制数送到目标元件中。可以用BIN指令将BCD数字拨码开关提供的设定值输入到PLC，如果源元件中数据不是BCD码，将会出错。

下面看一个传送比较类指令应用的实例。

【例2】 试设计1个简易定时报时器，具体控制要求如下：

(1)早上6:30，电铃(Y0)每秒响1次，6次后自动停止。

(2)9:00～17:00，启动住宅报警系统(Y1)。

(3)晚上6:00开启园内照明(Y2)。

(4)晚上10:00关园内照明(Y2)。

设计过程分析：完成本例的控制要求要解决如下几个问题：

(1)产生1个实时时钟，即1个周期为24小时循环的时钟信号。利用内部时钟脉冲信号和计数器结合使用即可构成，每15min为一设定单位，共96个时间单元。

(2)能按设定时间进行控制。应用计数器产生的实时时间与设定值进行比较，利用比较结果进行相关控制。

(3)能进行校时。为了能够进行校时，设置X1为15min快速调整开关，X2为格数设定的快速调整开关。时间设定值为钟点数乘4。

设置X0为启动开关。使用时，在0:00时启动定时器。

定时控制器梯形图如图5.18所示。

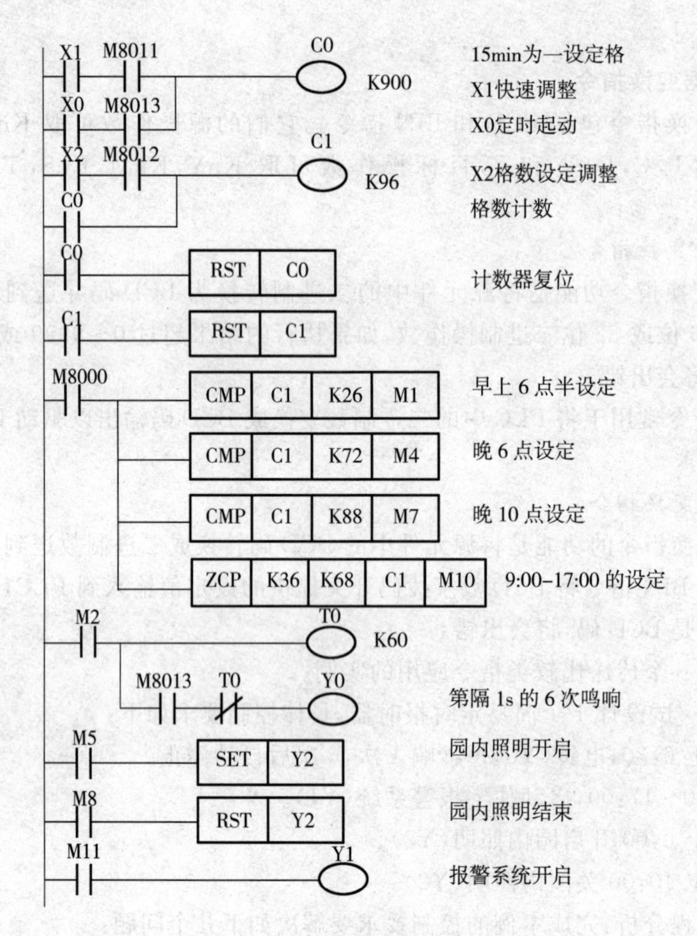

图 5.18　定时控制器梯形图

5.4　算术和逻辑运算指令

5.4.1　算术运算指令

算术运算指令包括加法、减法、乘法、除法及加 1 减 1 指令，其源操作数可取 K、H、KnX、KnY、KnM、KnS、T、C、D、V 和 Z，目标操作数可取 KnY、KnM、KnS、T、C、D、V 和 Z。加 1 减 1 指令只有目标操作数。

1. *加法指令* ADD、*减法指令* SUB

ADD 指令是将指定的源元件中的二进制数相加，结果送到指定的目标元件中去。ADD 指令使用说明如图 5.19 所示。

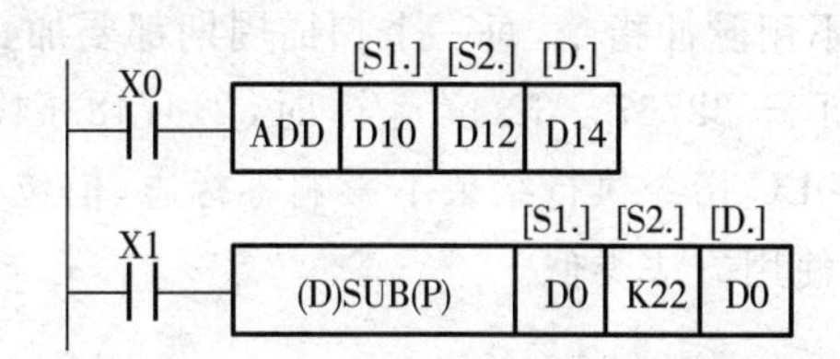

图 5.19　ADD 和 SUB 指令使用说明

[S1.]+[S2.]→[D.]，即 D10+D12→D14。每个数据的最高位作为符号位(0 为正，1. 为负)，运算是二进制代数运算。

如果运算结果为 0，则零标志 M8020 置 1，如果运算结果超过 32767(16 位运算)或 2147483647(32 位运算)，则进位标志 M8022 置 1，如果运算结果小于－32767(16 位运算)或－2147483647(32 位运算)，则借位标志 M8021 置 1。在 32 位运算中，被指定的字元件是低 16 位元件，下一个元件为高 16 位元件。源和目标也可以用相同的元件号。

减法指令 SUB 与 ADD 指令类似，这里不再多赘述。

2. 乘法指令 MUL、除法指令 DIV

乘法指令 MUL 是将指定的源元件中的二进制数相乘，结果送到指定的目标元件中去。如图 5.20 所示。它分 16 位和 32 位两种运算情况。当为 16 位运算时，执行条件 X0 为 ON 时，(D0)×(D2)→(D5，D4)。源操作数是 16 位，目标操作数是 32 位。当为 32 位运算，即执行(D)MUL 指令，当 X0 为 ON 时，(D1，D0)×(D3，D2)→(D7，D6，D5，D4)。源操作数是 32 位，目标操作数是 64 位。

除法指令 DIV 是将指定的源元件中的二进制数相除，[S1.]为被除数，[S2.]为除数，商送到指定的目标元件[D.]中去。余数送到[D.]的下一个目标元件。如图 5.20 所示。它分 16 位和 32 位两种运算情况。当为 16 位运算时，执行条件为 ON 时，(D6)÷(D8)，商送到(D2)，余数送到(D3)。当为 32 位运算，即执行(D)DIV 指令，当 X1 为 ON 时，执行(D7，D6)÷(D9，D8)，商送到(D3，D2)，余数送到(D5，D4)。

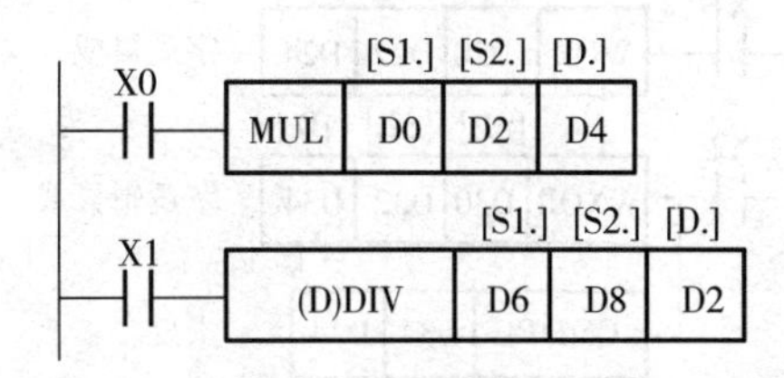

图 5.20　MUL 和 DIV 指令使用说明

3. 加 1 指令 INC 和减 1 指令 DEC

INC、DEC 指令使用如图 5.21 所示，当 X0 每次由 OFF 变为 ON 时，由[D.]

指定的元件加1,如果不用脉冲指令,每一个扫描周期都要加1。在16位运算中,32767再加1就变成了－32767。32位运算时,2147483647再加1就变成了－2147483647。INC、DEC指令执行结果不影响零标志、借位标志和进位标志。

DEC和INC指令使用方法类似。

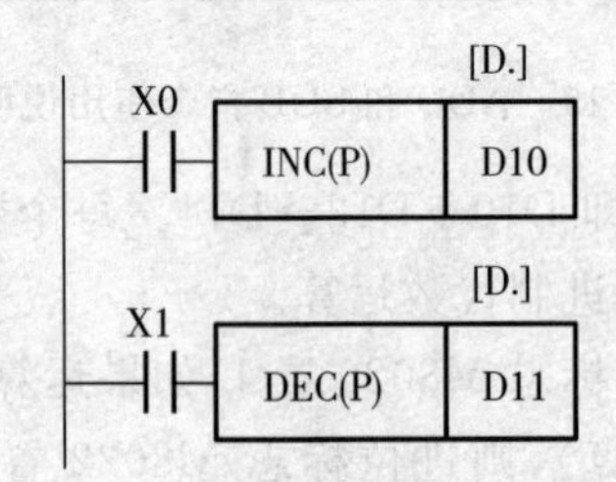

图5.21 INC、DEC指令使用说明

5.4.2 逻辑运算指令

逻辑运算指令包括WAND(逻辑与)、WOR(逻辑或)、WXOR(逻辑异或)和NEG(求补)指令,其中WAND(逻辑与)、WOR(逻辑或)、WXOR(逻辑异或)指令的源操作数可取K、H、KnX、KnY、KnM、KnS、T、C、D、V和Z,NEG(求补)指令无源操作数,逻辑运算指令的目标操作数可取KnY、KnM、KnS、T、C、D、V和Z。

WAND(逻辑与)是将两个源操作数按位进行与运算,结果送到目标元件。WOR(逻辑或)是将两个源操作数按位进行或运算,结果送到目标元件。WXOR(逻辑异或)是将两个源操作数按位进行异或运算,结果送到目标元件。NEG(求补)指令将D中指定的元件内容先取反在加1,将结果存于同一元件。逻辑运算指令的使用如图5.22所示。

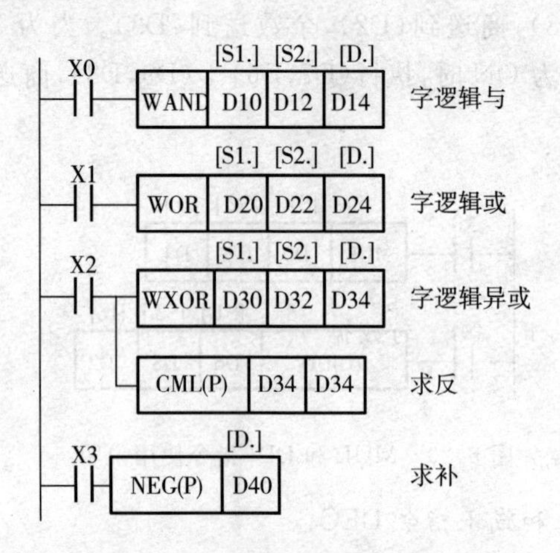

图5.22 字逻辑运算指令使用说明

下面来看一个四则运算和逻辑运算指令应用实例。

【例 3】 图 5.23(a)所示为产品入库出库示意图,进行入/出库的计数和在库量的显示(K4Y0)。若在库量超过 100 个,则报警灯(Y20)输出。试设计仓库在库量统计程序。

设计过程分析:本例采用加 1、减 1 指令构成 1 个计数器,用传送指令把在库量送去显示,并用在库量与设定值进行比较,利用比较结果控制报警灯输出。设入库传感器输入点为 X0,出库传感器输入点为 X1,仓库在库量统计梯形图程序如图 5.23(b)所示。

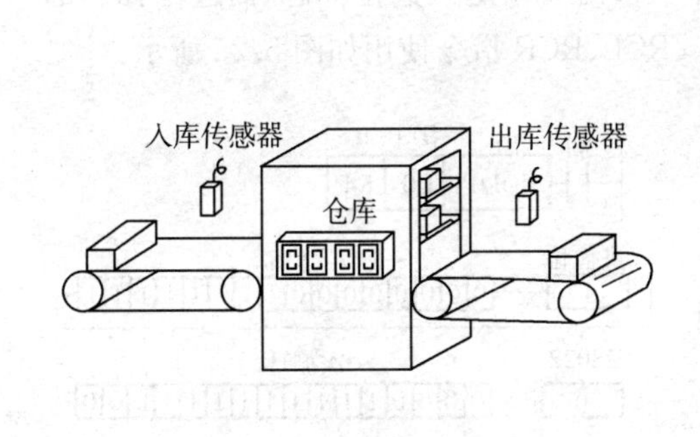

(a)产品入库出库示意图

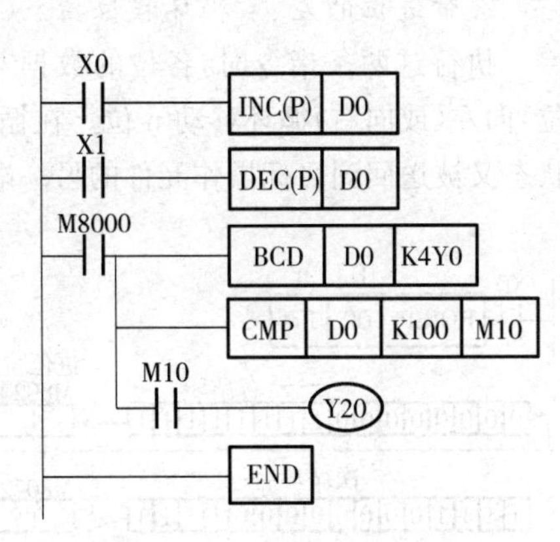

(b)仓库在库量统计梯形图

图 5.23　例 3 图

5.5　循环移位与移位指令

5.5.1　循环移位指令

循环移位指令包括左、右循环移位指令和带进位的左、右循环移位指令,它们只有目标操作数,可取 KnY、KnM、KnS、T、C、D、V 和 Z。16 位指令和 32 位指令中 n 应分别小于 16 和 32。

1. 左、右循环移位指令(ROL、ROR)

执行这两条指令时,各位的数据向左(或向右)循环移动 n 位,最后一次移出来的那一位同时存入进位标志 M8022 中(见图 5.24)。若在目标元件中指定位元件组的组数,只有 K4(16 位指令)和 K8(32 位指令)有效,例如 K4Y10 和 K8M0。

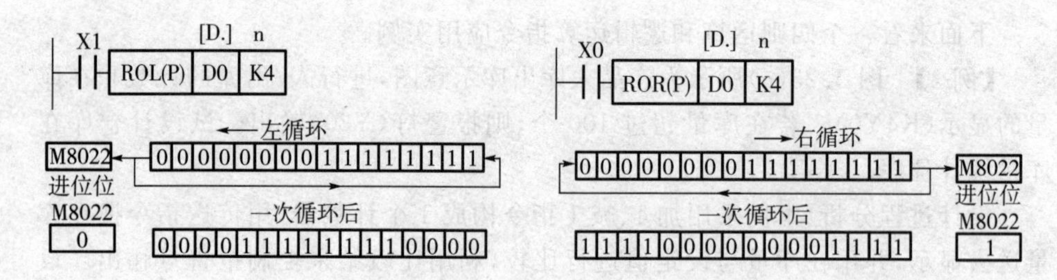

图 5.24　ROL、ROR 指令使用说明

2. *带进位的左、右循环移位指令*(RCL、RCR)

执行这两条指令时,各位的数据与进位位 M8022 一起(16 位指令时一共 17 位)向左(或向右)循环移动 n 位。在循环中移出的位送入进位标志,而进位标志的状态又被送回到目标操作元件的另一端。RCL、RCR 指令使用如图 5.25 所示。

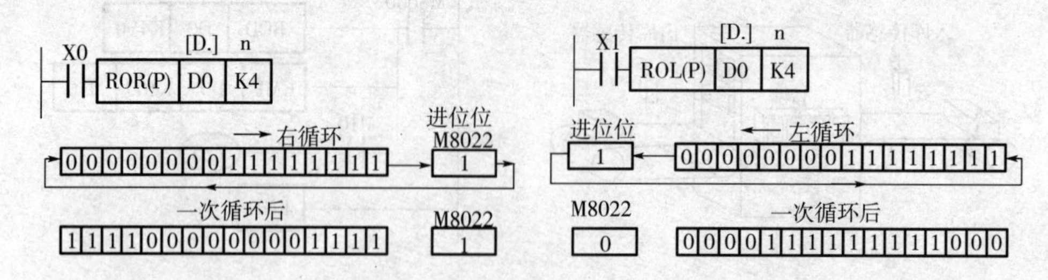

图 5.25　RCL、RCR 指令使用说明

5.5.2　移位指令

1. *位左移、位右移指令*(SFTL 和 SFTR)

位左移、位右移指令的源操作数可取 X、Y、M、S,目标操作数可取 Y、M、S。

SFTL 和 SFTR 指令使目标位元件中的状态向左或向右移位,由 n1 指定位元件的长度,n2 指定移位的位数,n2<n1<1024。SFTL 和 SFTR 指令使用说明如图 5.26 和 5.27 所示。

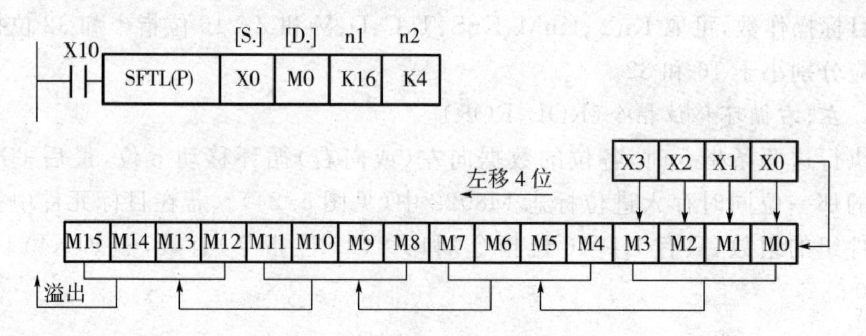

图 5.26　SFTL 指令使用说明

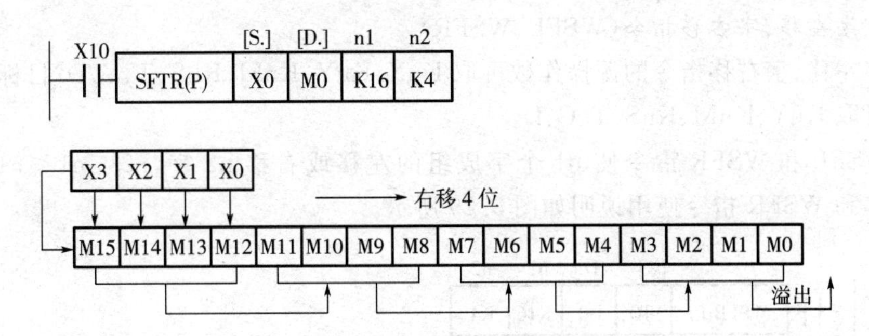

图 5.27　SFTR 指令使用说明

图 5.26 中的 X10 由 OFF 变为 ON 时，SFTL 指令按以下顺序移位：M15～M12 中的数溢出，M11～M8→M15～M12，M7～M4→M11～M8，M3～M0→M7～M4，X3～X0→M3～M0。

图 5.27 中的 X10 由 OFF 变为 ON 时，SFTR 指令按以下顺序移位：M3～M0 中的数溢出，M7～M4→M3～M0，M11～M8→M7～M4，M15～M12→M11～M8，X3～X0→M15～M12。

下面看一个位左移、位右移指令应用的实例。

【例 4】试设计一流水灯，控制要求如下：启动按钮（X0）按下后，每隔 0.5 秒流水灯的变化过程为 a（Y0）→ab（Y0Y1）→abc（Y0Y1Y2）→abcd（Y0Y1Y2Y3）。

设计过程分析：当 X1＝1 时，M20＝1。每隔 0.5 秒，M0＝1，使 M20 中的 1 向从 M21 开始的四个辅助继电器依次移位。流水灯的控制梯形图程序如图 5.28 所示。

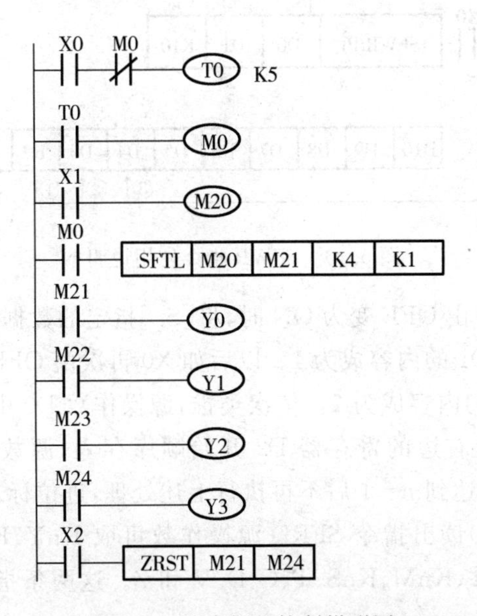

图 5.28　流水灯的控制梯形图

2.字左移、字右移指令(WSFL、WSFR)

字左移、字右移指令的源操作数可取KnX、KnY、KnM、KnS、T、C、D，目标操作数可取KnY、KnM、KnS、T、C、D。

WSFL和WSFR指令使n1个字成组的左移或右移n2字，n2<n1<512。WSFL和WSFR指令使用说明如图5.29所示。

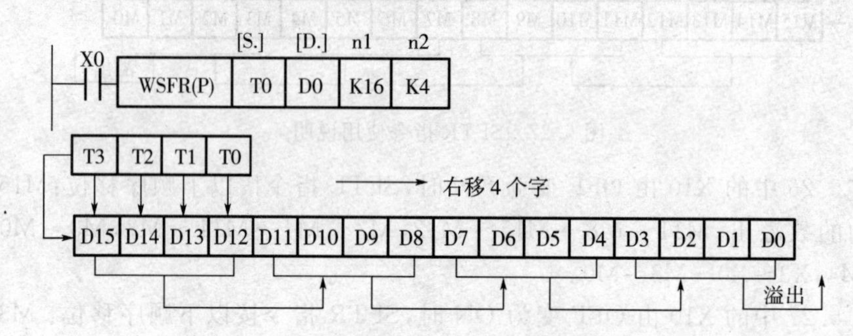

图5.29　WSFL、WSFR指令使用说明

3.先入先出(FIFO)写入指令(SFWR)和读出指令(SFRD)

先入先出(FIFO)写入指令SFWR和读出指令SFRD常用于按产品入库顺序从库内取出产品。

先入先出(FIFO)写入指令SFWR源操作数可取K、H、KnX、KnY、KnM、KnS、T、C、D、V和Z，目标操作数可取KnY、KnM、KnS、T、C、D，如图5.30所示。

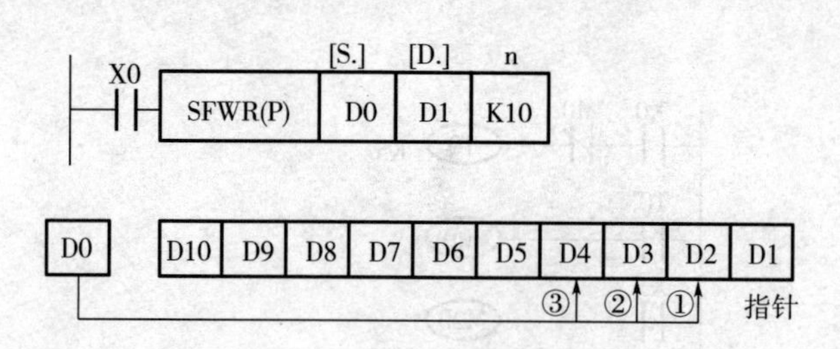

图5.30　SFWR指令使用说明

图5.30中的X0由OFF变为ON时，将[S.]指定的数据D0的数据写入D2，[D.]所指定的指针D1的内容成为1。以后如X0再次由OFF变为ON时，D0的新数据写入D3，D1的内容成为2。依次类推，源操作数D0中的数据依次写入数据寄存器。数据由最右边的寄存器D2开始顺序存入，源数据写入的次数存入D1。当D1中的数据达到n－1后不再执行上述处理，进位标志M8022置1。

先入先出(FIFO)读出指令SFRD源操作数可取KnY、KnM、KnS、T、C、D，目标操作数可取KnY、KnM、KnS、T、C、D、V和Z。这两条指令只有16位运算，如图5.31所示。

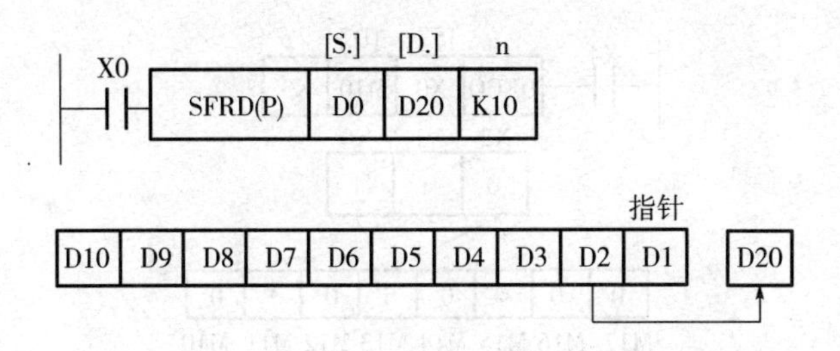

图5.31　SFRD指令使用说明

图5.31中的X0由OFF变为ON时，将D2的数据传送到D20内，与此同时，指针D1的内容减1，D3～D10的数据右移。当X0再由OFF变为ON时，即原D3的数据传送到D20内，指针D1的内容再减1。依次类推，数据总是从D2读出，当D1的内容为0时，则上述操作不在执行，零标志M8020置1。

5.6　数据处理指令

5.6.1　区间复位指令(ZRST)

区间复位指令无源操作数，目标操作数可取Y、M、S、T、C、D。ZRST指令使用如图5.32所示。ZRST指令功能是使D1～D2元件复位，[D1.]和[D2.]指定的元件应为同类元件，D1指定的元件号应小于或等于D2指定的元件号。若D1号大于D2号，在只有D1指定的元件被复位。

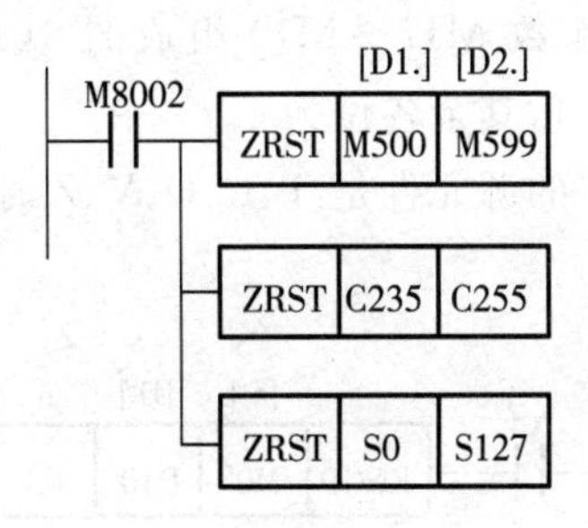

图5.32　ZRST指令使用说明

5.6.2　解码、编码指令(DECO、ENCO)

解码指令DECO的源操作数可取K、H、X、Y、M、S、T、C、D、V、Z，目标操作数可取Y、M、S、T、C、D。编码指令ENCO的源操作数可取X、Y、M、S、T、C、D、V、Z，目标操作数可取T、C、D、V、Z。

对于DECO，当D指定的目标元件是Y、M、S时，应使$0<n\leqslant 8$，如图5.33所示。

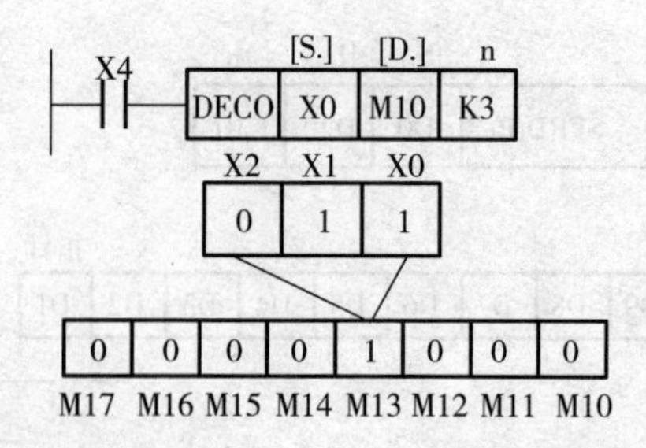

图 5.33　解码(位)指令的使用说明

当D指定的目标元件是T、C、D时,应使0＜n≤4,如图5.34所示。

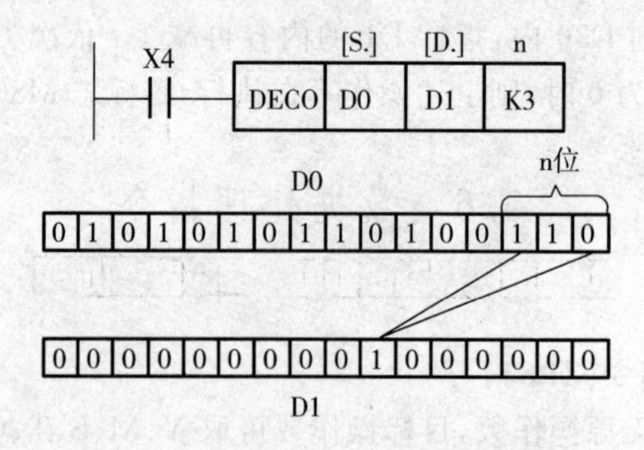

图 5.34　解码(字)指令的使用说明

下面以图5.33为例,讲解码指令DECO的使用方法。n=3表示源操作数为3位,即X2、X1、X0。X2、X1、X0的状态为二进制数,如图中值为011时相当于十进制数3,于是,由目标操作数M17～M10组成的8($2^3=8$)位排列中的第3位(M10为第0位)M13被置1,其余各位为0。

对于ENCO,当S指定的源元件是T、C、D、V、Z时,应使0＜n≤4,如图5.35所示。

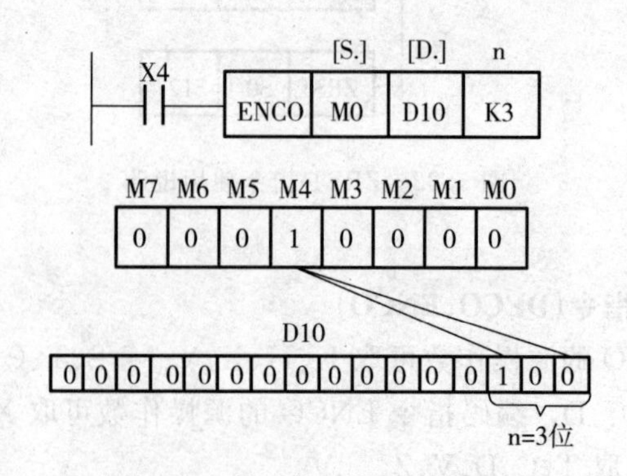

图 5.35　编码(位)指令的使用说明

当 S 指定的源元件是 X、Y、M、S 时，应使 $0<n\leqslant8$，如图 5.36 所示。

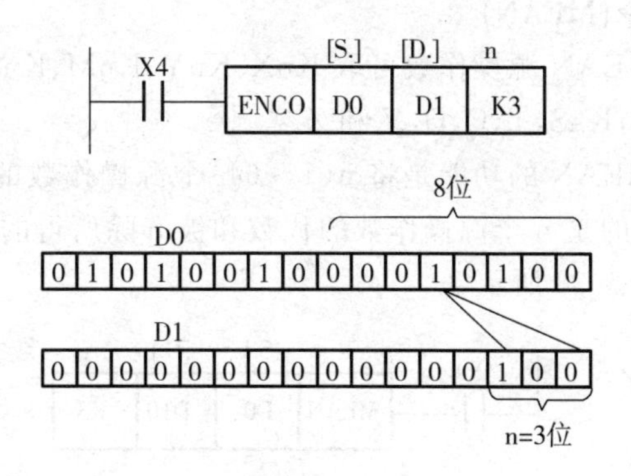

图 5.36　编码(字)指令的使用说明

下面以图 5.35 为例，讲编码指令 ENCO 的使用方法。以源[S.]为首地址、长度为 $2^n=2^3=8$ 的位元件中，即 M0～M7，将最高位置的 1 的位置数存放到目标[D.]所指定的元件中去，[D.]中数值的范围由 n 确定，其最高位置的 1 是 M4，即第 4 位。因此将“4”这个位置数以二进制的形式存放到 D10 的低 3 位中。

5.6.3　求置 ON 位总数与 ON 位判别指令(SUM、BON)

求置 ON 位总数 SUM 源操作数可取 K、H、KnX、KnY、KnM、KnS、T、C、D、V 和 Z，目标操作数可取 KnY，KnM，KnS，T，C，D，V 和 Z。ON 位判别指令 BON 源操作数可取 K、H、KnX、KnY、KnM、KnS、T、C、D、V 和 Z，目标操作数可取 Y、M、S。

SUM 指令的功能是统计源操作数置 ON 位的个数，并存放到目标元件中。SUM 指令使用如图 5.37 所示。若 D0 中没有 1，则零标志 M8020 置 1。若使用 32 位操作数，则将 D1D0 中的 1 总数存入 D2 中，D3 中为 0。

ON 位判别指令的功能是用位标志指示指定位的状态。用于检测指定元件中的指定位是否为 1。如图 5.37 所示，测试源元件 D10 中的第 11 位(n=11)，根据其为 1 或 0，相应地将目标位元件 M0 变为 ON 或 OFF。即使 X10 变为 OFF，M0 也保持不变。

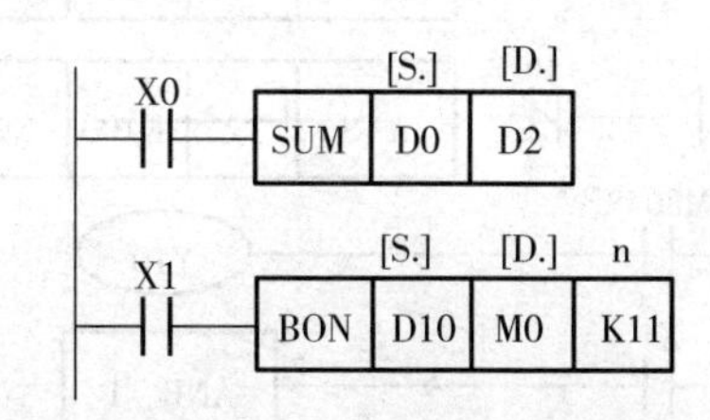

图 5.37　SUM 和 BON 指令使用说明

5.6.4 平均值指令(MEAN)

平均值指令 MEAN 源操作数可取 KnX、KnY、KnM、KnS、T、C、D,目标操作数可取 KnY,KnM,KnS,T,C,D,V 和 Z。

平均值指令 MEAN 的功能是将 n(1～64)个源操作数的平均值送到指定目标元件。平均值指的是 n 个源操作数的代数和被 n 除所得的商,余数略去。该指令的使用说明如图 5.38 所示。

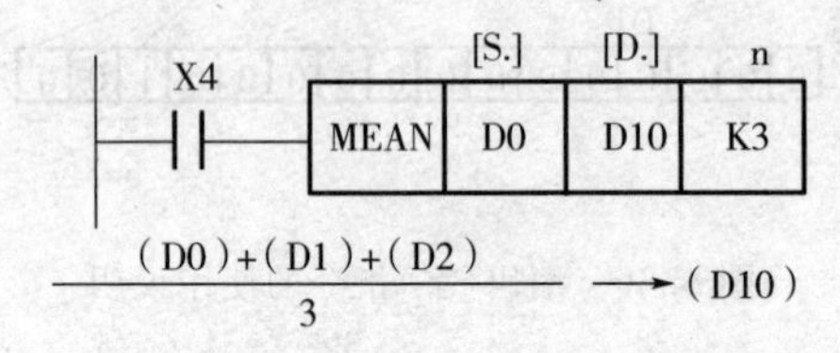

$$\frac{(D0)+(D1)+(D2)}{3} \longrightarrow (D10)$$

图 5.38 MEAN 指令的使用说明

若指定的源操作数元件范围超出了元件编号的范围,将按没超过范围的进行计算平均值。比如,若把上图中的 D0 换为 D8254,实际上只能够计算 D8254 和 D8255 的平均值。

5.6.5 报警器置位复位指令(ANS、ANR)

报警器置位指令(ANS)的源操作数为 T0～T199,目标操作数为 S900～S999,n=1～32767(n 是 100ms 定时器的设定值)。

报警器复位指令(ANR)无操作数。

若要编写外部故障诊断程序时需要用这两条指令,下面通过分析如图 5.39 所示的程序来学习这两条指令的用法。

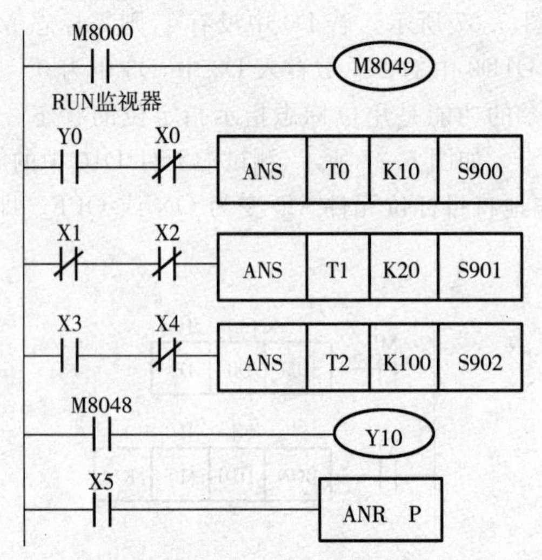

图 5.39 ANS 和 ANR 指令使用说明

程序中采用特殊辅助继电器 M8049 对报警状态 S900～S999 进行监视，若 Y0 闭合，X0 超过 1s 不动作，则 S900 置位；若出现 X1、X2 同时不工作时间超过 2s，则将 S901 置位；若 X3 闭合，X4 不动作时间超过 10s，则 S902 置位。S900～S999 中任何一个报警状态为 ON，则 M8048 动作，指示故障的 Y10 被接通。ANR 指令用于对被置为 1 的报警状态继电器进行复位，如果有多个报警状态继电器被置为 1，比如，S900、S901、S902 都被置为 1，X5 每接通一次，复位一个报警状态继电器，复位其的顺序是按照元件编号从小到大。对所有的报警状态继电器复位完，Y10 变为 OFF。

下面看一个解码指令应用的实例。

【例 5】 试设计单按钮控制 5 台电动机起停的梯形图程序，要求按钮按动数次，最后一次保持 1 秒以上后，则号码与次数相同的电动机运行，再按动按钮，该电动机停止，5 台电动机接于 Y0～Y4。

设计过程分析：本例采用解码指令来实现其控制要求。主要解决以下几个问题：

(1)要用 1 个按钮控制 5 台电机，则需对按钮所按次数进行计数。设 D0 为其计数器，用来存放按钮所按的次数。

(2)对 D0 的内容进行解码，结果放在 M0～M7 中，用 T0 定时 1s 后，用定时触点作为主控条件，利用解码结果启动相应的电机。

(3)当按下最后 1 次后，再按 1 次，则使电机停止。可设置计数器 K1M8，对按钮成功输入计数 1 次，M8=1。当再按 1 次时，则 M9=1，即可用 M9 去控制电机停止。

例如，连按按钮 3 次，最后 1 次保持 1s 以上，则 D0 的低 3 位为 011，通过译码，使 M0～M7 中的相应 M3 置 1，则接于 Y2 上的电机运行，再按 1 次 X0，则 M9 为 1，T0 和 D0 复位，电机停止运行。

单按钮控制 5 台电机梯形图如图 5.40 所示。

5.7 方便指令

5.7.1 状态初始化指令(IST)

状态初始化指令与 STL 指令一起使用，专门用来设置具有多种工作方式的控制系统的初始状态和设置有关的特殊辅助继电器的状态，可以大大简化复杂的顺序控制程序的设计。

IST 指令的源操作数可取 X、Y、M，目标操作数为 S20～S899，如图 5.41 所示，IST 指令中的 S20 和 S27 用来指定在自动操作中用到的最低和最高状态的元件号，源操作数 X20 用来指定与工作方式有关的输入继电器的首元件，它实际上

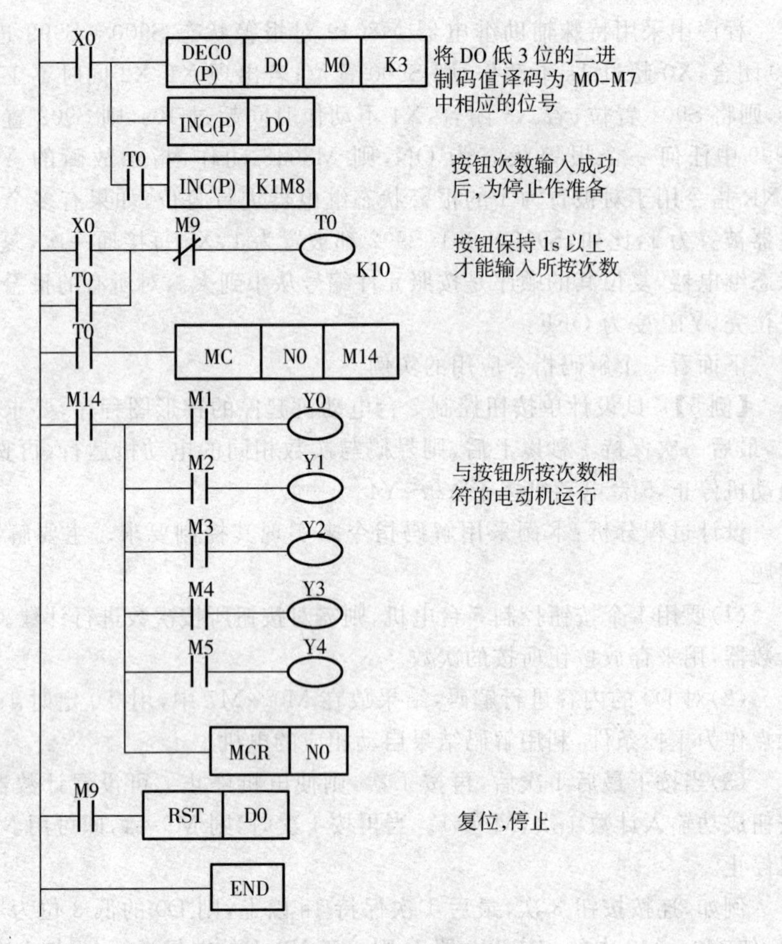

图 5.40　单按钮控制 5 台电机梯形图

指定了从 X20 开始的 8 个输入继电器,其意义如下:

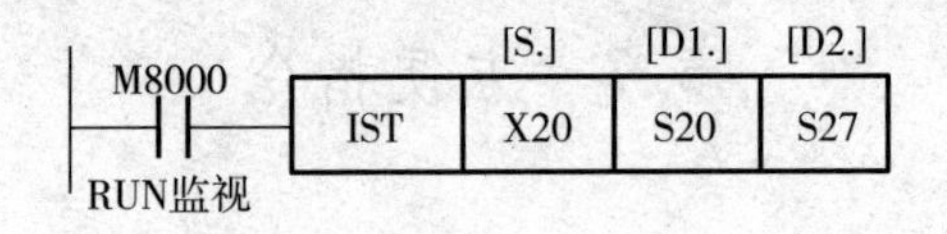

图 5.41　IST 指令的使用说明

X20:手动　　　　　　X24:连续运行

X21:回原点　　　　　X25:回原点启动

X22:单步运行　　　　X26:自动操作启动

X23:单周期运行　　　X27:停止

X20～X24 中同时只能够有一个处于接通状态。当 IST 指令的执行条件满足时，初始状态 S0～S2 和下列的特殊辅助继电器自动指定以下功能，以后即使 IST 指令的执行条件变为 OFF，这些元件的功能仍保持不变。

M8040：禁止转换。当 M8040 为 1 时，禁止状态转换；当 M8040 为 0 时，允许状态转换。

M8041：开始转换。当 M8041 为 1 时，允许在自动工作方式下，从源操作数 D1 所使用的最低位状态开始，进行状态转换。反之，禁止转换。

M8042：启动脉冲。当输入端 X26 由 OFF 变为 ON 时，M8042 产生一个脉宽为一个扫描周期的脉冲。

M8047：STL 监控有效。当 M8047 为 1 时，S0～S999 中状态为 1 的地址被存放在特殊数据寄存器内。

S0：手动操作初始状态。

S1：回原点初始状态。

S2：自动操作初始状态。

下面看一个 IST 指令应用的实例。

【例 6】某机械手结构如图 5.42 所示。它是一台水平/垂直位移的机械设备，用来将生产线上的工件从左工作台搬到右工作台。

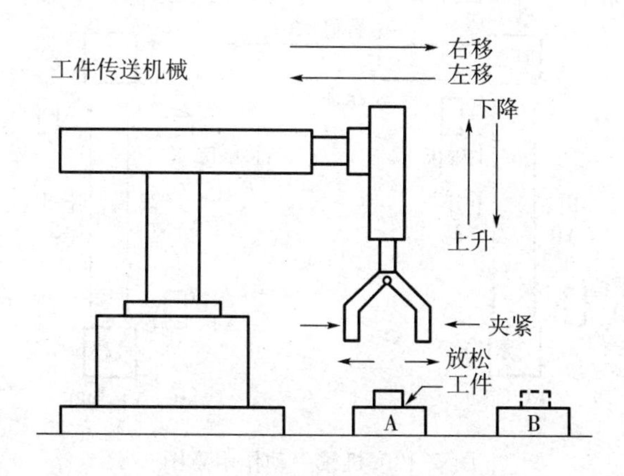

图 5.42　机械手结构示意图

(1)控制要求与工艺过程

机械手运动各检测元件、执行元件分布及动作情况过程如图所示，全部动作由汽缸驱动，而汽缸又由相应的电磁阀控制。其中，上升/下降和左移/右移分别由双线圈二位电磁阀控制。例如，当下降电磁阀通电时，机械手下降；当下降电磁阀断电时，机械手停止下降，但保持现有的动作状态。只有在上升电磁阀通电时，机械手才上升；当上升电磁阀断电时，机械手停止上升。同样，左移/右移分别有左移电磁阀和右移电磁阀控制。机械手的放松/夹紧由一个单线圈二位电磁阀控制，该线圈通电时，机械手夹紧；该线圈断电时，机械手放松。

机械手右移到位并准备下降时，必须对右工作台进行检查，确认上面无工件时才允许机械手下降。通常采用光电开关进行无工件检测。

机械手的动作过程分为 8 步：即从原点开始，经下降、夹紧、上升、右移、下降、放松、上升、左移 8 个动作完成一个周期并回到原点。

开始时，机械手停在原位。按下启动按钮，下降电磁阀通电，机械手下降。下降到位时，碰到下限位开关，下降电磁阀断电，下降停止；同时接通夹紧电磁阀，机械手夹紧。夹紧后，上升电磁阀通电，机械手上升。上升到位时，碰到上限位开关，上升电磁阀断电，上升停止；同时接通右移电磁阀，机械手右移。右移到位时，碰到右限位开关，右移电磁阀断电，右移停止。若此时右工作台上无工件，则光电开关接通，下降电磁阀通电，机械手下降。下降到位时，碰到下限位开关，下降电磁阀断电，下降停止；同时夹紧电磁阀断电，机械手放松。放松后，上升电磁阀通电，机械手上升。上升到位时，碰到上限位开关，上升电磁阀断电，上升停止；同时接通左移电磁阀，机械手左移。左移到原点时，碰到左限位开关，左移电磁阀断电，左移停止，一个周期的工作循环结束。动作示意图如图 5.43 所示。

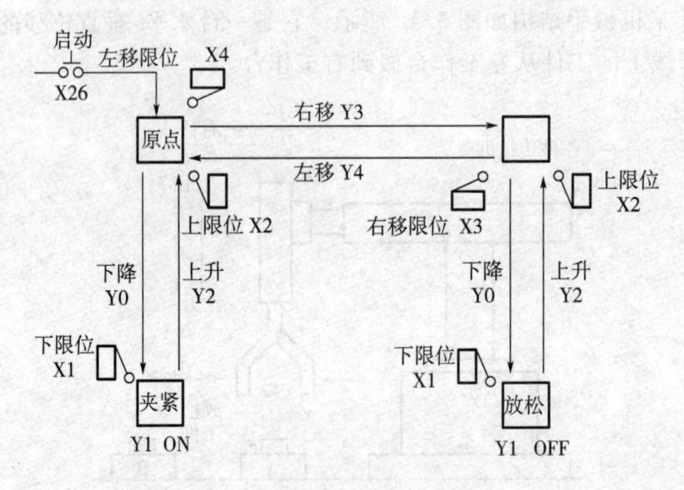

图 5.43　机械手动作示意图

(2)机械手的工作方式

如图 5.44 所示是简易机械手的操作面板，下面对面板上标明的工作方式进行说明。

机械手的控制分为手动操作和自动操作两种工作方式。手动操作分为手动和回原点两种操作方式；自动操作分为单步、单周期和自动操作方式。

①手动操作

手动：是指每一步运动由对应的按钮进行控制。例如，按上升按钮，机械手上升；按下降按钮，机械手下降。此操作方式主要用于维修。

回原点：在该方式下按动原点按钮，机械手自动回归原点。

②自动操作

单步:每按一次启动按钮,机械手前进一个工步就自动停止。

单周期:每按一次启动按钮,机械手从原点开始,自动完成一个周期的动作后停止。若在中途按动停止按钮,机械手停止运行;再按启动按钮,从断点处开始继续运行,回到原点自动停止。

自动:每按一次启动按钮,机械手从原点开始,自动地、连续不断地周期性循环。若按下停止按钮,机械手将完成正在进行的这个周期的操作,返回原点自动停止。

面板上的启动和急停按钮与 PLC 运行程序无关。这两个按钮用来接通和断开 PLC 外部负载的电源。

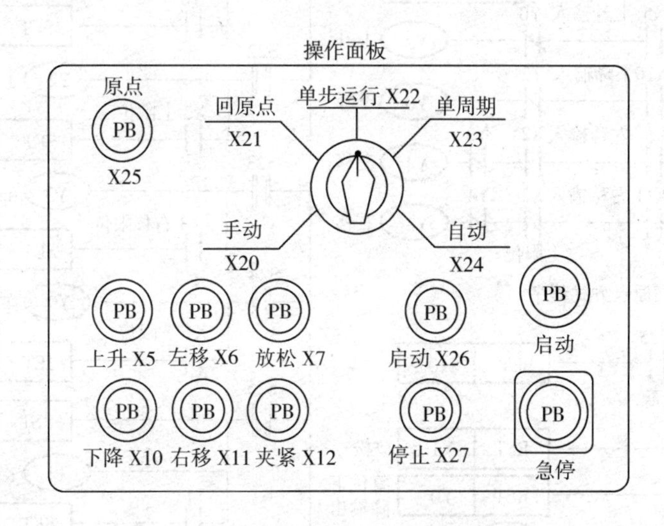

图 5.44　简易机械手的操作面板

(3)程序编写

①初始化程序

初始化程序如图 5.45 前两行所示。由特殊辅助继电器 M8044 检测机械手是否在原点,如果在原点,M8044 为 ON。由特殊辅助继电器 M8000 去驱动功能指令 IST,设定初始状态。使用 IST 指令后,工作方式的切换是系统程序自动完成的。

②手动方式程序

手动方式程序如图 5.45 第 3 行所示。S0 为手动方式的初始状态,工作方式开关拨到手动位置时,触点 S0 接通,此时 M8040 总是接通,所以手动方式的夹紧、放松、上升、下降、左移、右移是由相应的按钮完成的。

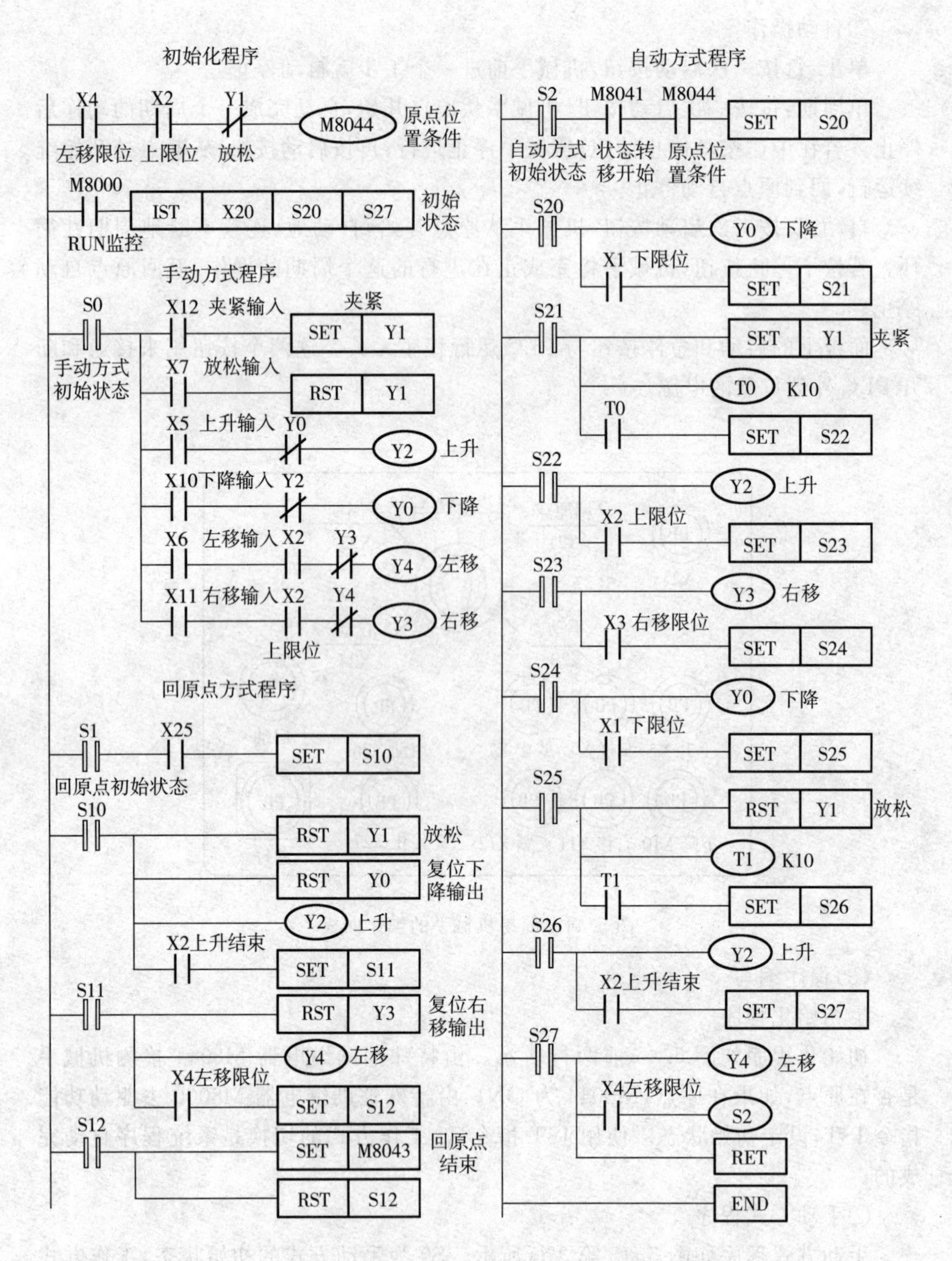

图 5.45　机械手控制系统梯形图

③回原点方式程序

回原点方式程序如图 5.45 左下部所示。S1 是回原点的初始状态，返回原点的顺序功能图中的步应使用 S10～S19。工作方式开关拨到回原点位置时，触点

S1 接通，按回原点启动按钮机械手自动回归原点。回到原点后，M8043（回原点完成）置 ON。在回原点状态按动停止按钮后一直到再按启动按钮期间，M8040 为接通。

④自动方式程序

自动方式程序如图 5.45 中的右图所示。S2 是自动方式的初始状态，工作方式开关拨到单步、单周期、自动方式位置时，触点 S2 接通。对于单步方式，M8041 仅在按启动按钮时动作，M8040 仅在按启动按钮时断开，这样可使状态按顺序转移一步；对于单周期方式，M8041 仅在按启动按钮时动作，M8040 在 PLC 由 STOP→RUN 切换时，保持接通，按动启动按钮后，M8040 断开，这样可以完成一个周期的操作。对于自动方式，由于按启动按钮后，M8041 总是接通，M8040 总是断开，机械手能够实现连续自动循环；按动停止按钮后，M8041 和 M8040 均是断开的，所以机械手运动到原点才停止。

可见，对于具有多种工作方式的控制系统进行编程使用 IST 指令可以使设计大大简化，会自动设定工作方式和 S0～S2 及 M8040～M8042、M8047 的状态，不需要用户程序控制。

5.7.2　数据搜索指令(SER)

数据搜索指令的源操作数[S1.]可取 KnX、KnY、KnM、KnS、T、C、D，[S2.]可取 K、H、KnX、KnY、KnM、KnS、T、C、D、V 和 Z，目标操作数可取 KnY、KnM、KnS、T、C、D。

该指令可以进行同一数据、最大值、最小值的搜索。其使用如图 5.46 所示。S1 指定被搜索元件的起始点；n 是被搜索元件数据的个数；S2 指定元件中比较的内容，并将搜索结果的内容存入以 D 指定的元件开始的 5 个元件中。依次存放的是相同数据的个数（未找到为 0）、第一次出现相同数据的位置（未找到为 0）、最后一次出现相同数据的位置（未找到为 0）、最小值的位置、最大值的位置。

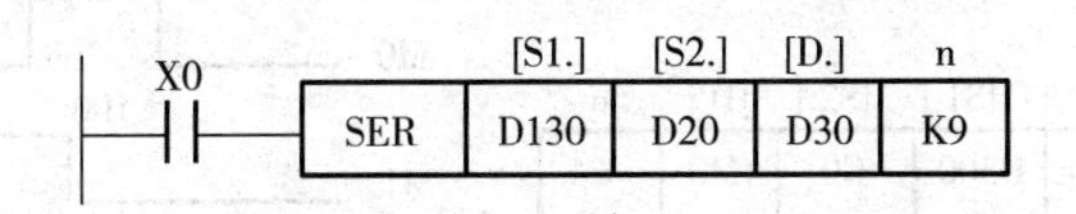

图 5.46　SER 指令的使用说明

搜索构成示例表和结果存放表分别见表 5.1 和表 5.2。

表5.1　搜索构成示例表

被检索器件	被检索数据	比较数据	数据位置	最大值	同一数据	最小值
D130	(D130)＝K100		0		同一	
D131	(D131)＝K111		1			
D132	(D132)＝K100		2		同一	
D133	(D133)＝K98		3			
D134	(D134)＝K123	(D20)＝K100	4			
D135	(D135)＝K66		5			最小
D136	(D136)＝K100		6		同一	
D137	(D137)＝K95		7			
D138	(D138)＝K210		8	最大		

表5.2　搜索结果内容存放表

器件号	内容	备注	器件号	内容	备注
D30	3	相同数据个数	D33	5	最小值最终位置
D31	0	相同数据位置(首次)	D34	8	最大值最终位置
D32	6	相同数据位置(末次)			

5.7.3　凸轮顺控指令

1. 绝对值式凸轮顺控指令(ABSD)

绝对值式凸轮顺控指令源操作数[S1.]可取KnX、KnY、KnM、KnS、T、C、D，[S2.]为C，目标操作数可取Y、M、S，1≤n≤64。

该指令用来产生一组对应于计数值(在360度范围内变化)的输出波形，输出点的个数由n决定，如图5.47(a)所示。

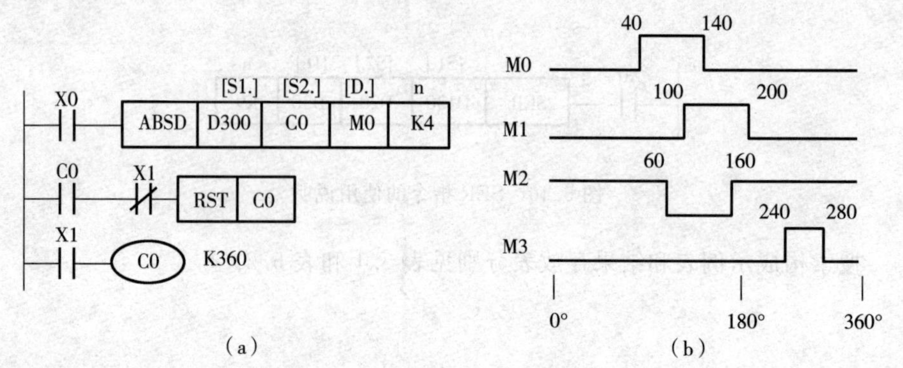

图5.47　ABSD指令的使用说明

图中 n 为 4，表明 D 中有 M0～M3 共 4 点输出。本指令以前应先通过 MOV 指令将对应的数据写入 D300～D307 中，接通点（由 OFF 变为 ON）的数据写入偶数元件，关断点（由 ON 变为 OFF）数据存入奇数元件，如表 5.3 所示。当执行条件 X0 由 OFF 变为 ON 时，M0～M3 将输出如图 5.47(b)所示的波形，通过改变 D300～D307 的数据可以改变波形，若 X0 为 OFF，各输出点状态不变。本指令在一个程序中只能使用一次。

表 5.3　旋转台旋转周期 M0～M3 状态

开通点	关断点	输出	开通点	关断点	输出
D300＝40	D301＝140	M0	D304＝160	D305＝60	M2
D302＝100	D303＝200	M1	D306＝240	D307＝280	M3

2. 增量式式凸轮顺控指令（INCD）

INCD 也是用来产生一组对应于几个设定值的变化的输出波形，如图 5.48 所示。图中 n＝4，表明 D 有 M0～M3 共 4 点输出，它的开/关状态由凸轮提供的脉冲个数控制，从 D300 开始的 4 个（n＝4）。

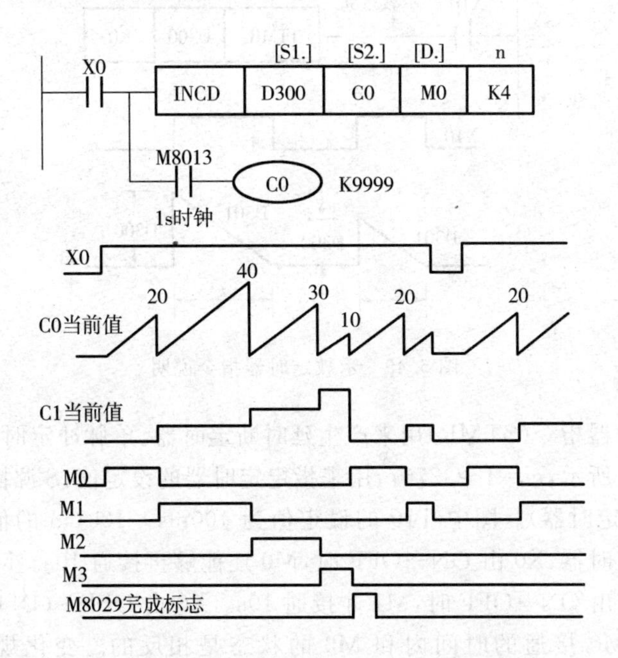

图 5.48　增量式式凸轮顺控指令的使用

数据寄存器用来存放使 M0～M3 处于 ON 状态的脉冲个数，可用 MOV 指令将它写入 D300～D303。图中 D300～D303 的值分别为 20、30、10 和 40。

C0 的当前值依次达到 D300～D303 中的设定值时自动复位，然后又重新开始计数，段计数器 C1 用来计复位的次数，M0～M3 按 C1 的值依次动作。当指定的最后一段完成后，标志寄存器 M8029 置 1，以后又重复上述过程。若 X0 为 OFF，C0 和 C1 复位，同时 M0～M3 变为 OFF，X0 再为 ON 后重新开始运行。若 X0 为 OFF，各输出点的状态不变。

5.7.4　定时器指令(TTMR、STMR)

定时器指令有示教定时器指令（TTMR）和特殊定时器指令（STMR）两条。TTMR 指令目标操作数为 D，n＝0～2，只有 16 位运算。STMR 指令源操作数为 T0～T199（100ms 定时器），目标操作数可取 Y、M、S，m＝1～32767，只有 16 位运算。

使用示教定时器指令（TTMR）可用一个按钮来调整定时器的设定时间。如图 5.49 所示，当 X10 为 ON 时，执行 TTMR 指令，X10 按下的时间由 D301 记录，该时间乘以 10^n 后存入 D300。如果按钮按下时间为 t，存入 D300 的值为 $10^n \times t$。X10 为 OFF 时，D301 复位，D300 保持不变。

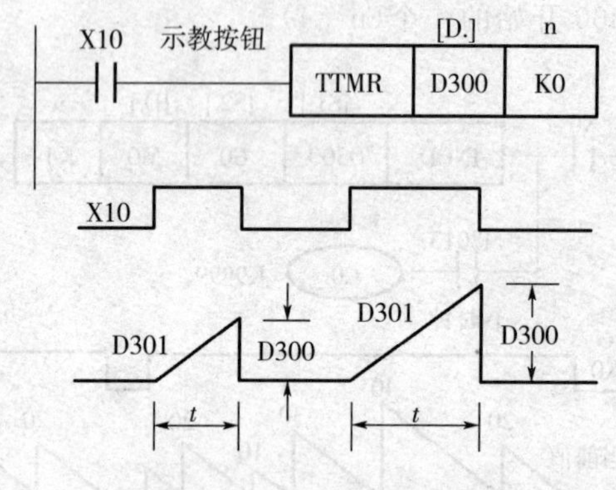

图 5.49　示教定时器指令说明

特殊定时器指令（STMR）用来产生延时断定时器、单脉冲定时器和闪动定时器，如图 5.49 所示，m＝1～32767，用来指定定时器的设定值；S 源操作数取 T0～T199（100ms 定时器）。图中 T10 的设定值为 100ms×100（m 的值）＝10s。M0 是延时断开定时器，X0 由 ON→OFF 时，M0 还能够再接通 10s。M1、M2 为单脉冲定时器，X0 由 ON→OFF 时，M1 才接通 10s。X0 由 OFF→ON 时，M2 才接通 10s。M3 在 M0 接通的时间内和 M2 的状态是相反的。变化规律如图 5.50 所示。

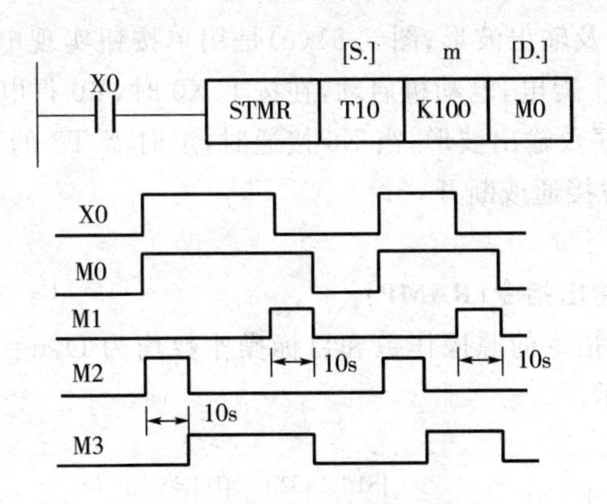

图 5.50　特殊定时器指令说明

5.7.5　交替输出指令(ALT)

交替输出指令的目标操作数可取 Y、M、S。

该指令在每次执行条件由 OFF→ON 的上升沿，[D.]中的输出元件状态总是自身反相变化。利用这一特点，可以实现多级分频输出，用单按钮实现电机起/停，闪烁动作等功能。ALT 指令的使用方法如图 5.51 所示。

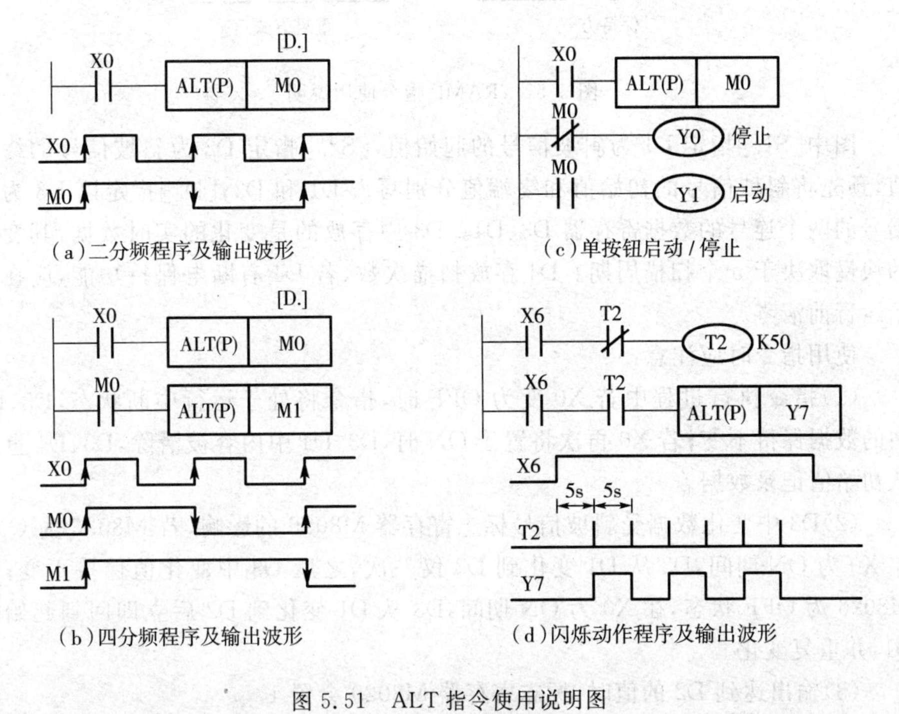

图 5.51　ALT 指令使用说明图

图 5.51(a)是用交替输出指令实现二分频的程序及输出波形；图 5.51(b)是

实现四分频的程序及输出波形；图5.51(c)是用单按钮实现电机起/停的程序，按下按钮X0，输出Y1得电，电动机启动，在按下X0时，Y0得电，电机停止；图5.51(d)是闪动动作程序及输出波形，当X6接通时，定时器T2的常开触点每隔5s闭合一次，使Y7交替接通或断开。

5.7.6 斜坡信号输出指令(RAMP)

斜坡信号输出指令的源操作数和目标操作数均为D，n=1～32767。其使用方法如图5.52所示。

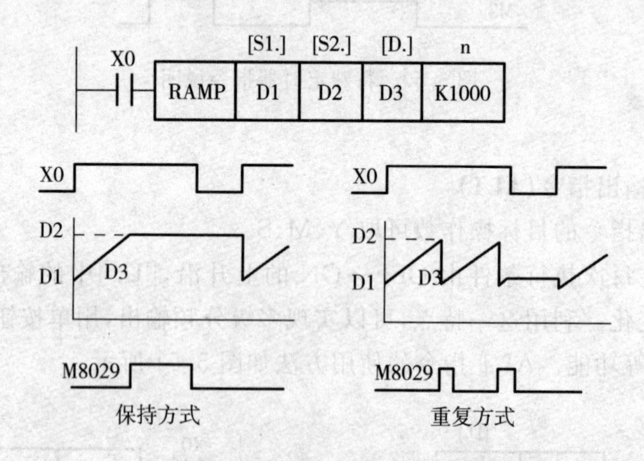

图5.52 RAMP指令使用说明

图中[S1.]指定D1为斜坡信号的起始值，[S2.]指定D2为斜坡信号的终端值，预先将斜坡信号的初始值和终端值分别写入D1和D2；[D.]指定以D3为起始号的两个连号的数据寄存器D3、D4。D3中存放的是变化的实时数据，其变化的快慢取决于n个扫描周期。D4存放扫描次数，若D4有断电保持功能，应在开始运行前清零。

使用指令时应注意：

(1)指令执行过程中若X0变为OFF时，指令将处于运行中断状态，D3、D4中的数据保持不变；若X0再次将置于ON时，D3、D4中内容被清除，D3、D4重新从初始值记录数据。

(2)D3中变化数据受斜坡信号标志寄存器M8026的影响，若M8026为ON，在X0为ON期间，D3从D1变化到D2仅一次，之后D3中变化值保持不变；若M8026为OFF状态，在X0为ON期间，D3从D1变化到D2后立即回到起始值D1，并重复变化。

(3)输出达到D2的值时，标志寄存器M8029会置1。

5.7.7 旋转工作台控制指令(ROTC)

旋转工作台控制指令的源操作数为 D,目标操作数可取 Y、M、S,m1＝2～32767,m2＝0～32767,且 m1≥m2。

该指令(在程序中只能够使用一次)可以对旋转工作台取放工件进行控制。其使用方法如图 5.53 所示。

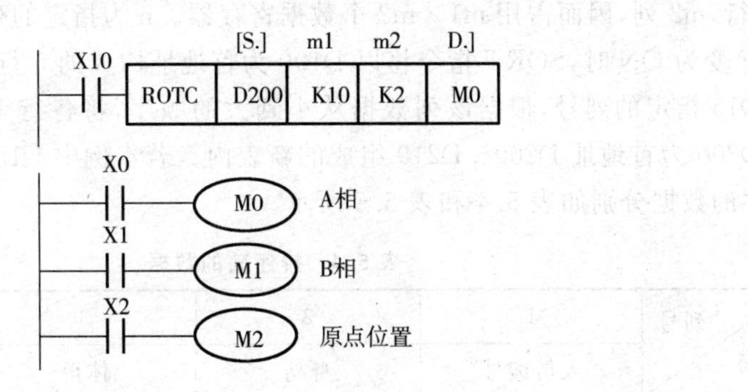

图 5.53　ROTC 指令使用说明

图中的程序指定 D200 作为旋转工作台位置检测计数寄存器,就自动将 D201 指定为取出窗口位置号的寄存器,要取出的工件号存放在 D202 中。m1 用来指定旋转工作台划分的位置数(本图为 10 个位置),m2 用指定低速区间(本图为 2 个)。

图中指定 M0～M2 和 M3～M7 分别用来存放输入信号和输出信号。其中 M0、M1 用于接收工作台正/反转的 2 相开关信号(M0 接收 A 相信号,M1 接收 B 相信号);M2 接收 0 号工件转到 0 号窗口时,动作开关发出的 0 点检测信号。M0～M2必须预先由输入点 X0～X2 进行驱动。而 M3～M7 分别是高速正转、低速正转、停、低速反转、高速反转的输出控制继电器,它们在指令执行中自动输出结果。当 X10 断开时,它们的状态全部清除。当 X10 为 ON、0 点检测信号 X2＝ON(M2＝1)时,计数寄存器 D200 的内容清零,为工件转到 0 点检测点进行计数。

5.7.8 数据排序指令(SORT)

数据排序指令的源操作数和目标操作数均为 D。m1＝1～32,m2＝1～6,n＝1～m2。

该指令把源数据表格中指定的列中的数据按从小到大的顺序重新排列后,送到目标数据表格中存放,如图 5.54 所示。

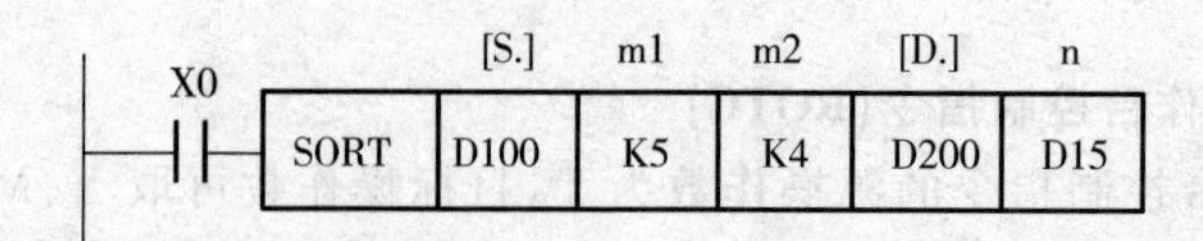

图 5.54　SORT 指令使用说明

图中[S.]和[D.]分别为指定源和目标数据表格的首个数据寄存器。表格有 m1 行，m2 列，因而占用 m1×m2 个数据寄存器。n 为指定的列号。图中的 X0 由 OFF 变为 ON 时，SORT 指令将以 D100 为首地址构成的 5 行 4 列表格中的数据按 D15 指定的列号，根据该列数据从小到大的顺序，将各行重新排列，结果存入以 D200 为首地址 D200～D219 组成的新表内。若本例中 D15＝2，程序执行前后表中的数据分别如表 5.4 和表 5.5 所示。

表 5.4　排序前的数据

列号 / 行号	1	2	3	4
	人员编号	身高	体得	年龄
1	(D100)＝1	(D105)＝145	(D110)＝45	(D115)＝20
2	(D101)＝2	(D106)＝180	(D111)＝50	(D116)＝40
3	(D102)＝3	(D107)＝160	(D112)＝70	(D117)＝30
4	(D103)＝4	(D108)＝100	(D113)＝20	(D118)＝8
5	(D104)＝5	(D109)＝150	(D114)＝50	(D119)＝45

表 5.5　排序后的数据

列号 / 行号	1	2	3	4
	人员编号	身高	体得	年龄
1	(D200)＝4	(D205)＝100	(D210)＝20	(D215)＝8
2	(D201)＝1	(D206)＝145	(D211)＝45	(D216)＝20
3	(D202)＝5	(D207)＝150	(D212)＝50	(D217)＝45
4	(D203)＝3	(D208)＝160	(D213)＝70	(D218)＝30
5	(D204)＝2	(D209)＝180	(D214)＝50	(D219)＝40

习　题

5-1　功能指令有哪些执行形式？32 位操作指令与 16 位操作指令有何区别？

5-2　FX 系列 PLC 数据传送比较指令有哪些？简述这些指令的助记符、功能和操作数范围等。

5-3　FX 系列 PLC 有哪些中断源？如何使用？这些中断源所引出的中断在程序中如何表示？试比较中断子程序和普通子程序的异同点。

5-4　用 CMP 指令实现下面的功能：X0 为脉冲输入，当脉冲数大于 5 时，Y1 为 ON；反之，Y0 为 ON。设计其梯形图。

5-5　3 台电机相隔 5s 起动，各运行 10s 停止，循环往复。试使用传送比较指令完成梯形图程序设计。

5-6　试用 SFTL 位左移指令构成移位寄存器，实现广告牌字的闪耀控制。用 HL1～HL4 四盏灯分别照亮“欢迎光临”4 个字。其控制流程要求如表 5.6 所示，带有×的表示照亮，每步间隔 1 秒。

表 5.6　广告牌字的闪耀流程

步序 灯 1	2	3	4	5	6	7	8	
HL1	×				×		×	
HL2		×			×		×	
HL3			×		×		×	
HL4				×	×		×	

5-7　试用 DECO 指令实现某喷水池花式喷水控制。第一组喷嘴 4s→第二组喷嘴 2s→两组喷嘴 2s→均停 1s→重复上述过程。

5-8　50 个 16 位数存放在 D10～D59 中，求出最大的数，放在 D100 中，编写出梯形图程序。

5-9　试用比较指令设计一个密码锁控制程序。密码锁为 4 键，若按 H65 对后 2s，开照明；按 H87 对后 3s，开空调。

5-10　用传送与比较指令作简易 4 层升降机的自动控制，完成程序设计。要求：(1)只有在升降机停止时，才能够呼叫升降机；(2)只能够接受 1 层呼叫信号，先按着优先，后按着无效；(3)上升或下降或停止自动判别。

5-11　试编写一个数字钟的程序，要求有时、分、秒的输出显示，应有启动、清除功能。进一步可考虑时间调整功能。

5-12　用程序构成 1 个闪光信号灯，通过数字拨码开关可改变闪光频率(即信号灯亮 ts，熄 ts)。

5-13　用计量传送带传送物品，分别将每一数据存入 D1～D100(D0 间接指定)。将计量器称得的值(十进制数)放在 D110 中，要求每次称得的值要在显示器(K4Y0)中显示。试设计对传送带传送制品进行计量的梯形图。

5-14　某灯光招牌有 L1～L8 八个灯接于 K2Y0，要求按下启动按钮 X0 时，灯先以正序每隔 1s 轮流点亮，当 L8 亮后，停 2s；然后以反序每隔 1s 轮流点亮，当 L1 在亮后，停 2s，重复上述过程。当停止按钮 X1 按下时，停止工作。试设计其程序。

5-15　用 PLC 对三相步进电动机正反转、调速及步数进行控制。S1 为启动开关，S2、S3 两个开关控制步进电动机的 4 种转速，S4 控制步进电动机正反转，S5、S6 为步数控制开关，S5 为 100 步控制开关，S6 为 200 步控制开关，S7 为停止开关。试设计其梯形图程序。

第6章　三菱FX PLC的网络通信功能

当今,工业现场的控制过程越来越从单一控制对象发展到需要对多台设备和机械实行联动控制,而单一PLC对单一设备的控制就显得力不从心了,因此,在现代工业现场通常的做法是使用单台PLC对设备实施自动控制后,将单台的PLC控制系统通过通信电缆连接起来,组成工业以太网,然后通过上一级的上位计算机来对现场实现总体的监控和管理。

这种现代工业网络控制方式的基础就是本章将要介绍的PLC主机的通信连接。

6.1　三菱小型PLC FX系列的通信种类和功能

只要两个系统之间存在信息的交换,那么这种信息交换就是通信。PLC的通信目的是要将多个远程设备进行互联,实现数据传输、信息共享和远程监控。

现代PLC的通信对象主要分为三类,依次是PLC同上位机(通常是个人计算机)的通信,同其他PLC主机的通信,以及同各种外围设备的通信。世界上各PLC厂商都针对自己的PLC提出很多的网络通信解决方案,例如三菱公司FX系列微型PLC就可以在一个小型的工业以太网中扮演不同的角色,如图6.1所示。

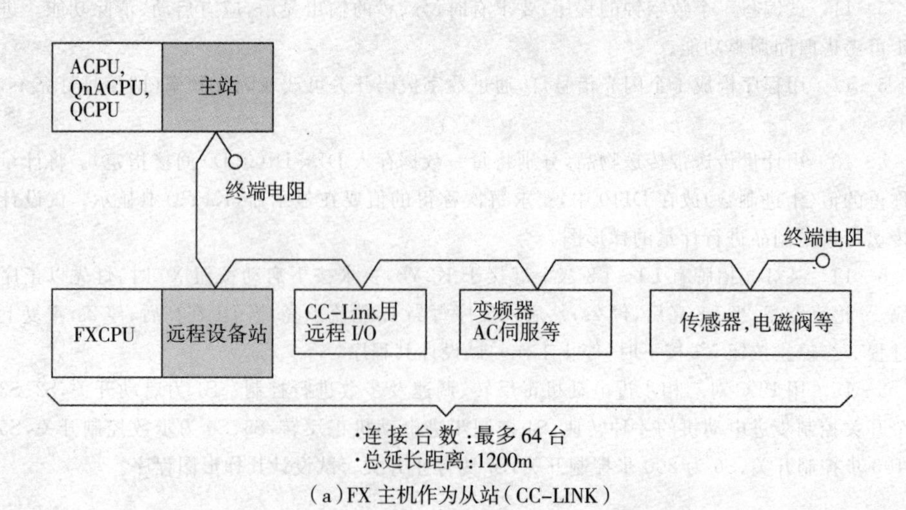

(a)FX主机作为从站(CC-LINK)

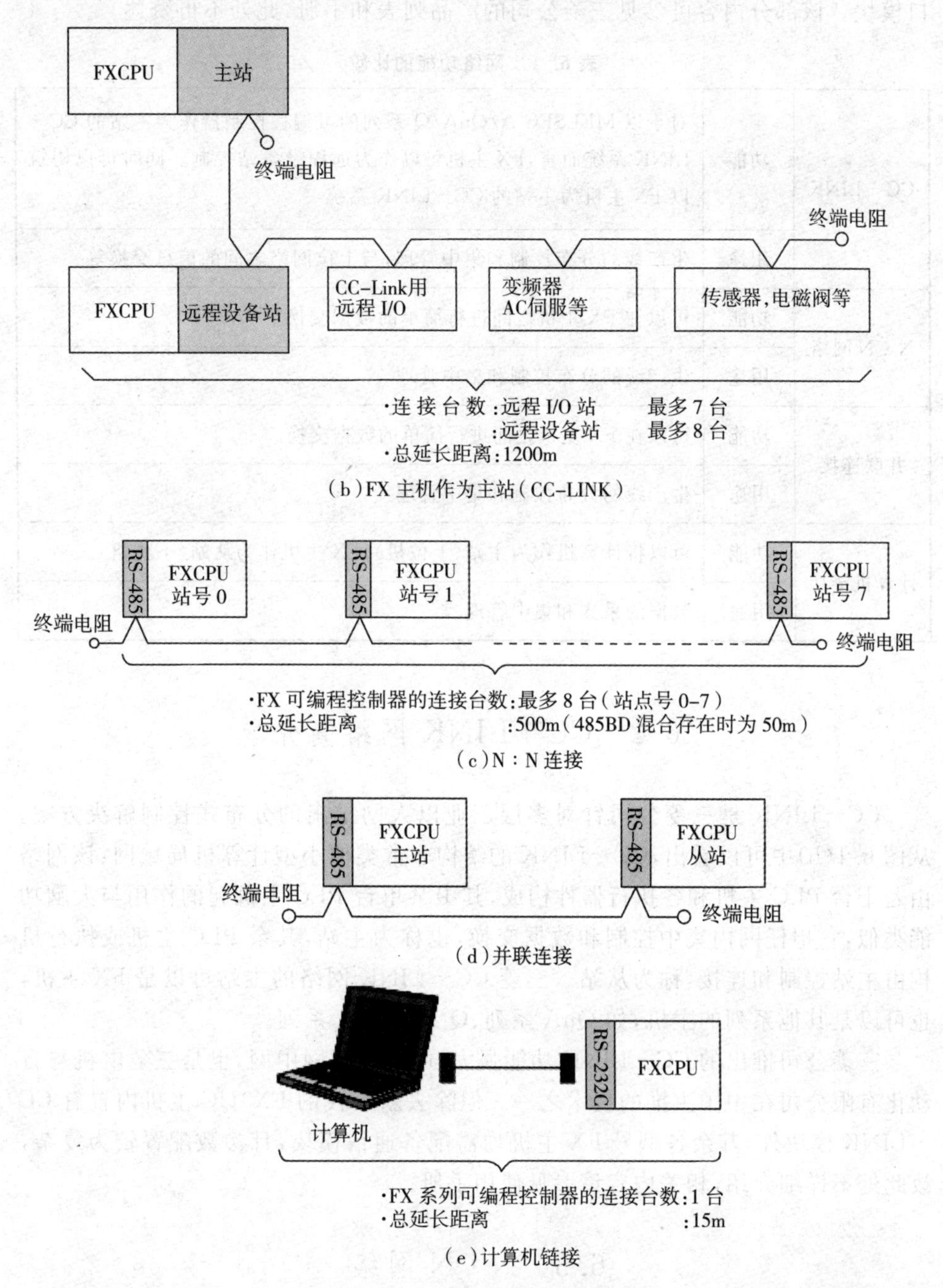

(b)FX 主机作为主站(CC-LINK)

(c)N : N 连接

(d)并联连接

(e)计算机链接

图 6.1　FX 主机的各种连接方式

FX PLC 的主要通信链接功能有 CC－LINK(需配备 CC－LINK 通信模块)、N∶N 网络、并联连接、计算机链接。因为某些型号的 FX 主机并没有配备通信模块,又或者通信的接口并不互相吻合,因此很多时候需要配备相对应的通信和接口模块。该部分内容可参见三菱公司的产品列表和手册，此处不再赘述。

表 6.1　网络功能的比较

CC－LINK	功能	对于以 MELSEC A/QnA/Q 系列的可编程控制器作为主站的 CC－LINK 系统而言，FX 主机可以作为远程设备站控制。同时可以构筑以 FX 主机为主站的 CC－LINK 系统
	用途	生产线的分布控制和集中管理，与上位网络之间的信息交换等
N：N 网络	功能	可以在 FX 主机之间进行简单的数据交换
	用途	生产线的分布控制和集中管理
并联连接	功能	可以在 FX 主机之间进行简单的数据交换
	用途	生产线的分布控制和集中管理
计算机链接	功能	可以将计算机作为主站（上位机），FX 主机作为从站（下位机）
	用途	数据的采集和集中管理

6.2　CC－LINK 网络简介

CC－LINK 是三菱公司针对多层工业以太网推出的分布式控制解决方案。从图 6.1(b)中可以看出，CC－LINK 的结构非常类似小型计算机局域网：该网络由若干台 PLC 主机和各执行器件构成，其中某单台 PLC 主机起的作用与大脑功能类似，它担任网内集中控制和数据交换，也称为主站，其余 PLC 主机或执行机构由主站控制和连接，称为从站。三菱 CC－LINK 网络的主站可以是 FX 主机，也可以是其他系列的主机，如 QnA 系列、Q 系列和 A 系列。

三菱公司推出的 CC－LINK 功能强大，可以构建网中网，也是三菱电机与自动化有限公司在中国主推的技术之一。但除去新一代的 FX3UC 主机内置有 CC－LINK 模块外，其余各型号 FX 主机均需配备通信模块，且参数配置较为复杂，故此处不详细介绍，相关内容请参见使用手册。

6.3　N：N 网络

所谓的 N：N 网络就是指可以在最多 8 台 FX 主机之间，通过 RS－485 接口进行软元件相互连接、数据传输的功能，每单台 PLC 主机控制的设备系统称为一个工作站，并有相应的编号，如图 6.2 所示。

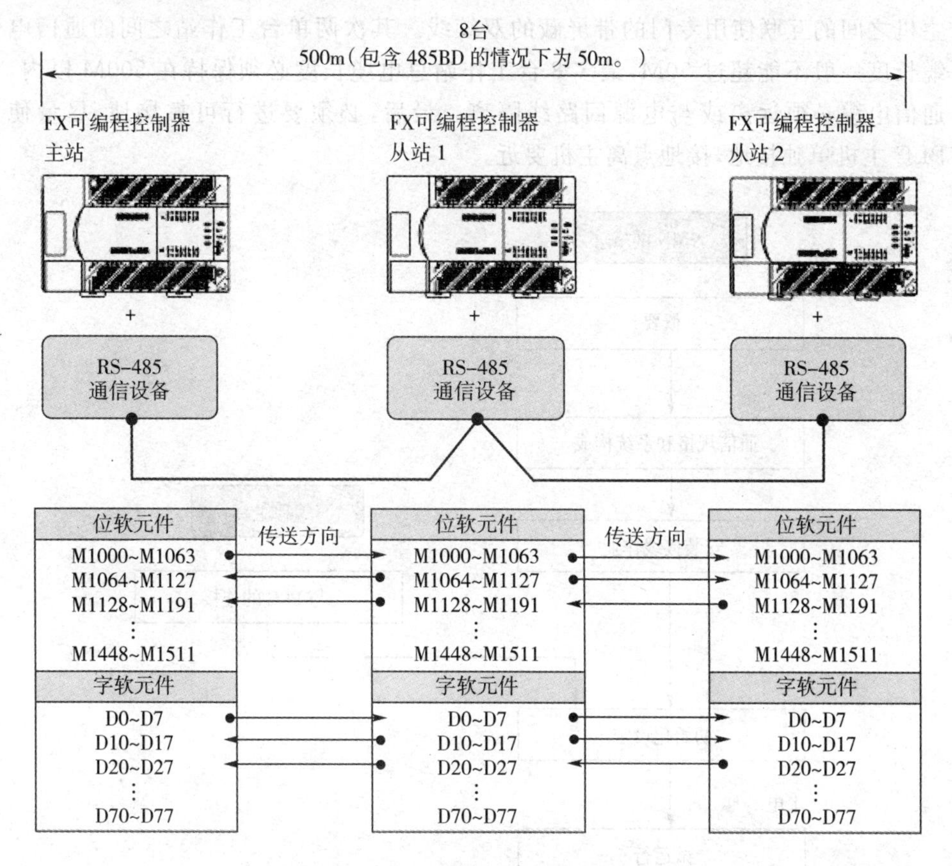

图 6.2　N：N 网络的内部原理

以上的链接软元件是例举了最大点数的情况，即已有最多的 8 台 FX 主机连接入网，实际情况根据连接方式和 FX 主机不同，规格差异和限制内容也有所不同。

6.3.1　N：N 网络通信主要步骤

N：N 网络通信的设定应当依据一定的步骤来进行，如图 6.3 所示。

概要：确认 PLC 主机是否支持 N：N 网络通信，以及选择通信设定和编程的工具。基本上 FX0N（包括 FX0N）以后版本的 FX 主机具备 N：N 网络通信功能。通信设定和编程工具可以使用三菱公司提供的 GX－Developer 或 FXGP/WIN 程序开发工具，也可以使用 GOT－F900 系列基于触摸屏的人机界面，本书以 FXGP/WIN 为例进行介绍。

通信规格和系统构成：通信规格包含链接点数和时间以及使用的系统软元件点数，系统构成是指各主机及其需配备的接口转换模块和通信模块等。

安装接线作业：通常首先需要给 FX 主机配备 RS－485 通信模块，同时 PLC

主机之间的互联使用专门的带屏蔽的双绞线。其次两单台工作站之间的通信电缆长度一般不能超过 50M,最多 8 台工作站总电缆长度必须保持在 500M 以内,通信电缆必须远离或与电源回路线隔离。最后,必须要进行可靠接地,尽量使 PLC 主机单独接地,接地点离主机要近。

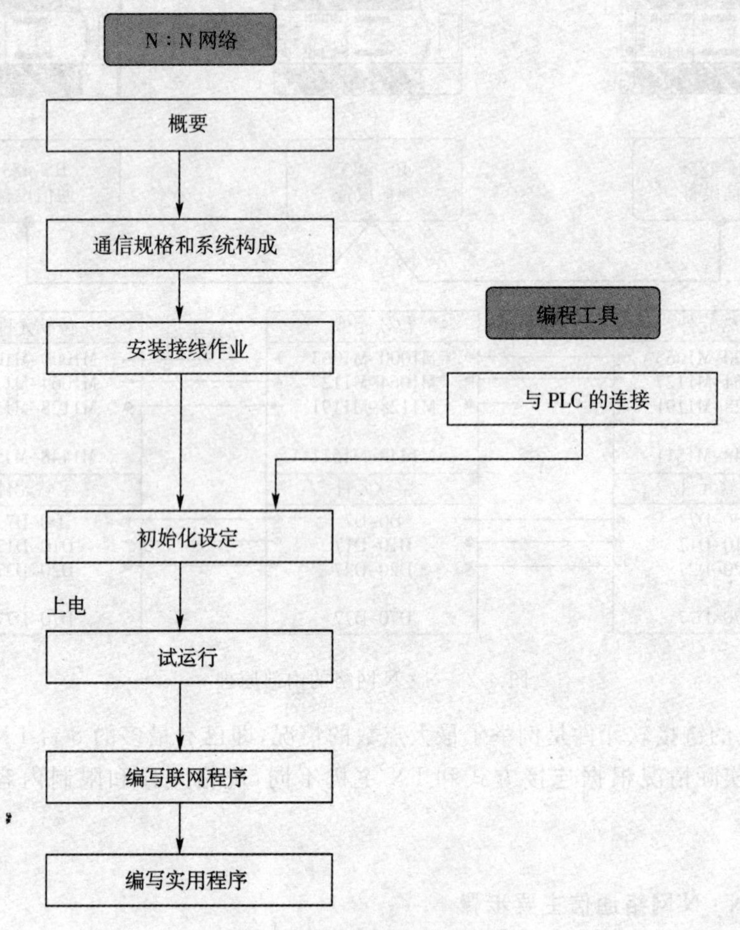

图 6.3 N：N 网络设定步骤

初始化设定:用来设定 PLC 的串行通信。

试运行:在试运行中,编写通信测试程序,看各主机之间通信状况是否良好,若通信故障则需要进行排除。

编写联网程序:针对各编号工作站进行通信控制的程序编写,使得各站能够协同工作。

编写实用程序:编写各工作站独立工作的程序。

6.3.2　通信规格

由于 PLC 本身亦是计算机，因此在同其他的 PLC 主机进行通信之间，必须进行确认通信规格是否相符。N∶N 网络的通信规格如表 6.2 所示。

表 6.2　N∶N 网络的通信规格

项目		规格
链接台数		最大 8 台
传送规格		符合 RS-485 规格
最大总延长距离		500M 以下
通信方式		半双工
波特率		38,000bps
字符格式	起始位	固定
	数据位	
	奇偶校验位	
	停止位	
报头		固定
报尾		
控制线		—
和校验		固定

在 FX 主机进行通信过程中，需要占用一些内部的软元件，这些软元件在用于进行同外部通信后，将不能再被一般控制程序使用，从而丧失其原有功能。表 6.3 中表明了不同链接模式下牵涉的软元件。

表 6.3　链接用软元件一览

站号		模式 0		模式 1		模式 2	
		位软元件	字软元件	位软元件	字软元件	位软元件	字软元件
		0 点	各站 4 点	各站 32 点	各站 4 点	各站 64 点	各站 8 点
主站	站号 0	—	D0—D3	M1000—M1031	D0—D3	M1000—M1063	D0—D7
从站	站号 1	—	D10—D13	M1064—M1095	D10—D13	M1064—M1127	D10—D17
	站号 2	—	D20—D23	M1128—M1159	D20—D23	M1128—M1191	D20—D27
	站号 3	—	D30—D33	M1192—M1223	D30—D33	M1192—M1255	D30—D37
	站号 4	—	D40—D43	M1256—M1287	D40—D43	M1256—M1319	D40—D47
	站号 5	—	D50—D53	M1320—M1351	D50—D53	M1320—M1383	D50—D57
	站号 6	—	D60—D63	M1384—M1415	D60—D63	M1384—M1447	D60—D67
	站号 7	—	D70—D73	M1448—M1479	D70—D73	M1448—M1511	D70—D77

链接时间是指在 N∶N 网络中各 PLC 通过上述范围内的软元件的刷新内容刷新来进行通信，其刷新时间称为链接时间。工作站数量越多，则所占用的软元

件数量越多,链接时间就长。例如,在模式 2 下,如果 N:N 网内有 8 台主机互联,则链接时间达到 131ms;而在模式 0 下,如果只有 2 台主机互联,则链接时间只有 18ms。链接时间直接影响到程序执行和设备动作的时间。

6.3.3 通信的初始化设定以及测试程序编写

1. 通信初始化设定

可以使用两种方法来对 N:N 网络的串行通信参数进行初始化:程序设定和参数设定。但无论哪种方式其实质都是设置数据寄存器 D8120 的值,使之与通信链接相符合。一般推荐使用参数设定,界面直观,设置方便,操作步骤如下。

(1)选择工具菜单栏中的【选项】—【串行口设置(参数)】,如图 6.4 所示。

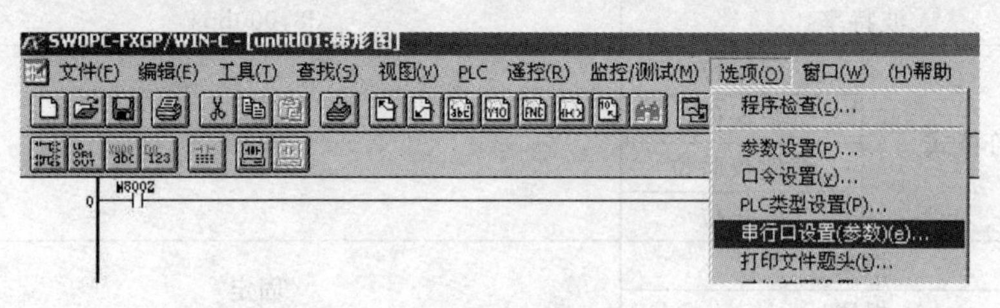

图 6.4　选项菜单

(2)当显示如图 6.5 的窗口时,点击【全部清除】按钮,将 D8120 的预设内容清除。

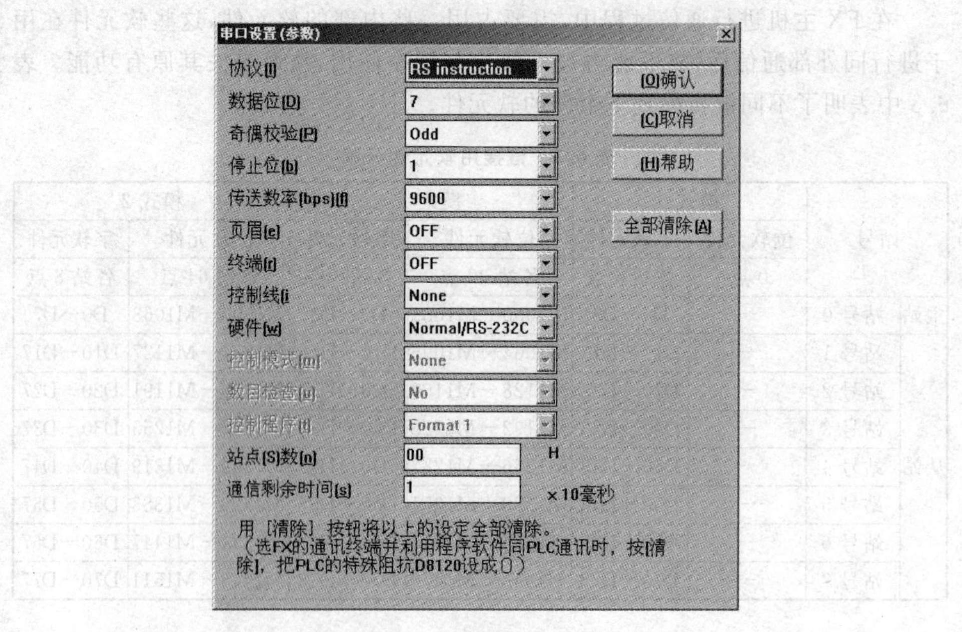

图 6.5　串行通信设定窗口

(3)选择工具菜单栏中的【PLC】—【传送】—【写出】后,点击【OK】。

2. 通信测试程序编写

为了测试主机之间的通信状况是否正常，通常需要编写一段测试程序，来进行确认。但测试程序仅仅是为了测试通信情况，在实际运行时是不需要的。

主站的测试程序必须写入主站（即站号 0 的主机），从站的测试程序则要写入从站（其他站号的主机），主站程序与从站程序稍有不同。为了方便，假定网内有 1 主站 2 从站，以模式 0 进行示例程序编写。下面仅给出 0 号站和 1 号站的程序，2 号站程序依此类推。

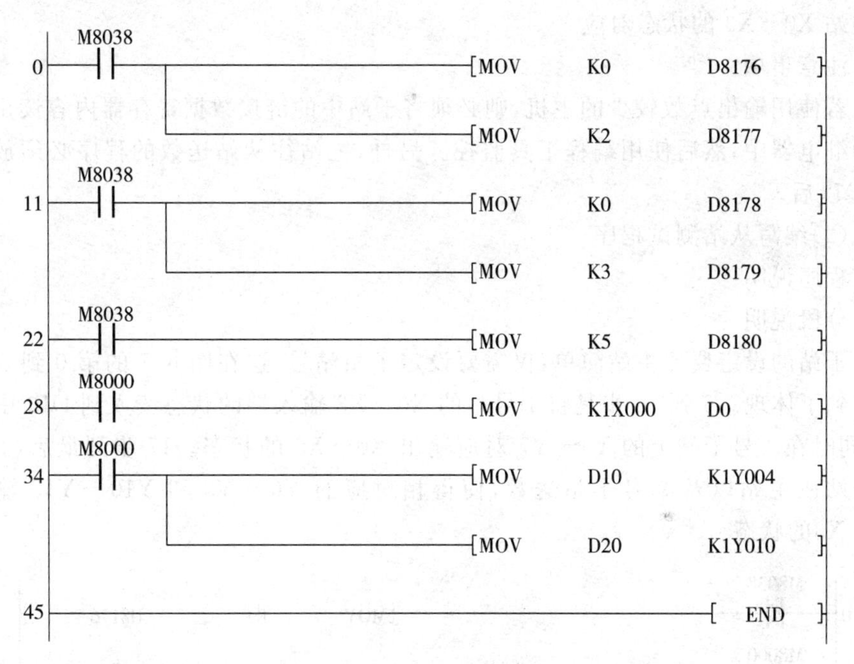

图 6.6　主站通信测试程序

(1)编写主站测试程序

程序说明：

关联的软组件

M8038　是用于表示通讯参数设定标志的特殊辅助继电器，它的作用是判别主站是否与从站有通讯，若正常通讯，则 M8038 ON，否则 OFF。

M8000　当 PLC 从 STOP 切换为 ON 时，M8000 的状态随之为 ON 并保持直到 PLC 从 ON 变为 STOP，此处作为指令的驱动条件。

D8176　本站站号设定，由于是主站，因此设为 0。

D8177　通讯子站数设定，由于前述，假定为 1 主站 2 从站，因此参数设为 2。

D8178　选择要相互通信软元件点数的模式，模式 0 中设为 0。

D8179　连接重试次数。

D8180　监视时间，以 10ms 为单位，此处设为 50ms，若连接时间超出 50ms，则认为通信失败，自动重新连接。

分段说明

从图6.6中可以看出，主站测试程序到28步之前，都在进行主站通信的相关设置。必须要设定的有当前站号(D8176)、通讯子站数(D8177)、刷新范围(D8178)、连接重试次数(D8179)、监视时间(D8180)。从28步到33步是主站自身将X0－X3输入端的状态读入到D0当中储存。从34步到最后，都是主站往从站的输出端送数，使得1号从站Y4－Y7的状态以及2号从站Y10－Y13的状态与主站X0－X3的状态对应。

注意事项

若使用输出点数较少的主机，则必须将子站中的链接数据寄存器内容读出到辅助继电器中，然后使用编程工具监控。另外，主站往从站送数的程序必须放在34步以后。

(2)编写从站测试程序

程序说明：

分段说明

子站的设定要比主站简单，仅需要设定子站站号，这在图6.7的第0到5步中得到了体现。6到16步是将1号站的X0－X3输入端的状态读入到D10中储存，同时在1号子站上的Y4－Y7对应输出X0－X3的状态。17步到最后，是1号子站往主站以及2号子站送数，使得相对应的Y0－Y3和Y10－Y13输出X0－X3的状态。

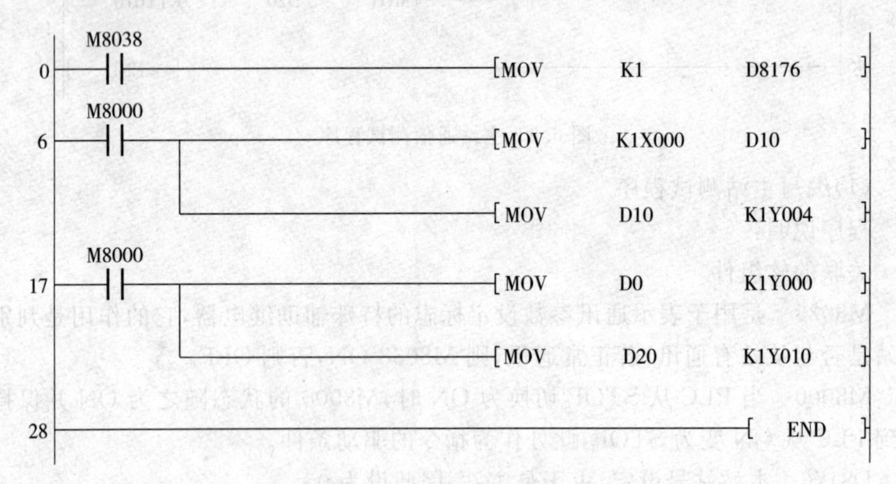

图6.7　1号站通信测试程序

注意事项

同主站程序一样，若使用输出点数较少的主机，则必须将数据寄存器中的数读出到辅助继电器中，使用编程工具监控。另外，子站往主站和其他子站送数的程序必须放在 14 步以后。

(3)测试步骤

① 观察各站的通信状态指示灯(RD/SD),如不停闪烁,则正常通信;

② 操作主站和各子站的 X0－X3 输入端,确认主站和各从站的对应输出端 Y0－Y3、Y4－Y7、Y10－Y13 是否对应置 ON;

③ 如满足上面所述,则网络通信正常。

6.3.4 实用程序示例

本节就前面给出的基础内容作总结,并给出一个实用的程序示例。要求如表 6.4 所列。

表 6.4　N:N 网络通信控制实例

站点数		主站 1,子站 2	
链接模式		模式 2,位软元件 64 点,字软元件 8 点	
重试次数		5 次	
监视时间		70ms	
主站	输入 X0－X3(M1000－M1003)	从站 1	到输出 Y10－Y13
		从站 2	到输出 Y10－Y13
从站 1	输入 X0－X3(M1064－M1067)	主站	到输出 Y14－Y17
		从站 2	到输出 Y14－Y17
从站 2	输入 X0－X3(M1128－M1131)	主站	到输出 Y20－Y23
		从站 1	到输出 Y20－Y23
主站	数据寄存器 D1	从站 1	到计数器 C1 的设定值
从站 1	计数器 C1 的触点(M1070)	主站	到输出 Y5
主站	数据寄存器 D2	从站 2	到计数器 C2 的设定值
从站 1	计数器 C2 的触点(M1140)	主站	到输出 Y6
从站 1	数据寄存器 D10	主站	从站 1(D10)和从站 2(D20)相加后结果保存到 D3 中
从站 2	数据寄存器 D20		
主站	数据寄存器 D0	从站 1	主站(D0)和从站 2(D20)相加后结果保存到 D11 中
从站 2	数据寄存器 D20		
主站	数据寄存器 D0	从站 2	主站(D0)和从站 1(D10)相加后结果保存到 D21 中
从站 1	数据寄存器 D10		

1. 下面给出 0 号站和 1 号站的程序,2 号站依此类推

(1)主站的连接设定如下

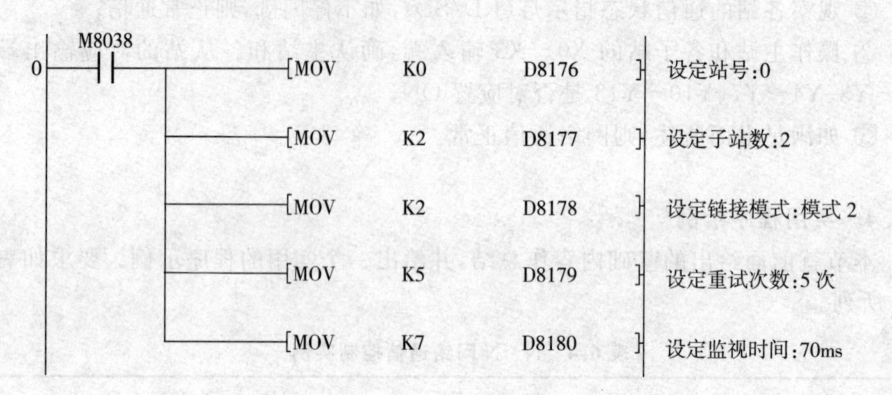

图 6.8　主站的实用程序连接设定

需要注意的是用于设定连接的程序必须是从第 0 步开始,若放在整个程序的后面,PLC 将会出现无法通信的情况。

(2)主站的通信出错检测

图 6.9 中的程序用于检测和显示出错,其中使用到的 3 个特殊辅助继电器作用如下。

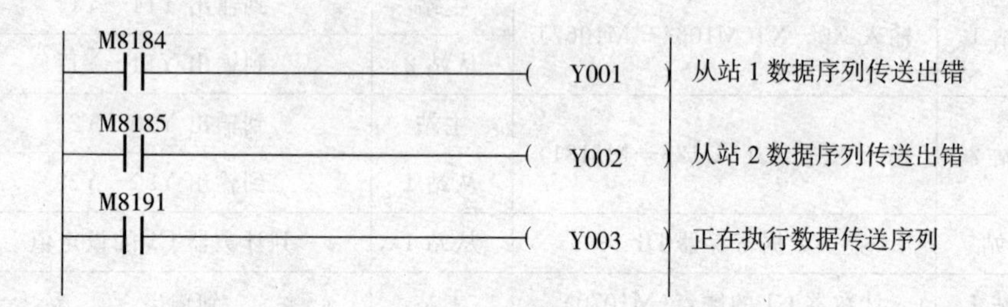

图 6.9　主站通信出错检测程序

M8184　数据传送可编程控制器出错(1 号站);

M8185　数据传送可编程控制器出错(2 号站);

M8191　数据传送可编程控制器执行中。

即是说,若出现主站同 1 号站数据传送出错的情况,M8184 变为 ON,主站的 Y1 被驱动,状态变为 ON;若出现主站同 2 号站数据传送出错的情况,M8185 变为 ON,主站的 Y2 被驱动,状态变为 ON;当数据正常传送时,M8191 自动被设置为 ON,从而驱动主站上的 Y3,使之状态为 ON,指示数据传送进行中。但是,本站不能检测自身的数据传送出错,因此对本站编写错误检测程序是毫无意义的。

(3)动作程序部分

主站的动作主要分为 7 步,其中,命令执行条件的设置是基于通信正常,因此在功能指令的前面设置了 M8184 和 M8185 的常闭触点,若与 1 号站的通信失败(M8184ON),则其后的命令不会被执行,若与 2 号站的通信失败(M8185ON),其后命令不会被执行。图 6.10 中的程序,按照从上往下的顺序,其作用依次是:

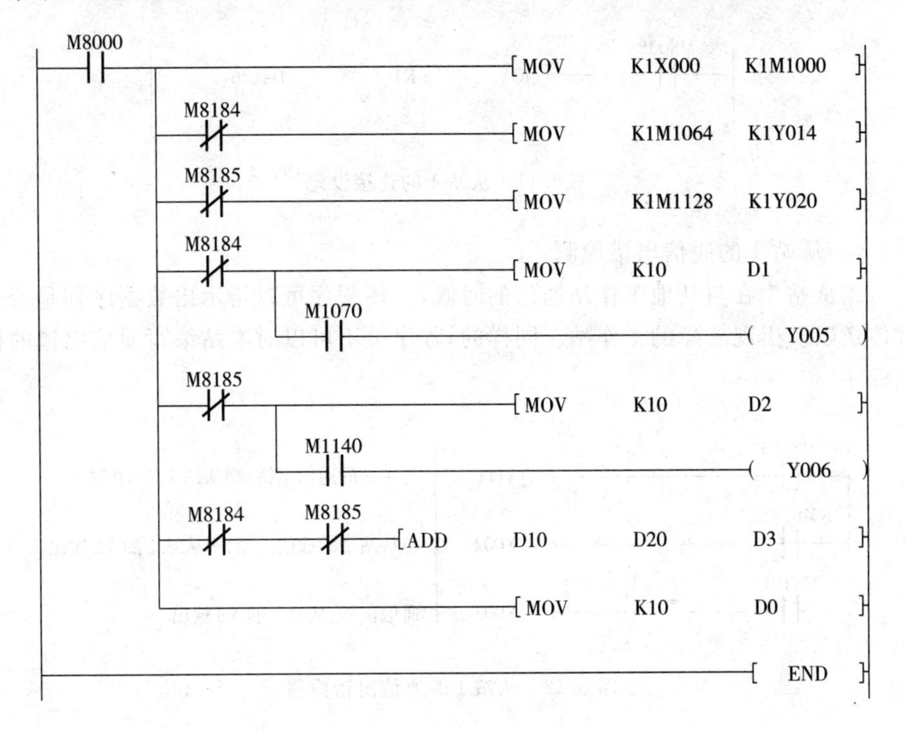

图 6.10　主站动作部分程序

①将主站的 X0－X3 状态保存到主站的 M1000－M1003;

②若从站 1 输入 X0－X3 将被保存到从站 1 内的 M1064－M1067(从站 1 程序中编写),同时从站 1 往主站 Y14－Y17 输出;

③若从站 2 输入 X0－X3 将被保存到从站 2 内的 M1128－M1131(从站 2 程序中编写),同时从站 2 往主站 Y20－Y23 输出;

④往主站 D1 中送十进制数 10,并且从站 1 的 M1070 驱动主站的 Y5,以指示从站 1 中的计数器 C1 动作(从站 1 程序中编写);

⑤往主站 D2 中送十进制数 10,并且从站 2 的 M1140 驱动主站的 Y6,以指示从站 2 中的计数器 C2 动作(从站 2 程序中编写);

⑥若从站 1 和从站 2 通信均正常,则将 D10(从站 1)与 D20(从站 2)中的数相加后送到主站 D3;

⑦把十进制数 10 送到主站的 D0 中。

2. 从站 1 的程序(从站 2 程序略)

从站的程序仍然分为三部分:连接设定、通信出错检测和动作程序。

(1)从站 1 的连接设定

从站的连接只需要设定站号可以,从图 6.11 中看到,将十进制数 1 送到 D8176 即将本站设定为 1 号站。

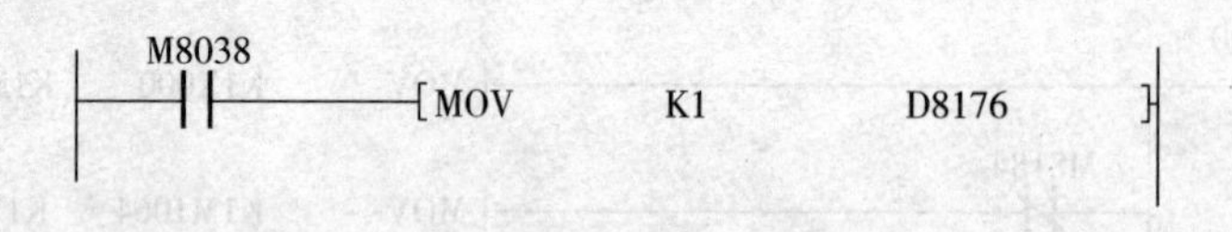

图 6.11　从站 1 的连接设定

(2)从站 1 的通信出错检测

当从站 1 在与其他工作站通信的时候,上述程序可以指示出数据序列是否正常传送以及出现故障的工作站。同样的,程序员不可以对本站编写通信出错的检测程序。

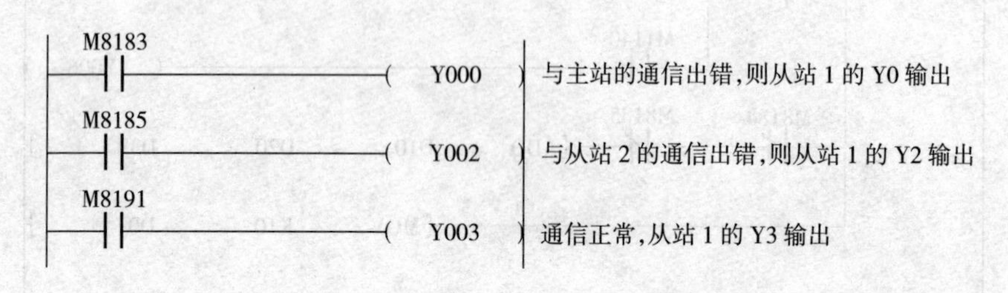

图 6.12　从站 1 的通信出错检测

(3)从站 1 的动作程序

同主站一样,从站 1 的动作程序也分为 7 步,动作过程依次是:

①首先将 C1 复位,然后读取主站中 M1000－M1003 状态,并送到从站 1 的 Y10－Y13;

②将从站 1 的 X0－X3 输入端 4 位数据读入到 M1064－M1067 保存;

③读取从站 2 中的 M1128－M1131 总共 4 位数据,并输出到从站 1 的 Y20－Y23;

④C1 检测从站 1 输入端 X11 的闭合次数,与 D1(主站)中的预设值比较,满足计数次数后 C1 即动作,并由 C1 驱动从站 1 的 Y5 及 M1070,M1070 将用来驱动主站的 Y5;

⑤从站 2 的 C2 动作后,通过 M114O 驱动从站 1 的 Y6,指示从站 2 的计数器动作状况;

⑥把十进制数 10 送到 D10;

⑦把D0(主站)和D20(从站2)中的内容相加后送到D11(从站1)。

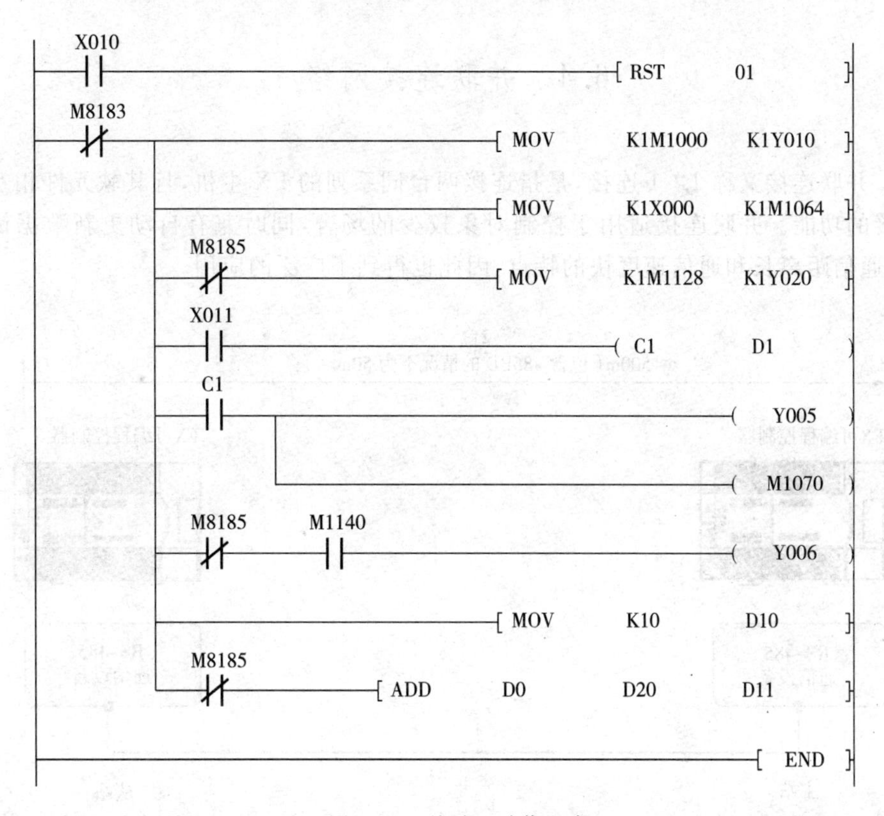

图6.13　从站1动作程序

3.总结

从上述程序中,我们可以看出,编写N∶N网络控制程序的几个要点:

(1)各站的实用程序均包含有三段部分,分别是通信设定、通信出错检测和动作程序。

(2)必须正确进行通信设定,若出现设定参数错误,则直接影响到各从站的通信。主站需要设定的参数有主站号(站号0),子站数(K0－K7)、刷新范围或链接软元件模式(K0－K2)、连接重试次数、监视时间(以10ms为单位,K5－K255)。子站通信设定仅包含本站站号(K1－K7)。

(3)必须要分清各站的链接位元件与字元件的编号,以免混淆。同时需要明确,除了用作链接的辅助继电器和数据寄存器以外,各站中出现的其他软组件均属于各站本身,而非从其他工作站调用。

(4)模仿示例进行从站2的程序编写,将会进一步加深对上例的理解。

6.4　并联连接网络

并联连接又称 1∶1 连接，是指连接两台同系列的 FX 主机，且其软元件相互链接的功能。并联连接适用于控制对象较少的场合，同时兼有自动更新数据链接、通信距离长和通信速度快的特点，因此也得到了广泛的应用。

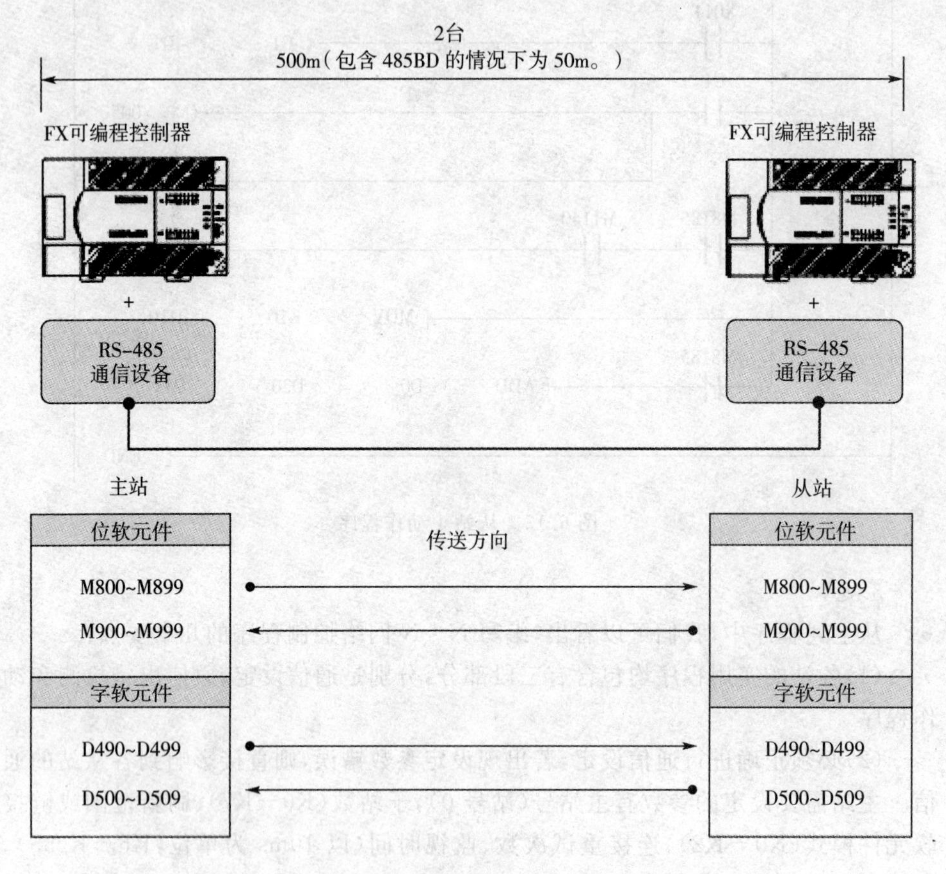

图 6.14　并联连接的内部原理

并联连接总体上与 N∶N 网络差不多，但三菱公司为其设置了普通并联连接和高速并联连接两种方式，如图 6.15 所示。

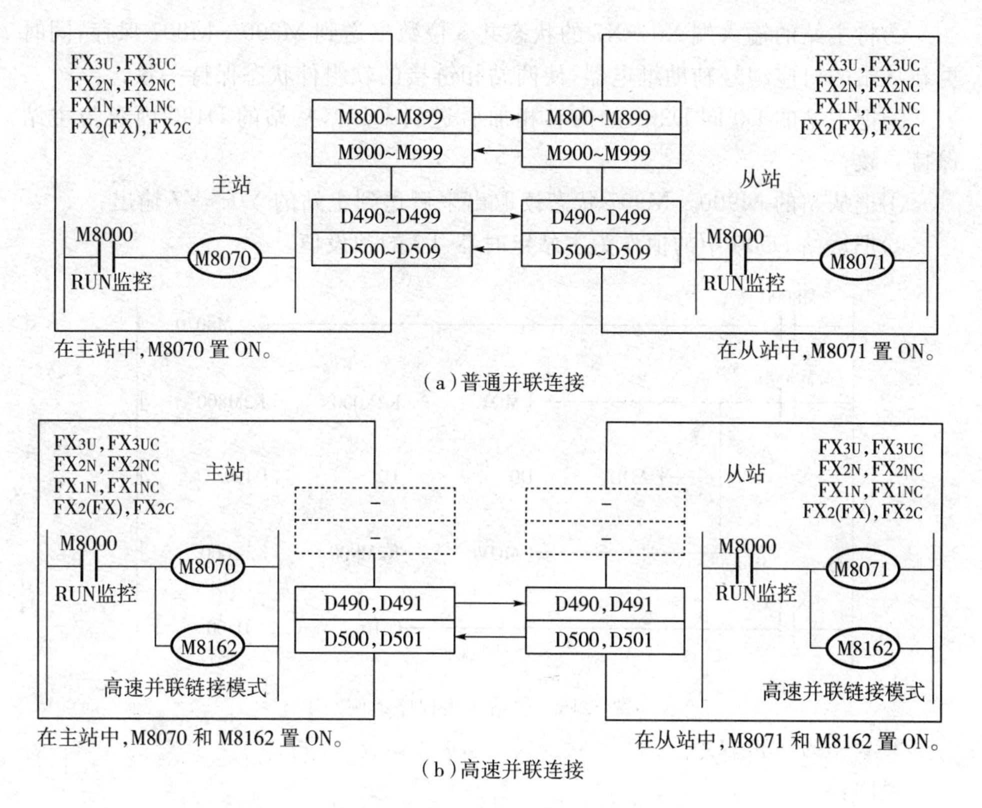

(a)普通并联连接

(b)高速并联连接

图 6.15　并联连接的两种方式

6.4.1　并联连接实用程序示例

从图 6.15 中可以看出,高速并联连接与普通并联连接的区别在于取消了位元件的链接,也即是说节省了位元件状态的刷新时间,因此得以快速地执行通信和动作过程,但高速通信也因此不适用于需要较多点软元件链接的场合。下面就普通并联链接给出示例。

1. 主站的实用程序

说明:

(1)M8070 在并联连接中若被置 ON,则当前主机设定为主站。

(2)主站和从站所链接的软组件是自动更新的,因此若主站的软组件状态发生变更,则与之链接的从站软组件随之发生变更,此过程不需要专门设置。

(3)除去链接所用的软组件,主站其他组件(包括输入 X、输出 Y、未被使用编号的辅助继电器 M 和数据寄存器 D)并不被从站调用。

(4)图 6.16 程序按从上到下的顺序,依次作用为:

①设定本站为并联连接的主站;

②将主站的输入端X0－X7的状态共8位数据送到M800－M807保存，同时更新从站的对应编号辅助继电器，使两站相链接的软组件状态保持一致；

③把主站的D0同D2中的内容相加后送到D490，从站的D490内容与主站保持一致；

④把从站的M900－M907状态读取出来后送到主站的Y0－Y7输出；

⑤把从站D500中的值作为主站定时器T0的预设值。

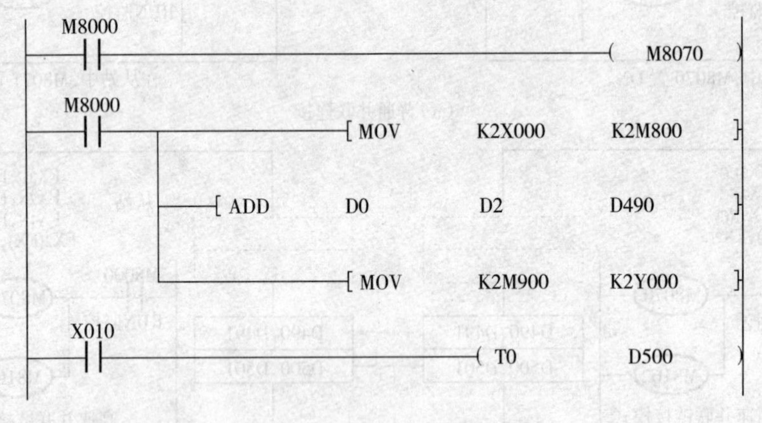

图 6.16　主站实用程序示例

2.从站的实用程序

说明：

(1)M8071在并联连接中若被置ON，则当前主机设定为从站。

(2)图6.17按照从上到下的顺序，作用依次是：

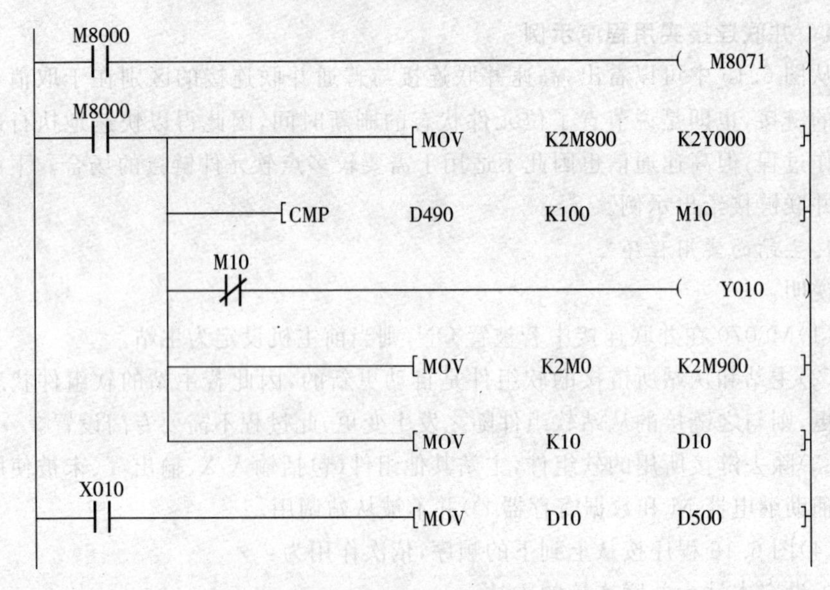

图 6.17　从站实用程序示例

①设定本站为并联连接的从站；

②将 M800－M807 的状态共 8 位数据送到 Y0－Y7 输出，M800－M807 状态来源于主站对应编号软组件；

③将 D490 中的内容同十进制数 100 相比较（D490 数据来源于主站的 D0 与 D2 相加结果），若大于或等于 100 则无任何动作，若小于 100 则从站的 Y10 被驱动输出；

④把十进制数 10 送到从站的 D10，并再送到 D500，同步更新主站中的 D500，作为 T0 的预设值来源。

习　题

6－1　简述三菱 FX 系列小型 PLC 的各种通信连接方式和区别。

6－2　查阅相关材料，了解书上未介绍的 CC－LINK 网络的构成和特点。

6－3　简述 N：N 网络连接及设定的步骤。

6－4　请依据书上关于 N：N 网络的内容，试编写基于 FX_{2N}－64MR 主机的网络控制程序。系统控制要求见表 6.5。

表 6.5　N：N 连接的控制要求

<table>
<tr><td colspan="2">站点数</td><td colspan="2">主站 1，子站 2</td></tr>
<tr><td colspan="2">链接模式</td><td colspan="2">模式 2，位软元件 64 点，字软元件 8 点</td></tr>
<tr><td colspan="2">重试次数</td><td colspan="2">6 次</td></tr>
<tr><td colspan="2">监视时间</td><td colspan="2">70ms</td></tr>
<tr><td rowspan="2">主站</td><td rowspan="2">输入 X0－X3(M1000－M1003)</td><td>从站 1</td><td>到输出 Y10－Y13</td></tr>
<tr><td>从站 2</td><td>到输出 Y10－Y13</td></tr>
<tr><td rowspan="2">从站 1</td><td rowspan="2">输入 X0－X3(M1064－M1067)</td><td>主站</td><td>到输出 Y14－Y17</td></tr>
<tr><td>从站 2</td><td>到输出 Y14－Y17</td></tr>
<tr><td rowspan="2">从站 2</td><td rowspan="2">输入 X0－X3(M1128－M1131)</td><td>主站</td><td>到输出 Y20－Y23</td></tr>
<tr><td>从站 1</td><td>到输出 Y20－Y23</td></tr>
<tr><td>主站</td><td>数据寄存器 D1</td><td>从站 1</td><td>到计数器 C10 的设定值</td></tr>
<tr><td>从站 1</td><td>计数器 C1 的触点(M1070)</td><td>主站</td><td>到输出 Y5</td></tr>
<tr><td>主站</td><td>数据寄存器 D2</td><td>从站 2</td><td>到计数器 C20 的设定值</td></tr>
<tr><td>从站 1</td><td>计数器 C2 的触点(M1140)</td><td>主站</td><td>到输出 Y6</td></tr>
<tr><td>从站 1</td><td>数据寄存器 D10</td><td rowspan="2">主站</td><td rowspan="2">从站 1(D10)和从站 2(D20)
相加后结果保存到 D3 中</td></tr>
<tr><td>从站 2</td><td>数据寄存器 D20</td></tr>
<tr><td>主站</td><td>数据寄存器 D0</td><td rowspan="2">从站 1</td><td rowspan="2">主站(D0)和从站 2(D20)
相加后结果保存到 D11 中</td></tr>
<tr><td>从站 2</td><td>数据寄存器 D20</td></tr>
<tr><td>主站</td><td>数据寄存器 D0</td><td rowspan="2">从站 2</td><td rowspan="2">主站(D0)和从站 1(D10)
相加后结果保存到 D21 中</td></tr>
<tr><td>从站 1</td><td>数据寄存器 D10</td></tr>
</table>

6－5　试依据本章中关于1∶1网络的内容，编写由FX_{2N}－64MR主机构成的并联连接网络实用程序，要求如下：

(1)两机设定于高速模式连接，一主一从。

(2)把主站的D1与D2中的内容相加后送给从站(从站的存放数据寄存器任选)，并使从站的M100～M115状态发生转变，同时把从站D10中的数据取出来作为主站定时器T0的预设值。

(3)将从站从主站获得的数据(主站D1与D2相加)同十进制数50相比较。若大于或等于50，则从站的Y10被驱动；反之若小于50，则从站的Y11被驱动，把十进制数15送到从站的D10作为主站定时器T0的预设值来源。

第 7 章　PLC 控制系统综合设计

在了解了 PLC 的基本工作原理和结构，掌握了 PLC 指令系统和编程方法之后，就可以结合实际问题进行 PLC 控制系统的设计，将 PLC 应用于实际的工业控制系统中。这也是我们学习 PLC 的目的。本章从工程实际出发，介绍如何应用前面所学的知识，设计出经济实用的 PLC 控制系统。

7.1　PLC 应用系统设计的原则和步骤

7.1.1　PLC 应用系统设计的基本原则

任何一个控制系统都是为了实现生产设备或生产过程的控制要求和工艺需要，以提高产品质量和生产效率。因此，在设计 PLC 应用系统时，应遵循以下基本原则：

1. 充分发挥 PLC 的功能，最大限度地满足被控对象的控制要求

充分发挥 PLC 的功能，最大限度地满足被控对象的控制要求，是设计 PLC 控制系统的首要前提，这也是设计中最重要的一条原则。这就要求设计人员在设计前就要深入现场进行调查研究，收集控制现场的资料，收集相关先进的国内、国外资料。同时要注意和现场的工程管理人员、工程技术人员、现场操作人员紧密配合，拟订控制方案，共同解决设计中的重点问题和疑难问题。

2. 在满足控制要求的前提下，力求使控制系统简单、经济、使用及维修方便

一个新的控制工程固然能提高产品的质量和数量，带来巨大的经济效益和社会效益，但新工程的投入、技术的培训、设备的维护也将导致运行资金的增加。因此，在满足控制要求的前提下，一方面要注意不断地扩大工程的效益，另一方面也要注意不断地降低工程的成本。这就要求设计者不仅应该使控制系统简单、经济，而且要使控制系统的使用和维护方便、成本低，不宜盲目追求自动化和高指标。

3. 保证控制系统安全、可靠

保证 PLC 控制系统能够长期安全、可靠、稳定运行，是设计控制系统的重要原则。这就要求设计者在系统设计、元器件选择、软件编程上要全面考虑，以确保控制系统安全可靠。例如：应该保证 PLC 程序不仅在正常条件下运行，而且在非正常情况下（如突然掉电再上电、按钮按错等），也能正常工作。

4. 适应发展的需要

由于技术的不断发展，控制系统的要求也将会不断地提高，设计时要适当考

虑生产的发展和工艺的改进。在选择 PLC 的型号、I/O 点数和存储器容量等内容时,应适当地留有余量,以满足以后生产的发展和工艺改进的需要。

7.1.2　PLC 应用系统设计的一般步骤

设计一个 PLC 控制系统,要全面考虑许多因素,但不管所设计的控制系统大小如何,一般都要按如图 7.1 所示的设计步骤进行系统设计。

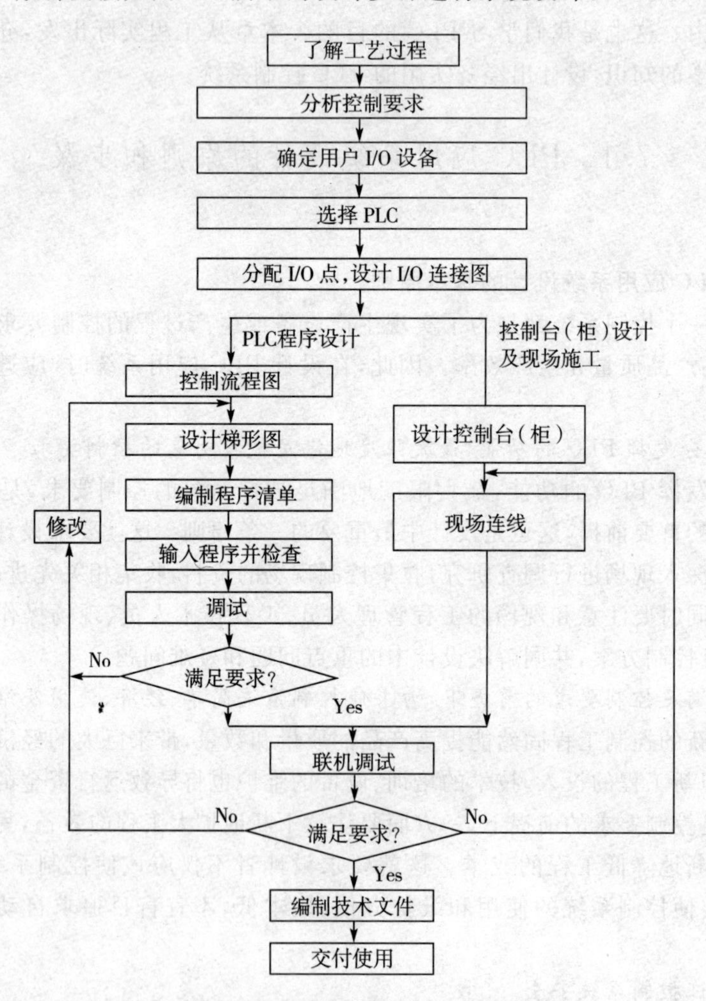

图 7.1　PLC 系统设计的一般步骤

1. 了解工艺过程,分析控制要求

首先要详细了解被控设备的工作原理、工艺流程、机械结构和操作方法,了解工艺过程和机械运动与电器执行元件之间的关系和对控制系统的要求,了解设备的运动要求、运动方式和步骤,在此基础上确定被控对象对 PLC 控制系统的控制要求,画出被控对象的工艺流程图。

2. 确定输入输出设备

根据系统控制要求，选用合适的用户输入、输出设备。常用的输入设备有按钮、行程开关、选择开关、传感器等，输出设备有接触器、电磁阀、指示灯等。

3. 设计硬件

（1）选择PLC

主要包括对PLC机型、容量、I/O模块、电源的选择。

（2）分配PLC的I/O地址，绘制PLC外部I/O接线图

根据已确定的I/O设备和选定的PLC，列出I/O设备与PLC I/O点的地址对照表，以便绘制PLC外部I/O接线图和编制程序。画出系统其他部分的电气线路图，包括主电路和未进入PLC的控制电路等。

由PLC的I/O连接图和PLC外围电气线路图组成系统的电气原理图。到此为止系统的硬件电气线路已经确定。

4. 进行PLC程序设计，同时可进行控制台（柜）的设计和现场施工

根据系统的控制要求，采用合适的设计方法来设计PLC程序。程序要以满足系统控制要求为主线，逐一编写实现各控制功能或各子任务的程序，逐步完善系统指定的功能。另外，程序还应包括以下内容：

（1）初始化程序。在PLC上电后，一般都要做一些初始化的操作，为启动作必要的准备，避免系统发生误动作。初始化程序的主要内容有：对某些数据区、计数器等进行清零，对某些数据区所需数据进行恢复，对某些继电器进行置位或复位，对某些初始状态进行显示等等。

（2）检测、故障诊断和显示等程序。这些程序相对独立，一般在程序设计基本完成时再添加。

（3）保护和连锁程序。保护和连锁是程序中不可缺少的部分，必须认真加以考虑。它可以避免由于非法操作而引起的控制逻辑混乱。

（4）控制台（柜）的设计和现场施工

为了缩短PLC控制系统的设计周期，可以与PLC程序设计同时进行控制台（柜）的设计和现场施工，其主要内容有：

①设计控制柜和操作台等部分的电器布置图及安装接线图；

②设计系统各部分之间的电气互连图；

③根据施工图纸进行现场接线，并进行详细检查。

5. 调试

（1）模拟调试

程序模拟调试的基本思想是，以方便的形式模拟产生现场实际状态，为程序的运行创造必要的环境条件。

首先要逐条检查，改正程序设计中的逻辑、语法、数据错误或输入过程中的按键及传输错误，然后在实验室里进行模拟调试。模拟调试时，输入信号用纽子开

关和按钮来模拟，各输出量的通/断状态用PLC上有关的发光二极管来显示，观察在各种可能的情况下各个输入量、输出量之间的变化关系是否符合设计要求，发现问题及时修改，直到完全满足控制要求为止。

(2)联机调试

程序模拟调试通过后，将PLC安装在控制现场进行联机调试。开始时，先带上输出设备(接触器线圈、信号指示灯等)，不带负载(电动机和电磁阀等)进行调试。各部分都调试正常后，再带上实际负载运行调试。如不符合要求，则对硬件和程序进行调整，直到完全满足设计要求为止。

全部调试完成后，还要经过一段时间的试运行，以检验系统的可靠性。如果工作正常，程序不需要修改，应将程序固化到EPROM中，以防程序丢失。

6. 整理技术文件

包括设计说明书、电器元气件明细表、电器原理图和安装图、状态表、梯形图及软件资料和使用说明书等，以便日后系统的维护和改进。

7.2 PLC应用系统的硬件设计

随着PLC技术的发展，PLC产品的种类也越来越多。不同型号的PLC，其结构形式、性能、容量、指令系统、编程方式、价格等也各有不同，适用的场合也各有侧重。因此，合理地进行PLC应用系统的硬件设计，对于提高PLC控制系统的技术经济指标有着重要意义。

PLC应用系统的硬件设计主要从PLC的机型、容量、I/O模块、电源模块、特殊功能模块、通信联网能力等方面加以综合考虑。

7.2.1 PLC机型的选择

选择PLC机型的基本原则是：在满足控制要求的前提下，保证工作可靠，使用维护方便，以获得最佳的性价比。PLC的型号种类繁多，选用时应考虑以下几个问题：

1. PLC的性能应与控制任务相适应

(1)只需要开关量控制的设备，一般选用具有逻辑运算、定时和计数等功能的小型(低档)PLC。

(2)对于以开关量控制为主，带少量模拟量的控制系统，可选用带A/D和D/A单元、具有算术运算、数据传送功能的增强型低档PLC。

(3)对于控制较复杂、控制功能要求高的系统，如要求实现PID运算、闭环控制和通信联网等功能，可视控制规模大小及复杂程度，选用中档或高档PLC。其中高档机主要用于大规模过程控制、分布式控制系统及整个工厂的自动化等。

2. 结构形式合理，机型尽可能统一

(1)整体式 PLC 的每一个 I/O 点的平均价格比模块式的便宜，且体积相对较小，硬件配置不如模块式灵活，所以一般用于系统工艺过程较为固定的小型控制系统中。

(2)模块式 PLC 的功能扩展灵活方便，I/O 点数量、输入点数与输出点数的比例和 I/O 模块的种类等方面，选择余地较大，维修时只需更换模块，判断故障的范围小，排除故障的时间短。因此，模块式 PLC 一般用于较复杂系统和维修量大的场合。

(3)在一个单位里，应尽量使用同一系列的 PLC。这不仅使模块通用性好，减少备件量，而且给编程和维修带来极大的方便，有利于技术力量的培训、技术水平的提高和功能的开发，也有利于系统的扩展升级和资源共享。

3. 对 PLC 响应时间的要求

PLC 输入信号与相应的输出信号之间由于扫描工作方式引起的延迟时间可达 2～3 个扫描周期。对于大多数应用场合(如以开关量控制为主的系统)来说，这是允许的。

然而对于模拟量控制的系统，特别是具有较多闭环控制的系统，不允许有较大的滞后时间。为了减少 PLC 的 I/O 响应的延迟时间，可以选择 CPU 处理速度快的 PLC，或选用具有高速 I/O 处理功能指令的 PLC，或选用具有快速响应模块和中断输入模块的 PLC 等。

4. 应考虑是否在线编程

(1)离线编程的 PLC，主机和编程器共用一个 CPU

编程器上有一个“编程/运行”选择开关，选择编程状态时，CPU 将失去对现场的控制，只为编程器服务，这就是所谓的“离线”编程。程序编好后，如选择“运行”状态，CPU 则去执行程序而对现场进行控制。由于节省了一个 CPU，价格比较便宜，中、小型 PLC 多采用离线编程。

(2)在线编程的 PLC，主机和编程器各有一个 CPU

编程器的 CPU 随时处理由键盘输入的各种编程指令，主机的 CPU 则负责对现场控制，并在一个扫描周期结束时和编程器通信，编程器把编好或修改好的程序发送给主机，在下一个扫描周期主机将按新送入的程序控制现场，这就是“在线”编程。由于增加了 CPU，故价格较高，大型 PLC 多采用在线编程。

是否采用在线编程，应根据被控设备工艺要求来选择。对于工艺不常变动的设备和产品定型的设备，应选用离线编程的 PLC。反之，可考虑选用在线编程的 PLC。

关于 PLC 的选型问题，当然还要考虑到 PLC 的通信联网功能、价格因素、系统的可靠性等。

7.2.2　PLC的容量选择

PLC的容量包括两个方面：一是I/O点数，二是用户存储器的容量。

1. I/O点数

PLC平均每一I/O点的价格较高，应合理选用PLC的I/O点的数量。一般根据被控对象的输入和输出信号的总点数，再考虑10%～15%的备用量，以便以后调整或扩充。

2. 用户存储器容量

用户存储器容量是指PLC用于存储用户程序的存储器容量。用户程序占有多少内存与许多因素有关，如I/O点数、控制要求、运算处理量、程序结构等。因此，在程序设计之前只能粗略地估算。根据经验，每个I/O点及有关功能器件占用的内存大致如下：

开关量输入：所需存储器字数＝输入点数×10

开关量输出：所需存储器字数＝输出点数×8

定时器/计数器：所需存储器字数＝定时器/计数器×2

模拟量：所需存储器字数＝模拟量通道数×100

通信接口：所需存储器字数＝接口个数×300

根据存储器的总字数再考虑20%～30%的备用量。

7.2.3　I/O模块的选择

一般I/O模块的价格占PLC价格的一半以上。PLC的I/O模块有开关量I/O模块、模拟量I/O模块及各种特殊功能模块等。不同的I/O模块，其电路及功能也不同，直接影响PLC的应用范围和价格，应当根据实际需要加以选择。

1. 开关量输入模块的选择

PLC输入模块用来检测并转换来自现场设备（按钮、行程开关、接近开关、温控开关等）的高电平信号为PLC内部接受的低电平信号。选择开关量输入模块时，要熟悉掌握输入模块的不同类型，应从以下几个方面考虑：

（1）输入模块的工作电压

常用的有直流5V，12V，24V，48V，60V，交流110V，220V等。

若现场输入设备与输入模块距离较近，则采用低电压模块，反之，则采用电压等级较高的模块。

直流输入模块的延迟时间短，可直接与电子输入设备连接，交流输入模块适合在恶劣的环境下使用。

（2）输入模块的输入点数

常用的有8点、12点、16点、32点等，高密度的输入模块（如32点、48点）能允许同时接通的点数取决于输入电压和环境温度。

注意：

① 一般同时接通的点数不得超过总输入点数的60%；

② 为了提高系统的可靠性，必须考虑输入门槛电平的大小。门槛电平越高，抗干扰能力越强，传输距离也越远，具体可参阅PLC说明书。

(3)输入模块的外部接线方式

主要有汇点式输入、分组式输入等，如图7.2所示。

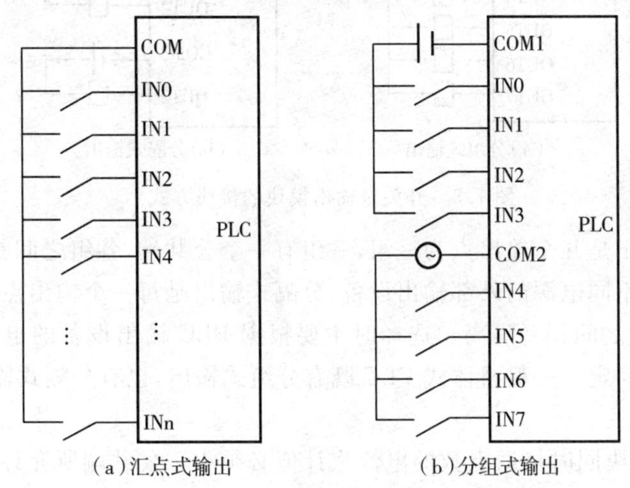

(a)汇点式输出　　(b)分组式输出

图7.2　开关量输入模块的接线方式

汇点式的开关量输入模块所有输入点共用一个公共端(COM)；而分组式的开关量输入模块是将输入点分成若干组，每一组(几个输入点)有一个公共端，各组之间是分隔的。分组式的开关量输入模块价格较汇点式的高，如果输入信号之间不需要分隔，一般选用汇点式的。

2.开关量输出模块的选择

开关量输出模块用来将PLC内部低电平信号转化为外部所需电平的输出信号，驱动外部负载。输出模块有3种输出方式：继电器输出、晶闸管输出和晶体管输出。

(1)晶闸管输出和晶体管输出

晶闸管输出和晶体管输出都属于无触点开关输出，适用于开关频率高、电感低功率因数的负载。晶闸管输出用于交流负载，晶体管输出用于直流负载。由于电感性负载在断开瞬间会产生较高反压，必须采取抑制措施。

(2)继电器输出

继电器输出模块价格便宜，既可以用于驱动交流负载，又可用于直流负载，使用电压范围广等优点。由于继电器输出属于有触点开关输出，其缺点是寿命较短、响应速度较慢、可靠性较差，只能适用于不频繁通断的场合。

(3)输出模块的外部接线方式

主要有分组式输出、分隔式输出等，如图7.3所示。

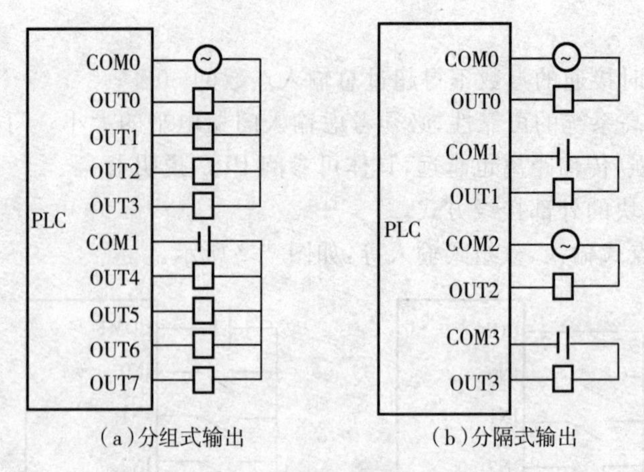

图 7.3　开关量输出模块的接线方式

分组式输出是几个输出点为一组,一组有一个公共端,各组之间是分隔的,可分别用于驱动不同电源的外部输出设备;分隔式输出是每一个输出点就有一个公共端,各输出点之间相互隔离。选择时主要根据 PLC 输出设备的电源类型和电压等级的多少而定。一般整体式 PLC 既有分组式输出,也有分隔式输出。

注意:

① 输出模块同时接通点数的电流累计值必须小于公共端所允许通过的电流值;

② 输出模块的输出电流必须大于负载电流的额定值;

③ 如果负载电流较大,输出模块不能够直接驱动,应增加中间放大环节。

3.其他功能模块的选择

(1)模拟量 I/O 模块的选择

在工业控制中,除了开关量信号,还有温度、压力、流量等模拟量。模拟量 I/O 模块的作用就是将现场由传感器检测而产生的连续的模拟量转换为 PLC 可以接受的数字信号,或者将 PLC 内的数字信号转换为模拟量信号输出,同时为了安全还具有电气隔离的功能。

典型模拟量 I/O 模块的量程为－10V～＋10V、0～＋10V、4～20mA 等,可根据实际需要选用,同时还应考虑其分辨率和转换精度等因素。

(2)特殊功能模块的选择

此外,还有位置控制、脉冲计数、凸轮模拟器、PID 控制、联网通信等多种特殊功能模块,可根据控制需要选用。

7.2.4　电源模块及编程器的选择

1.电源模块的选择

电源模块的选择较为简单,只需考虑电源模块的额定输出电流。电源模块的额定输出电流必须大于 CPU 模块、I/O 模块及其他模块的总消耗电流。电源模块的选择仅对于模块式结构的 PLC 而言,对于整体式 PLC 不存在电源的选择问题。

2. 编程器的选择

对于小型控制系统或不需要在线编程的 PLC 控制系统,一般选用价格便宜的简易编程器。对于由中、高档 PLC 构成的复杂系统或需要在线编程的 PLC 系统,可以选配功能强、编程方便的智能编程器,但价格较贵。如果有现成的个人计算机,可以配合编程软件包实现编程。

7.2.5　分配 PLC 的 I/O 地址,绘制 PLC 外部 I/O 接线图

1. 分配 PLC 的 I/O 地址

在分配输入地址时,应尽量将同一类信号(开关或按钮等)集中配置,地址号按顺序连续安排。在分配输出地址时,同类设备(电磁阀或指示灯等)占用的输出点地址应集中在一起,按照不同类型的设备顺序指定输出点地址号。分配好 PLC 的 I/O 地址之后,即可绘制 PLC 外部 I/O 接线图。

2. 绘制 PLC 外部 I/O 接线图

(1)PLC 与常用输入设备的连接

PLC 与常用输入设备的连接,如图 7.4 所示。PLC 常见的输入设备有按钮、行程开关、接近开关、转换开关、拨码器、各种传感器等。

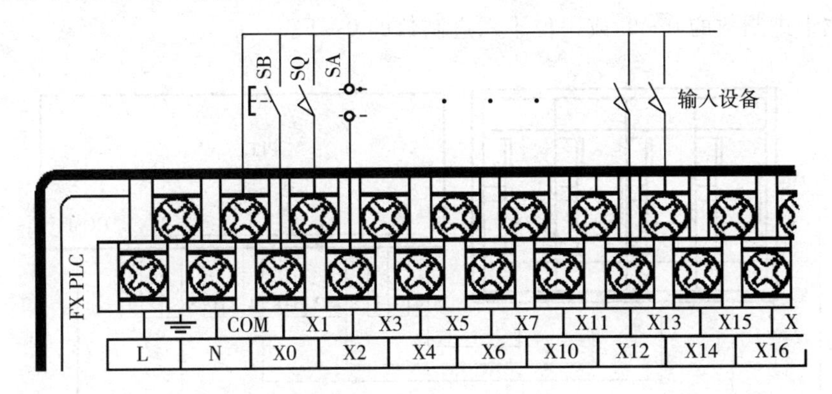

图 7.4　PLC 与常用输入设备的连接

图中的 PLC 为直流汇点式输入,即所有输入点共用一个公共端 COM,同时 COM 端内带有 DC24V 电源。若是分组式输入,也可参照图 7.4 的方法进行分组连接。

(2)PLC 与常用输出设备的连接

PLC 与常用输入设备的连接,如图 7.5 所示。PLC 常见的输出设备有继电器、接触器、电磁阀等。

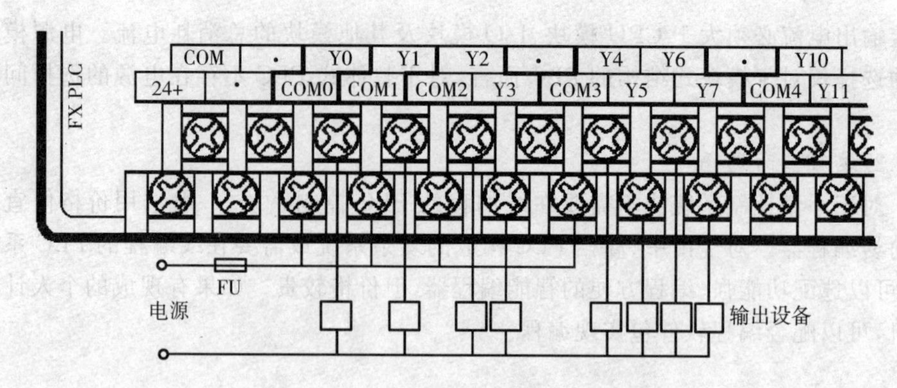

图 7.5　PLC 与常用输出设备的连接

图中接法是输出设备具有相同电源的情况，所以各组的公共端连在一起，否则要分组连接。图中只画出 Y0－Y7 输出点与输出设备的连接，其他输出点的连接方法相似。

3. PLC 与特殊设备的连接

(1) PLC 与拨码开关的连接

如果 PLC 控制系统中的某些数据需要经常修改，可使用多位拨码开关与 PLC 连接，在 PLC 外部进行数据设定。如图 7.6 所示 4 位拨码开关组装在一起，把各位拨码开关的 COM 端连在一起，接在 PLC 输入侧的 COM 端子上。每位拨码开关的 4 条数据线按一定顺序接在 PLC 的 4 个输入点上。一位拨码开关能输入一位十进制数的 0～9，或一位十六进制数的 0～F。

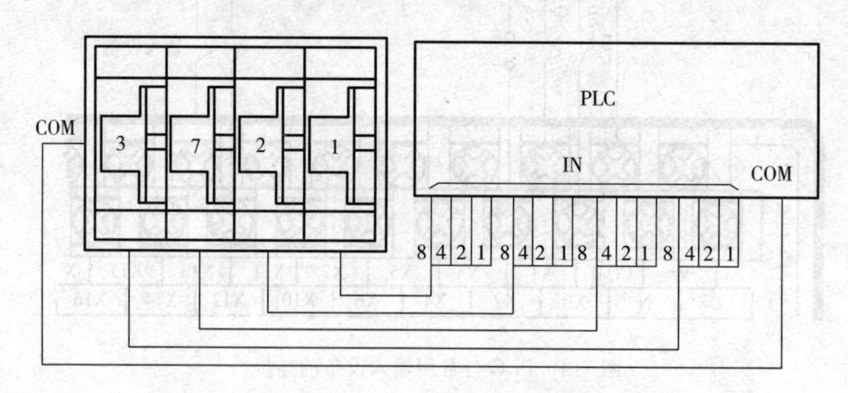

图 7.6　PLC 与拨码开关的连接

(2) PLC 与旋转编码器的连接

旋转编码器是一种光电式旋转测量装置，它将被测的角位移直接转换成数字信号（高速脉冲信号）。因些可将旋转编码器的输出脉冲信号直接输入给 PLC，利用 PLC 的高速计数器对其脉冲信号进行计数，以获得测量结果。

如图 7.7 所示是输出两相脉冲的旋转编码器与 FX 系列 PLC 的连接示意图。

编码器有4条引线，其中2条是脉冲输出线，1条是COM端线，1条是电源线。编码器的电源可以是外接电源，也可直接使用PLC的DC24V电源。电源"－"端要与编码器的COM端连接，"＋"与编码器的电源端连接。编码器的COM端与PLC输入COM端连接，A、B两相脉冲输出线直接与PLC的输入端连接，连接时要注意PLC输入的响应时间。

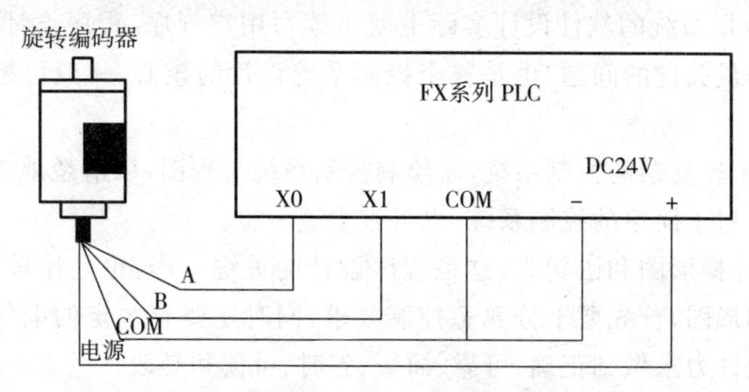

图7.7　PLC与旋转编码器的连接

(3) PLC与七段LED显示器的连接

PLC可直接用开关量输出与七段LED显示器的连接，如图7.8所示。电路中采用具有锁存、译码、驱动功能的芯片CD4513驱动共阴极LED七段显示器，两只CD4513的数据输入端A～D共用PLC的4个输出端，其中A为最低位，D为最高位。LE是锁存使能输入端，在LE信号的上升沿将数据输入端输入的BCD数锁存在片内的寄存器中，并将该数译码后显示出来。如果输入的不是十进制数，显示器熄灭。LE为高电平时，显示的数不受数据输入信号的影响。显然，N个显示器占用的输出点数为P＝4＋N。

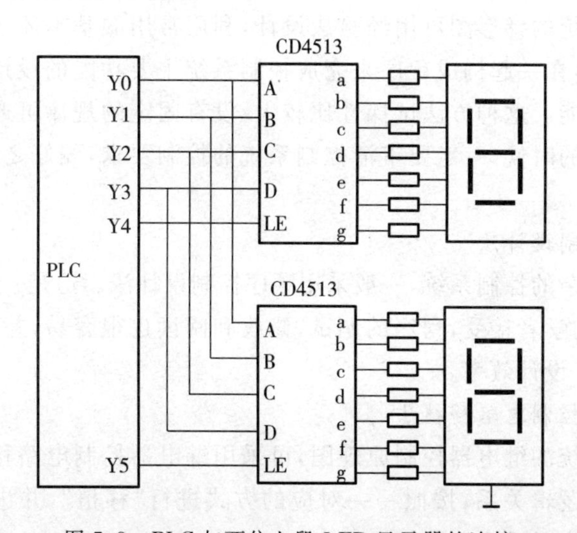

图7.8　PLC与两位七段LED显示器的连接

7.3　PLC应用系统的软件设计

7.3.1　软件设计步骤

PLC应用系统的软件设计实际上就是编写用户程序，程序设计是PLC控制系统应用中最关键的问题，也是整个控制系统设计的核心，一般可按以下步骤进行：

(1)对于较复杂的控制系统，需绘制控制系统流程图，以清楚地表明动作的顺序和条件。对于简单的控制系统，也可省去这一步。

(2)设计梯形图和语句表，这是程序设计的关键一步，也是比较困难的一步。要设计好梯形图，首先要十分熟悉控制要求，同时还要有一定的电气设计实践经验。程序设计力求做到正确、可靠、简短、省时、可读和易改。

(3)将编程器编好的程序传送到PLC中，并检查输入的程序是否正确。

(4)对程序进行调试和修改，直到满足要求为止。刚编好的程序难免有缺陷或错误，需要对程序进行离线调试。在调试过程中，可采用分段调试的方法，并利用编程器的监控功能。

7.3.2　软件设计方法

在程序设计中，常用的方法有经验设计法、顺序控制设计法和继电器控制电路移植法三种。

1.经验设计法

较简单系统的梯形图可用经验法设计，利用常用的基本环节程序，或者需要稍微修改，拼凑在一起构成程序来完成控制系统主要功能的设计，然后在进行补充完善其余功能。这种方法试探性比较大，没有固定的规律可遵循，所以用这种方法编写程序的时候，一定要审清控制系统的控制要求，编好之后要进行多次检查。

2.顺序控制设计法

对于较复杂的控制系统，一般采用顺序控制设计法。这是一种先进的设计方法，很容易被初学者接受，程序的调试、修改和阅读也很容易，并且大大缩短了设计周期，提高了设计效率。

3.继电器控制电路移植法

若已知系统的继电器控制原理图，可采用继电器控制电路移植法，根据继电器控制电路的逻辑关系，按照一一对应的方式进行“移植”，并进行规范，简化处理，得到PLC控制系统的梯形图。

7.4　PLC 应用实例

PLC 因其具有可靠性高和应用简便等特点而在国内外迅速普及和应用。当前 PLC 已广泛应用于机械、汽车、电力、冶金、石油、化工、交通、运输、轻工、纺织、建材、采矿以及家用电器等领域。对开关量的逻辑控制是 PLC 最基本的应用领域，本节将结合典型的实例来介绍 PLC 在逻辑控制系统中的应用。

7.4.1　PLC 在抢答器控制系统中的应用

一个由 3 个参赛组构成的抢答器控制系统如图 7.9 所示。

图 7.9　抢答控制系统示意图

1. 控制要求

(1)参赛者若要回答主持人所提的问题，需抢先按下桌上的按钮。

(2)当抢答成功组的指示灯亮后，需等待主持人按下复位键，SB_4 才熄灭。

(3)3 个参赛组具有不同的优先级别：对儿童组给予优待，按下 SB_{11}、SB_{12} 两个按钮中的任一个，指示灯 HL_1 都亮；对教师组则加以限制，必须同时按下 SB_{31}、SB_{32} 两个按钮，指示灯 HL_3 才亮；学生组在按下 SB_2 后，指示灯 HL_2 亮，表示抢答成功。

(4)如果参赛者在主持人打开 SA 开关的 8 秒钟内按下按钮，电磁线圈将使彩球摇动，表示参赛者获得一次幸运机会。

2. I/O 的地址分配

根据控制要求，可以算出 I/O 点数，可选用 FX_{2N}－16MR 型 PLC，它可提供 8 个输入点，8 个输出点，正好满足本例控制要求。PLC I/O 点地址分配如下：

输入设备	输入端子	输出入设备	输出端子
按钮 SB_{11}	X0	指示灯 HL_1	Y0

按钮 SB_{12}	X1	指示灯 HL_2	Y1
按钮 SB_2	X2	指示灯 HL_3	Y2
按钮 SB_{31}	X3	电磁线圈 SOL	Y3
按钮 SB_{32}	X4		
按钮 SB_4	X5		
选择开关 SA	X6		

PLC 外部接线图如图 7.10 所示。

3. 设计梯形图程序

本例控制比较简单，其梯形图程序可用经验设计法进行设计。根据控制要求，再参照一些典型控制环节的程序，通过组合、修改，可得到如图 7.11 所示的梯形图程序。

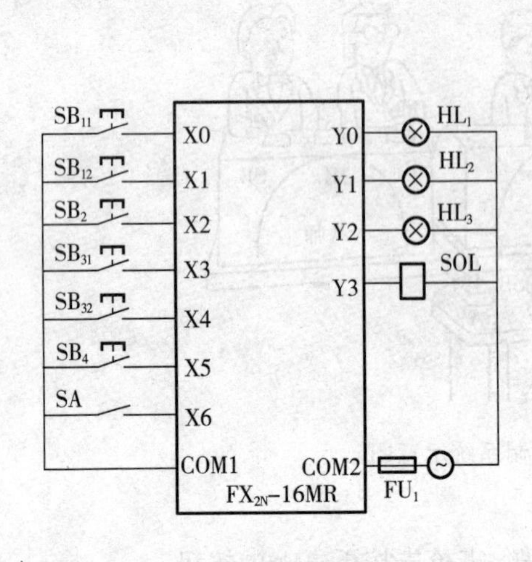

图 7.10　抢答控制系统外部接线图

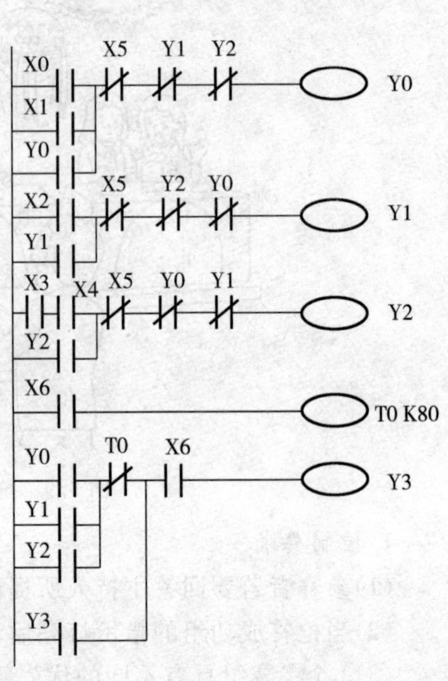

图 7.11　梯形图程序

4. 编写指令语句表程序

指令语句表程序如下：

0	LD	X0	16	ANI	X5
1	OR	X1	17	ANI	Y0
2	OR	Y0	18	ANI	Y1
3	ANI	X5	19	OUT	Y2
4	ANI	Y1	20	LD	X6
5	ANI	Y2	21	OUT	T0

6	OUT	Y0	22	K	80
7	LD	X2	23	LD	Y0
8	OR	Y1	24	OR	Y1
9	ANI	X5	25	OR	Y2
10	ANI	Y2	26	ANI	T0
11	ANI	Y0	27	OR	Y3
12	OUT	Y1	28	AND	X6
13	LD	X3	29	OUT	Y3
14	AND	X4	30	END	
15	OR	Y2			

说明:由于输出继电器Y0使用自身触点自锁,在输入继电器触点X0或X1闭合后,Y0仍保持接通状态。但是,如果Y1或Y2先于它变为ON状态,则Y0不能够变为ON状态。输出继电器Y1和Y2以同样方式动作,自锁的继电器在常闭触点X5断开后,将清零。常开触点X6闭合后,8秒定时器T0启动。如果Y0、Y1或Y2在定时器动作前闭合,则Y3将变为ON。在常开触点X6断开后,自锁的继电器将清零。

7.4.2 PLC在工业自动清洗机中的应用

在工业现场有一种自动清洗机,工作时将需要清洗的部件放在小车上,按起动按钮后小车自动进入清洗池指定位置A。首先加入酸性洗料,小车再继续前行到另一个B,然后返回到位置A,打开排酸阀门将酸性洗料放出。完成一次酸洗后,再加入碱性洗料,清洗过程同酸洗。等碱性洗料完全放出后,小车从位置A回到起始位置,等待下次起动信号。

1. 控制要求和工艺过程

该清洗设备的小车前进后退通过电机的正反转控制,酸性洗料和碱性洗料通过两个泵分别注入,通过打开电磁阀排放洗料,在这里洗料的注入和放出都是通过时间控制,实际的清洗机也可以用液位开关控制。

装完需要清洗的工件,按下起动按钮X0,KM1吸合小车前进,到达限位X1位置停止,KM3吸合加入酸性洗料5分钟,KM1吸合小车继续前进到达限位X2位置停止,KM2吸合小车后退至X1位置,KM5吸合放出酸性洗料5分钟,KM4吸合加入碱性洗料5分钟,KM1吸合小车继续前进到达限位X2位置停止,KM2吸合小车后退至X1位置,KM6吸合放出碱性洗料5分钟,KM2吸合小车后退至X31位置,完成一个清洗周期。

2. I/O的地址分配

根据控制要求,可以算出I/O点数,可选用FX_{2N}-16MR型PLC,它可提供8

个输入点，8 个输出点，正好满足本例控制要求。PLC I/O 点地址分配如下：

输入设备	输入端子	输出设备	输出端子
起动开关 SB1	X0	车前进 KM1	Y0
A 位置限位 SQ1	X1	加酸 KM3	Y1
B 位置限位 SQ2	X2	车后退 KM2	Y2
起始位置限位 SQ3	X3	排酸 KM5	Y3
		加碱 KM4	Y4
		排碱 KM6	Y5

3. 顺序控制功能图的设计

根据系统控制要求绘制的功能图如图 7.12 所示。

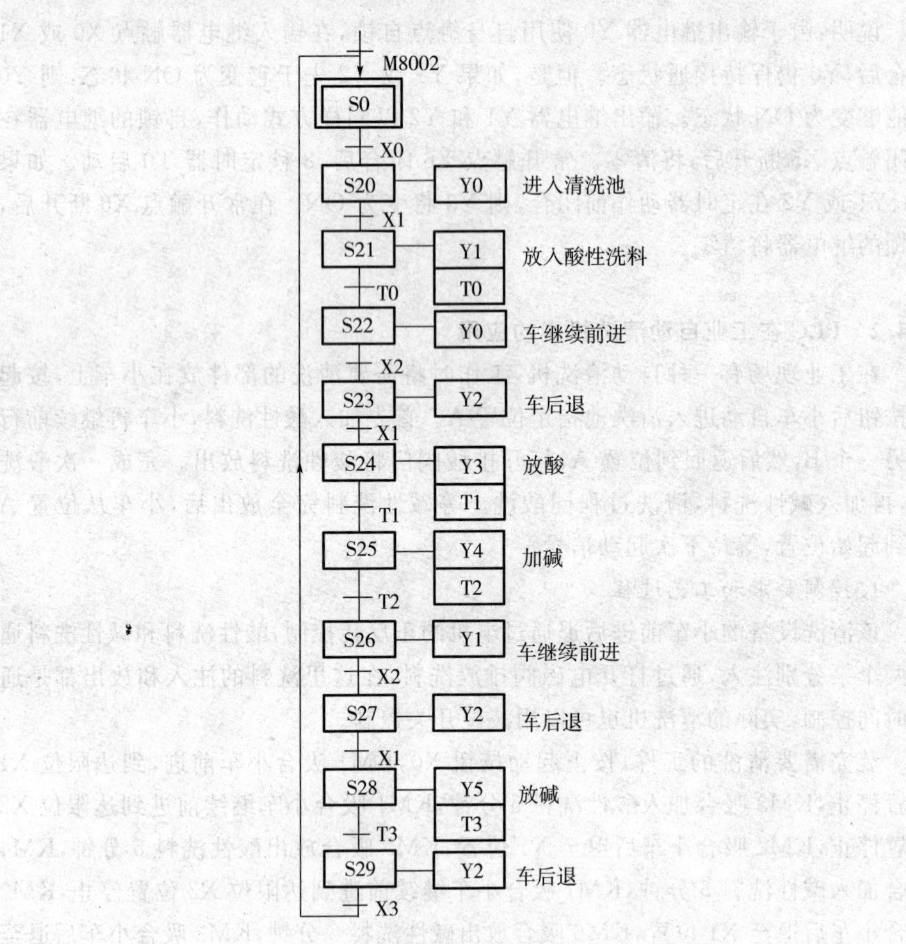

图 7.12　自动清洗机顺序功能图

4. 梯形图设计

由顺序功能图设计出的梯形图程序如图 7.13 所示。

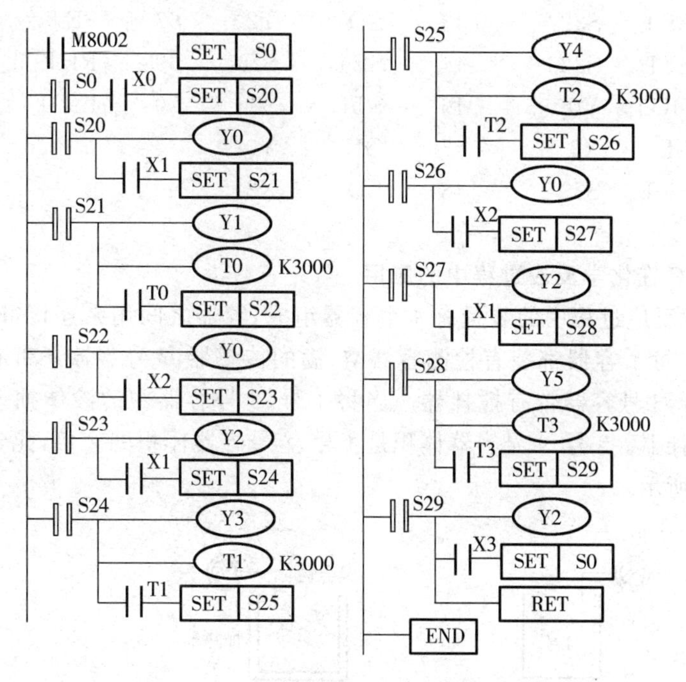

图 7.13　自动清洗机梯形图

在编制梯形图时，一是要考虑小车多次往返，避免双线圈输出问题，二要考虑到小车前进后退，进酸进碱的互锁问题。

5. 编写指令语句表程序

指令语句表如下：

0	LD	M8002	25	STL	S23	49	SET	S27
1	SET	S0	26	OUT	Y2	51	STL	S27
3	STL	S0	27	LD	X1	52	OUT	Y2
4	LD	X0	28	SET	S24	53	LD	X1
5	SET	S20	30	STL	S24	54	SET	S28
7	STL	S20	31	OUT	Y3	56	STL	S28
8	OUT	Y0	32	OUT	T1	57	OUT	Y5
9	LD	X1		K3000		58	OUT	T3
10	SET	S21	35	LD	T1		K3000	
12	STL	S21	36	SET	S25	61	LD	T3
13	OUT	Y1	38	STL	S25	62	SET	S29
14	OUT	T0	39	OUT	Y4	64	STL	S29

	K3000		40	OUT	T2	65	OUT	Y2
17	LD	T0		K3000		66	LD	X3
18	SET	S22	43	LD	T2	67	SET	S0
20	STL	S22	44	SET	S26	69	RET	
21	OUT	Y0	46	STL	S26	70	END	
22	LD	X2	47	OUT	Y0			
23	SET	S23	48	LD	X2			

7.4.3 PLC 在化学反应过程中的应用

某化学反应过程中的装置有 4 个容器组成，容器之间用泵连接，以此来进行化学反应。每个容器都装有检测容器空、满的传感器，2 号容器还带有加热器和温度传感器，3 号容器带有搅拌器。当将 1 号、2 号容器中的液体抽入 3 号容器时，起动搅拌器。3 号、4 号容器体积是 1 号、2 号容器体积的 2 倍，化学反应过程如图 7.14 所示。

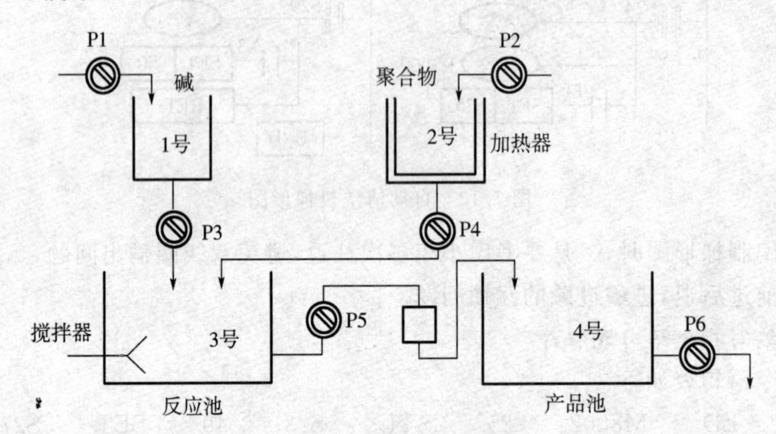

图 7.14　化学反应过程示意图

1. 控制要求

按起动按钮后，1 号、2 号容器分别用泵 P1、P2 从碱和聚合物库中将其抽满。1 号、2 号容器抽满后，传感器发出信号，泵 P1、P2 关闭，然后 2 号容器加热。当温度达到 60℃时，温度传感器发出信号，关掉加热器。泵 P3、P4 分别将 1 号、2 号容器中的溶液送倒号容器中，同时起动搅拌器，搅拌时间为 60s。一旦 3 号容器满或 1 号、2 号容器空，泵 P3、P4 停止并等待。当搅拌时间到，泵 5 将混合液抽到 4 号容器，直到 4 号容器满或 3 号容器空。成品用泵 P6 抽走，直到 4 号容器空。至此，整个过程结束，再次按起动按钮，新的循环可以开始。

2. I/O 点的分配

输入设备	输入端子	输出设备	输出端子
手动起动按钮	X0	X0 泵 P1 接触器	Y0
1 号容器满	X1	泵 P2 接触器	Y1
1 号容器空	X2	泵 P3 接触器	Y2
2 号容器满	X3	泵 P4 接触器	Y3
2 号容器空	X4	泵 P5 接触器	Y4
3 号容器满	X5	泵 P6 接触器	Y5
3 号容器空	X6	加热器接触器	Y6
4 号容器满	X7	搅拌器接触器	Y7
4 号容器空	X10		
温度传感器	X11		

3. 绘制顺序功能图和梯形图

根据系统控制要求绘制的功能图如图 7.15 所示。

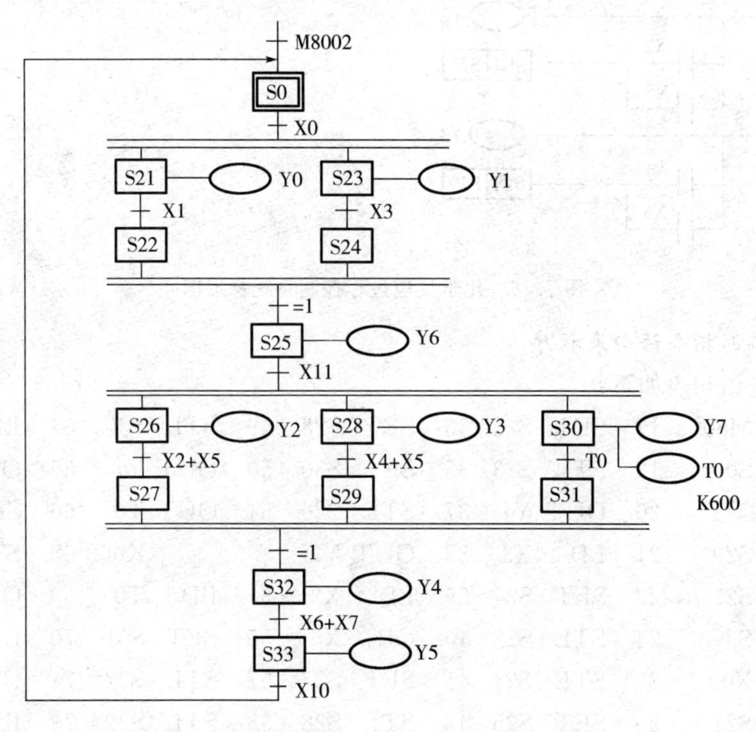

图 7.15　化学反应过程顺序功能图

4. 梯形图设计

由顺序功能图设计出的梯形图程序如图 7.16 所示。

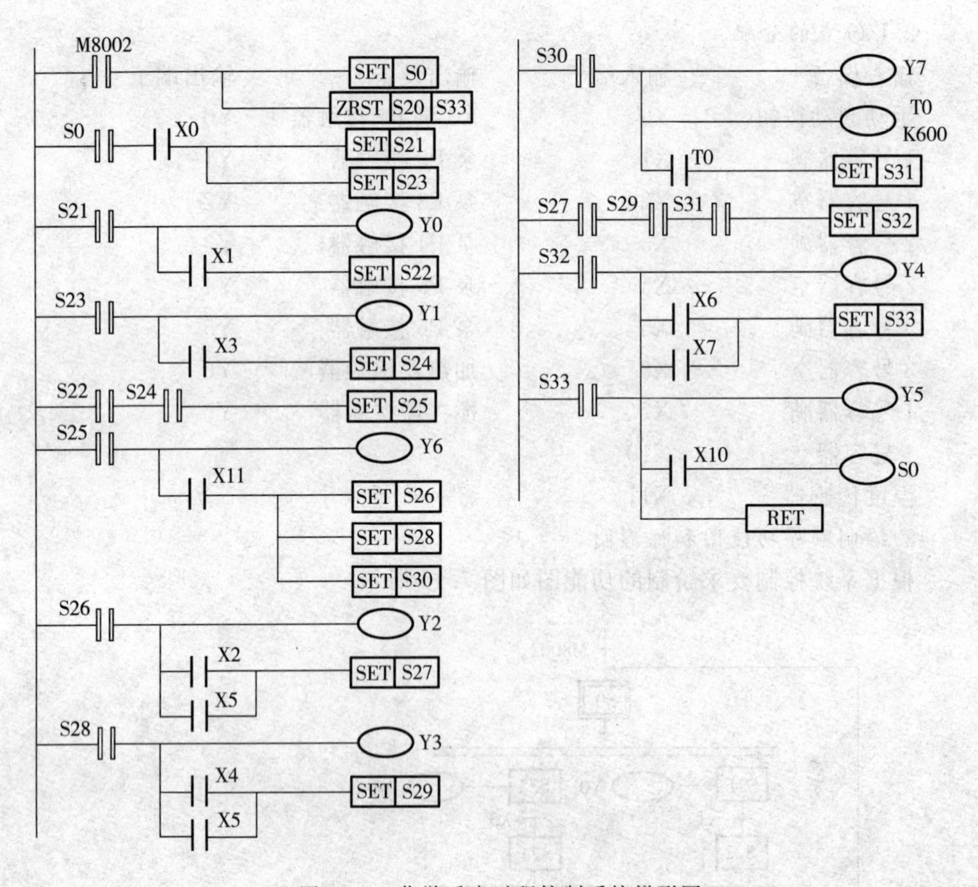

图 7.16　化学反应过程控制系统梯形图

5.编写指令语句表程序

指令语句表如下：

0	LD	M8002	17	SET	S22	33	SET	S28	49	STL	S30	64	LD	X6
1	SET	S0	19	STL	S23	35	SET	S30	50	OUT	Y7	65	OR	X7
3	ZRST		20	OUT	Y1	37	STL	S26	51	OUT	T0	66	SET	S33
		S20	21	LD	X3	38	OUT	Y2			K600	68	STL	S33
		S23	22	SET	S24	39	LD	X2	54	LD	T0	69	OUT	Y5
8	STL	S0	24	STL	S22	40	OR	X5	55	SET	S31	70	LD	X10
9	LD	X0	25	STL	S24	41	SET	S27	57	STL	S27	71	OUT	S0
10	SET	S21	26	SET	S25	43	STL	S28	58	STL	S29	73	RET	
12	SET	S23	28	STL	S25	44	OUT	Y3	59	STL	S31	74	END	
14	STL	S21	29	OUT	Y6	45	LD	X4	60	SET	S32			
15	OUT	Y0	30	LD	X11	46	OR	X5	62	STL	S32			
16	LD	X1	31	SET	S26	47	SET	S29	63	OUT	Y4			

习　题

7-1　在设计PLC应用系统时，应遵循哪些基本原则？

7-2　设计PLC应用系统的一般步骤？

7-3　选择PLC的主要依据是什么？

7-4　PLC的开关量输入单元一般有哪几种输入方式？它们分别适用于什么场合？

7-5　PLC的开关量输出单元一般有哪几种输出方式？各有什么特点？

7-6　PLC输入输出有哪几种接线方式？为什么？

7-7　自动定时搅拌机如图7.17所示。初始状态是出料阀门A关闭，进料阀门B打开，开始进料。当罐内的液面上升到一定的高度，液面传感器SL1的触点接通，关闭进料阀门B，同时启动搅拌电动机M，开始搅拌。搅拌5分钟后，停止搅拌，打开出料阀门A。当罐内的液面下降到一定的位置，液面传感器SL2触点断开，关闭出料阀门A，又重新打开进料阀门B，又一次进料，重复上述过程，完成自动定时搅拌。

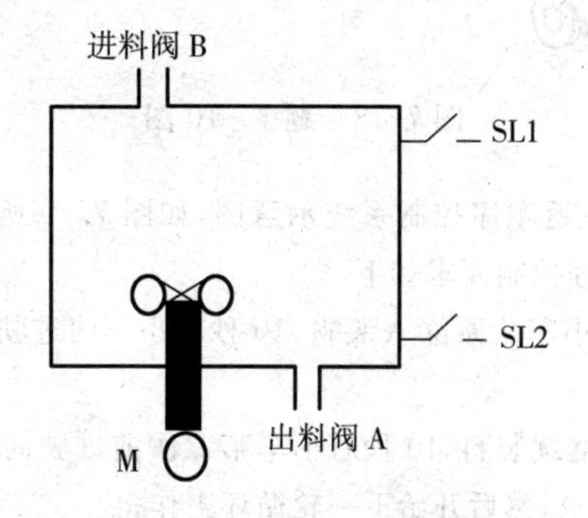

图7.17　自动定时搅拌机

要求：

(1)列出I/O分配表；

(2)编写梯形图和程序清单。

7-8　有4台电动机，采用PLC控制，要求：按M1～M4的顺序启动，即前级电动机不启动，后级电动机则不能启动。前级电动机停止时，后级电动机也停止。如M2停止时，M3～M4也停止。试设计PLC输入/输出接线图和梯形图，并写出相应的指令表程序。

7-9　电动葫芦起升结构的动负荷实验，控制要求如下：

(1)可手动上升、下降。

(2)自动运行时，上升6s→停9s→下降6s→停9s，反复运行1h，然后发出声光报警信号，并停止运行。试设计PLC输入/输出接线图和梯形图程序。

7-10　设计一个汽车库自动门控制系统，其示意图如图7.18所示。具体控制要求是：当汽车到达车库门前，超声波开关接收到来车的信号，门电动机正转，门上升。当门升到顶点碰到上限开关，门停止上升。汽车驶入车库后，光电开关发出信号，门电动机反转，门下降，当下降到下限开关后门电动机停止。试画出PLC的I/O接线图、设计出梯形图程序并加以调试。

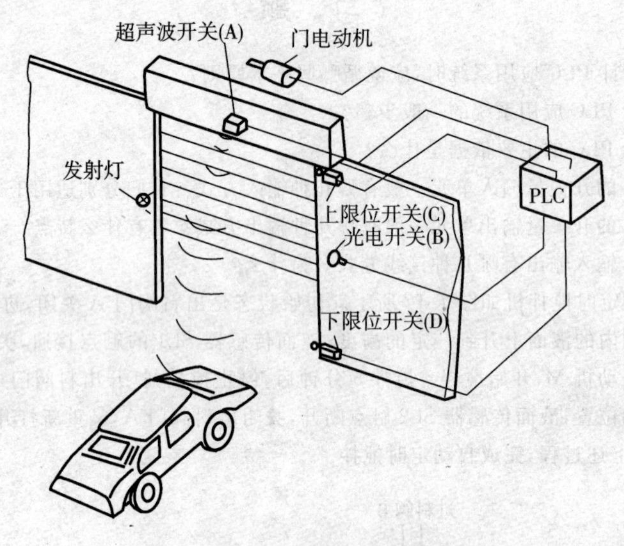

图 7.18　题 7-10 图

7-11　运料小车自动往返顺序控制系统示意图，如图 7.19 所示。小车在启动前位于原位 A 处，一个工作周期的流程控制要求如下：

(1)按下启动按钮 SB1，小车从原位 A 装料，10 秒后小车前进驶向 1 号位，到达 1 号位后停 8 秒卸料并后退；

(2)小车后退到原位 A 继续装料，10 秒后小车第二次前进驶向 2 号位，到达 2 号位后停 8 秒卸料并再次后退返回原位 A，然后开始下一轮循环工作；

(3)若按下停止按钮 SB2，需完成一个工作周期后才停止工作。

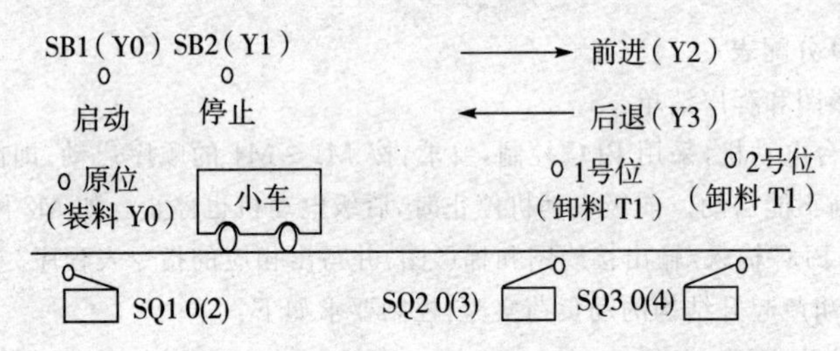

图 7.19　运料小车自动往返顺序控制系统示意图

7-12　用 PLC 对自动售汽水机进行控制，工作要求：

(1)此售货机可投入 1 元、2 元硬币，投币口为 LS1，LS2；

(2)当投入的硬币总值大于等于 6 元时，汽水指示灯 L1 亮，此时按下汽水按钮 SB，则汽水口 L2 出汽水 12 秒后自动停止。

(3)不找钱，不结余，下一位投币又重新开始。

试设计：(1)设计 I/O 口，画出 PLC 的 I/O 口硬件连接图并进行连接；

(2)画出状态转移图或梯形图。

7-13　设计电镀生产线 PLC 控制系统。控制要求：

(1)SQ1—SQ4 为行车进退限位开关，SQ5—SQ6 为上下限为开关。

(2)工件提升至 SQ5 停，行车进至 SQ1 停，放下工件至 SQ6，电镀 10S，工件升至 SQ5 停，滴液 5S，行车退至 SQ2 停，放下工件至 SQ6，定时 6S，工件升至 SQ5 停，滴液 5S，行车退至 SQ3 停，放下工件至 SQ6，定时 6S，工件升至 SQ5 停，滴液 5S，行车退至 SQ4 停，放下工件至 SQ6。

(3)完成一次循环。

7-14　物料传送系统控制。

要求：如图 7.20 所示，为两组带机组成的原料运输自动化系统，该自动化系统启动顺序为：盛料斗 D 中无料，先启动带机 C，5 秒后，再启动带机 B，经过 7 秒后再打开电磁阀 YV，该自动化系统停机的顺序恰好与启动顺序相反。试完成梯形图设计。

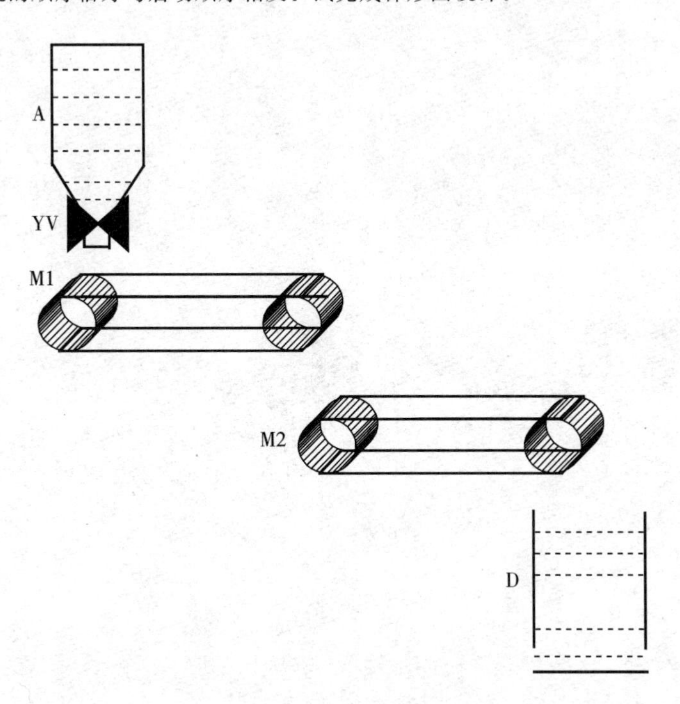

图 7.20　物料传送系统控制

7-15　自动钻床控制系统。

控制要求：

(1)按下启动按钮，系统进入启动状态。

(2)当光电传感器检测到有工件时，工作台开始旋转，此时由计数器控制其旋转角度（计数器计满 2 个数）。

(3)工作台旋转到位后，夹紧装置开始夹工件，一直到夹紧限位开关闭合为止。

(4)工件夹紧后，主轴电机开始向下运动，一直运动到工作位置（由下限位开关控制）。

(5)主轴电机到位后，开始进行加工，此时用定时 5 秒来描述。

(6)5 秒后，主轴电机回退，夹紧电机后退（分别由后限位开关和上限位开关来控制）。

(7)接着工作台继续旋转由计数器控制其旋转角度(计数器计满2个)。

(8)旋转电机到位后,开始卸工件,由计数器控制(计数器计满5个)。

(9)卸工件装置回到初始位置。

(10)如再有工件到来,实现上述过程。

(11)按下停车按钮,系统立即停车。

要求设计程序完成上述控制要求。

第 8 章　PLC 的编程实训

本章给出一系列的实习实训项目，这些内容并不针对三菱公司 FX 任何一个系列的 PLC 主机，因此具有一定的通用性，然而不排除因机型版本较旧引起示例程序调试失败。本章所有程序基于 FX_{2N} 主机编写，并在 FX_{1S}、FX_{1N}、FX_{2NC} 上调试通过。

实训一　基本软组件的认识

1. 实训目的

全面认识 FX 主机内部的常用软组件，熟悉三菱公司编程软件 SW0PC－FXGP/WIN 的界面和各项功能的使用，掌握主机的主要功能使用。

2. 实训设备

PLC 实验箱或实验台（FX 主机一台、外围元件若干）、串口通信电缆、上位机一台、连接线若干。

3. 实训步骤

（1）输入 X、输出 Y 和辅助继电器 M

①使用通信电缆连接上位机和 PLC 主机后给 PLC 主机送电，这时要注意，确保主机处于 STOP 状态（即主机上的指示灯“RUN”未点亮）。

②启动上位机的 FXGP/WIN 编程软件，选择工具菜单栏中的【文件】—【新文件】或点击按钮，建立新文件，程序弹出如图 8.1 对话框，以进行 FX 机型设置。

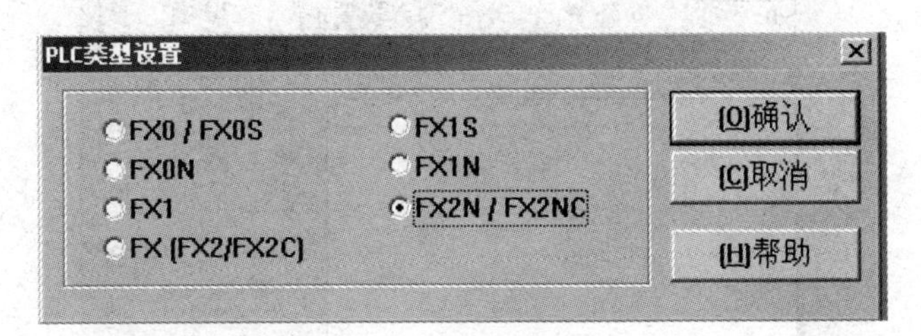

图 8.1　机型设置

③设置完机型后，将自动生成一个文件名为 unititl01 的文档，该文档分为梯形图和指令表两个部分，用户可以任意在梯形图或者指令表窗口中进行程序编写。例如可以在梯形图中窗口中编写图 8.2 中程序。

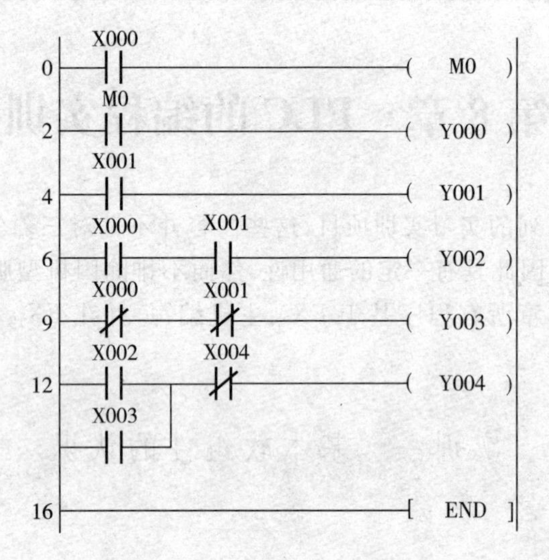

图 8.2　X/Y/M元件测试程序

④编写完毕后,从工具菜单栏中选择【工具】—【转换】,将编写的梯形图转换为指令表,而后选择【PLC】—【传送】—【写出】,将所编写程序传送到PLC主机,这样就可以运行主机了。当然,用户也可以在指令表窗口直接输入指令,同样需要将指令传送到PLC主机的内部存储器中。

⑤先进行外部回路连接,由于各机型和输出端类型不尽相同,故此处由指导教师自行安排。连接完以后可以由外部电路输入信号,进行元件测试。

⑥也可以不进行外部回路连接,直接使用软件置位来进行程序调试。首先,选择菜单工具栏的【监控/测试】—【开始监控】,然后选择【监控/测试】—【强制ON/OFF】,如图8.3所示。被强制置位的元件,保持强制状态一个扫描周期。

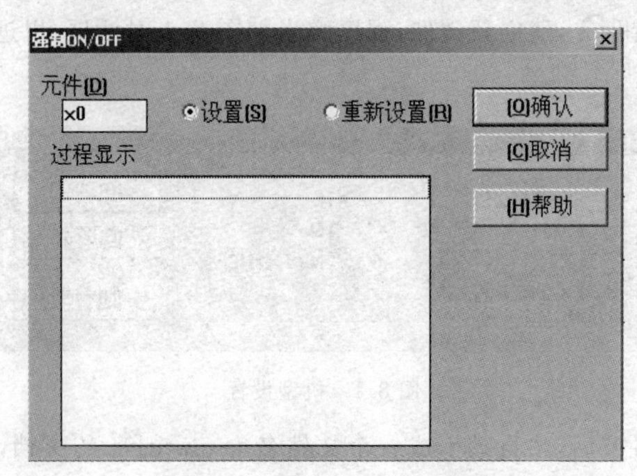

图 8.3　元件强制ON/OFF设置

依据程序里使用的输入端,依次强制设置为ON,观察梯形图监控窗口中的M线圈和Y线圈。

(2)定时器 T 和计数器 C

步骤同上述,编写以下程序进行定时器和计数器的测试。

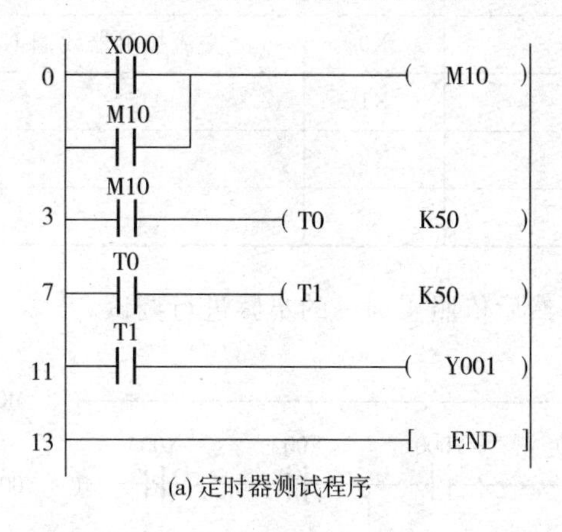

(a) 定时器测试程序

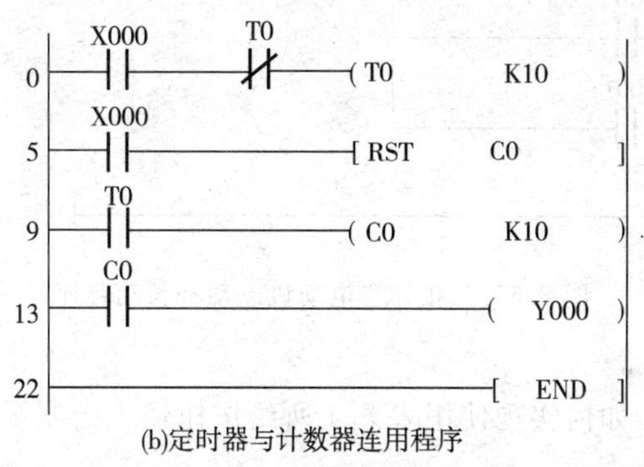

(b)定时器与计数器连用程序

图 8.4　定时器与计数器程序

4. 思考

如何编写使用若干定时器,或计数器和定时器交替使用,实现长延时的程序。

实训二　使用 FX 系列 PLC 控制电动机点动和长动

1. 实训目的

掌握作为机电系统控制器的初步使用方法,进一步熟悉 PLC 的程序编写以及输入输出回路的连接。

2. 实训设备

PLC 实验箱或实验台(FX 主机一台、外围元件若干)、串口通信电缆、上位机一台、连接线若干、三相异步电动机一台。

3. 实训步骤

①三相异步电动机点动和长动控制电路图可参见相关电气控制书籍或手册,参考 I/O 分配表,如表 8.1 所示。

表 8.1　电动机点动和长动 I/O 分配

输入		输出	
SB1 点动按钮	X0	交流接触器线圈 KM1	Y0
SB2 长动按钮	X1		
SB3 停止按钮	X2		
FR 常开触点	X3		

②输入以下程序，然后依照实训一的步骤进行调试。

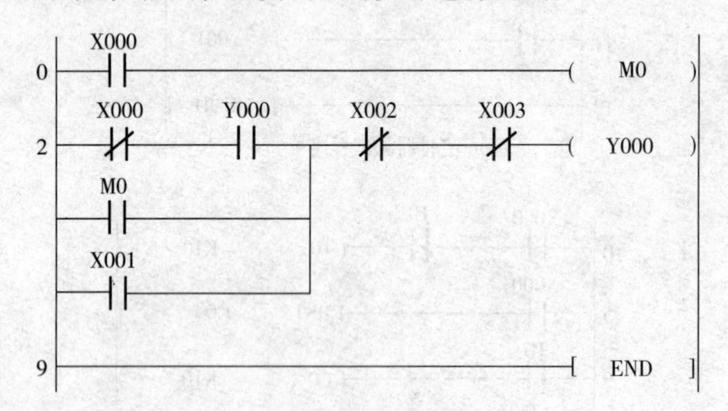

图 8.5　三相异步电动机点动和长动程序

4. 思考

按照示例程序，如何实现使用表 8.1 所给按钮输入控制 2 台三相异步电动机点动和长动。

实训三　使用 FX 系列 PLC 控制电动机正反转以及 Y/Δ 降压启动

1. 实训目的

了解不同电路使用同一程序的实质，进一步熟悉 FXGP/WIN 以及 PLC 主机的编程，熟练掌握使用 FX 主机控制异步电动机的基本电路图和回路安装连接。

2. 实训设备

PLC 实验箱或实验台（FX 主机一台、外围元件若干）、串口通信电缆、上位机一台、连接线若干、三相异步电动机一台。

3. 实训步骤

(1)三相异步电机正反转

①三相异步电机正反转电气控制图请参见相关书籍，参考 I/O 分配如表 8.2 所示。

表 8.2　三相异步电机正反转 I/O 分配

输入		输出	
SB1 正转按钮	X0	正转交流接触器线圈 KM1	Y0
SB2 反转按钮	X1	反转交流接触器线圈 KM2	Y1
SB3 停止按钮	X2		
FR 常开触点	X3		

②按照图 8.6 中的梯形图编写程序。

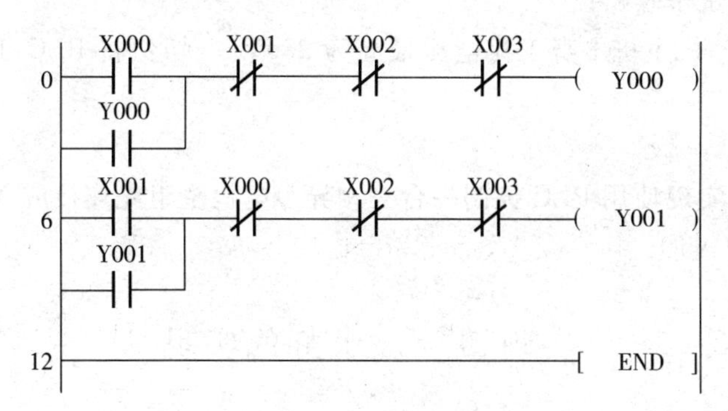

图 8.6　电动机正反转程序

③按照 PLC 外围电路连接规定，进行输入输出回路的连接。需要注意的是为了防止程序误动作，除了在程序中需要设置互锁以外，在外部输出回路中也需要将两交流接触器的触点接成互锁形式，如图 8.7 所示。

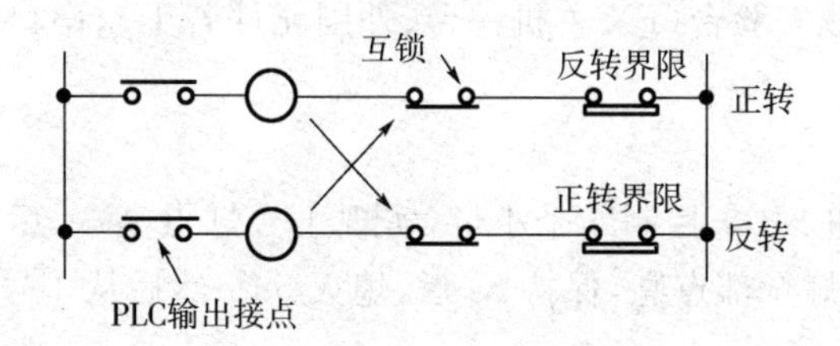

图 8.7　正反转设置互锁

④进行程序调试。闭合 SB1，看电动机是否正转（设顺时针方向为正），断开 SB1 闭合 SB3，看电动机是否能顺利停车。如能顺利停车，则再闭合 SB2，看电动机是否反转（逆时针方向），断开 SB2 闭合 SB3，再次停车。

⑤也可以在监控窗口中进行程序调试，调试完后再进行线路连接，实际测试程序。

(2)三相异步电机 Y/Δ 降压启动

①依据 Y/Δ 降压启动进行 I/O 分配，如表 8.3 所示；

表 8.3　三相异步电动机 Y/Δ 降压启动 I/O 分配表

输入		输出	
SB1 绕组 Y 形连接启动	X0	Y 形连接交流接触器线圈 KM1	Y0
SB2 切换到绕组 Δ 形连接	X1	Δ 形连接交流接触器线圈 KM2	Y1
SB3 停止按钮	X2		
FR 常开触点	X3		

②输入控制程序，同图 8.6；

③程序调试步骤略；

④注意，PLC 主机本身工作电压最高为 250V～，切勿将 PLC 主机连接到两根相线上。

4. 思考

考虑如何实现使用 PLC 控制一台三相异步电机绕组先连接成 Y 形实现正反转后再切换成 Δ 形。

实训四　流水灯的实现

1. 实训目的

通过控制 4 个小灯依次点亮熄灭，加深对定时器的理解和使用，学习并掌握使用定时器控制给定输出占空比的技巧。

2. 实训设备

PLC 实验箱或实验台（FX 主机一台、外围元件若干）、串口通信电缆、上位机一台等。

3. 设计要求

使用一个按钮 SB 来控制 5 个小灯，实现 1 号灯点亮 3s 后 2 号灯点亮，依次类推，直到 4 个小灯全部点亮，保持 5s 后，熄灭 5s。然后从 1 号灯开始再度点亮，并循环。

4. 实训步骤

①分配 I/O

表 8.4　流水灯 I/O 分配

输入		输出	
SB1 启动流水灯按钮	X0	1 号灯输出	Y0
		2 号灯输出	Y1
		3 号灯输出	Y2
		4 号灯输出	Y3

②程序设计

提示：第一步考虑实现 2 灯间隔 3s 连续点亮，接着扩展到 3 灯间隔点亮，然后再添加到 4 灯点亮并使得全亮 5s；第二步考虑实现关断并熄灭 5s 的程序，当然要采用定时器，并且此处定时器需要持续被驱动；第三步当顺利实现定时熄灭 5s 后，可以编写再点亮、循环的程序。实际程序可参考图 8.10。

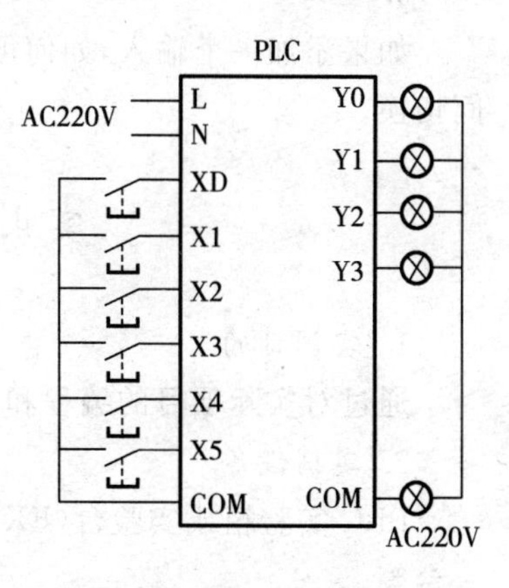

图 8.8　外部回路接线

③程序调试

建议首先在编程软件中进行监控测试程序，具体步骤前已有述，此处略过。

④接线

在完成程序调试后，开始进行安装和接线，外部回路接线图如图 8.8 所示。

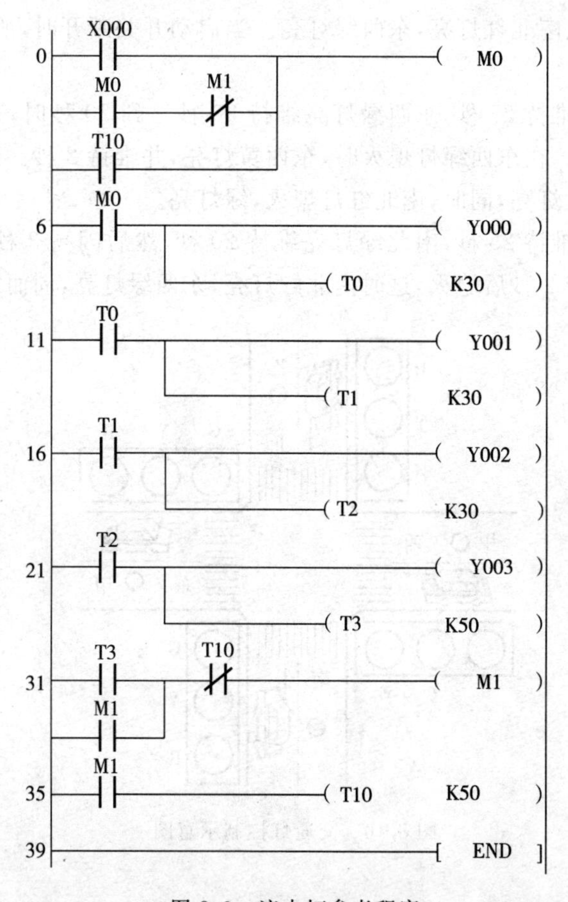

图 8.9　流水灯参考程序

5. 思考

如果添加一个输入，如何可以实现在流水灯自动循环运行和手动循环运行之间切换。

实训五　交通灯的控制

1. 实训目的

通过对实际项目的编程和调试，进一步加深对PLC使用的理解。

2. 实训设备

PLC实验箱或实验台(FX主机一台、外围元件若干)、串口通信电缆、上位机一台等。

3. 控制要求

如图8.10所示，信号灯受一个启动开关控制，当启动开关接通时，信号灯系统开始工作，且先南北红灯亮，东西绿灯亮。当启动开关断开时，所有信号灯都熄灭。

南北红灯亮维持25秒，东西绿灯亮维持20秒。到20秒时，东西绿灯闪亮，闪亮3秒后熄灭。在东西绿灯熄灭时，东西黄灯亮，并维持2秒。到2秒时，东西黄灯熄灭，东西红灯亮，同时，南北红灯熄灭，绿灯亮。

东西红灯亮维持25秒，南北绿灯亮维持20秒，然后闪亮3秒后熄灭。同时南北黄灯亮，维持2秒后熄灭，这时南北红灯亮，东西绿灯亮，周而复始。

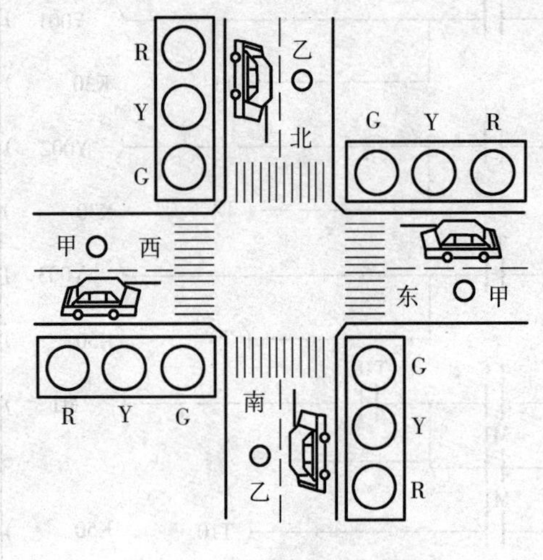

图8.10　交通灯控制示意图

4. 程序设计

可以使用梯形图，但建议使用SFC作为程序设计主干，请按照“I/O分配→根据要求编写程序→联机调试程序→安装接线→脱机调试程序”的顺序来完成整个程序设计。

5. 思考

若有交通指示灯故障，则应当如何避免故障带来的影响，试补充和完善之。

实训六 三级传送带的控制

1. 实训目的

通过对传送带控制的模拟，基本了解机械手和传送带工作远离，实现简单传送带的编程控制，并进一步加深对 PLC 使用的理解。

2. 实训设备

PLC 实验箱或实验台(FX 主机一台、外围元件若干)、串口通信电缆、上位机一台等。

3. 控制要求

如图 8.11 所示，按钮 SB1 控制机械手 J1 把货物放到三级传送带的第一级，由于传感器 A 的作用，M1 随之启动并驱动传送带输送货物到 M2，当货物通过传感器 B 时，M2 启动同时 M1 停止，M2 驱动传送带输送货物到 M3，当货物通过传感器 C，M3 启动，M2 停止，M3 驱动传送带将货物送到储存箱。当货物经过传感器 D 掉进储存箱，M3 停止，一个工作周期完成。

工作方式有自动手动两种，由开关 SW1 切换。当 SW1 处于 OFF 状态，系统完成一个工作周期则停止，需要再次按下 SB1 补充货物到传送带上。当 SW1 处于 ON 时，系统在货物掉进储存箱后将会自动控制机械手 J1 补充新货物到传送带上。

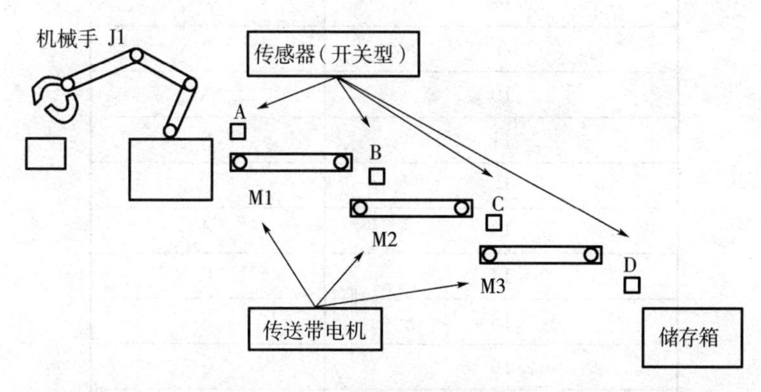

图 8.11 三级传送带示意图

4. 程序设计

提示：当在起始信号处补给一个货物后，传感器 A 变为 ON，随后部件依次经过传感器B、C、D,并使之依次变为ON。则需要编写使用传感器连接的输入X自锁驱动传送带输出Y然后复位的程序。

5. 思考

试考虑,若传送带任何一节发生故障,则应当如何处理?

实训七　7段LED显示的控制

1. 实训目的

掌握LED显示的原理,练习使用FX的功能指令来实现简洁编程。

2. 实训设备

PLC实验箱或实验台(FX主机一台、外围元件若干)、串口通信电缆、上位机一台等。

3. 控制要求

如图8.12所示,当启动PLC后,7段LED显示0,闭合按钮SB1的次数对应显示相应数字和字母并在闭合第16次时从0开始循环,如表8.5所示。

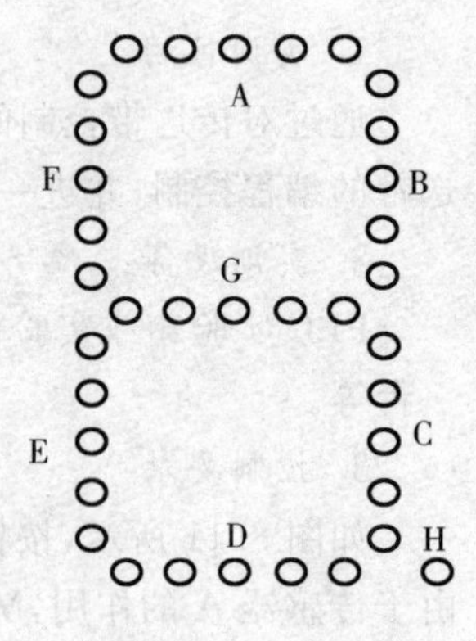

图8.12　LED显示

表8.5　按钮控制LED显示列表

按钮SB1闭合次数	LED显示
1	1
2	2
3	3
…	…
9	9
10	A
11	b
12	C
13	d
14	E
15	F
16	0
17	1
…	…

4. 程序设计

提示:建议使用位移位指令(SFTL、SFTR)和送数指令(MOV)来简化程序,同时,使用 SFC 进行流程的选择将会使程序的结构紧凑,编写阅读都更加清晰。

5. 思考

若添加按钮 SB2,使 LED 具备自动显示并循环的功能,应当如何实现?

实训八　液料混合系统的控制

1. 实训目的

了解液料混合系统的基本工作过程,加深对 PLC 使用的理解。

2. 实训设备

PLC 实验箱或实验台(FX 主机一台、外围元件若干)、串口通信电缆、上位机一台等。

3. 控制要求

如图 8.13 所示,装置投入运行时,液体 A(指示灯 YV1)、B 阀门(指示灯 YV2)关闭,混合液体阀门(指示灯 YV3)打开 20 秒将容器放空后关闭。

当按下启动按钮 SB1,液体 A 阀门打开,液体 A 流入容器。当液面到达 SL2 时,SL2 接通,关闭液体 A 阀门,打开液体 B 阀门。液面到达 SL1 时,关闭液体 B 阀门,搅匀电机开始搅匀。搅匀电机工作 6 秒后停止搅动,混合液体阀门打开,开始放出混合液体。当液面下降到 SL3 时,SL3 由接通变为断开,再过 2 秒后,容器放空,混合液阀门关闭,开始下一周期。

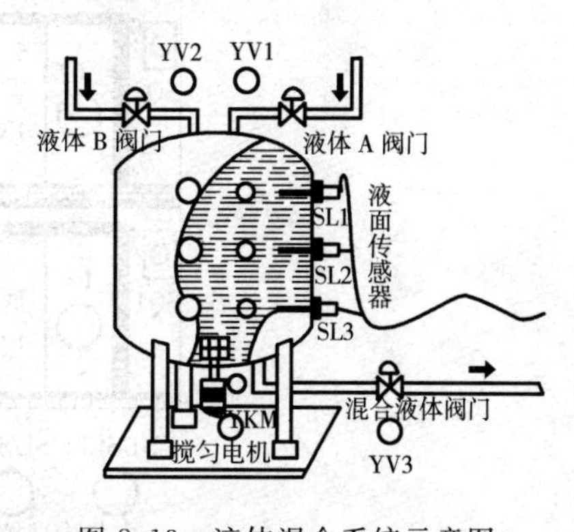

图 8.13　液体混合系统示意图

按下停止按钮 SB2 后,在当前的混合液操作处理完毕后,才停止操作(停在初始状态上)。

4. 程序设计

略。

5. 思考

若液面传感器发生故障使得液面一直上升阀门不关闭,则如何应对?

实训九　三层/四层电梯系统的控制

1. 实训目的

了解电梯基本控制系统的结构和原理,加深对 PLC 使用的理解。

2. 实训设备

FX 主机一台、模拟用电梯模型或实验箱/台、串口通信电缆、上位机一台。

3. 控制要求

如图 8.14 所示，电梯由安装在各楼层厅门口的上升和下降呼叫按钮进行呼叫操纵，其操纵内容为电梯运行方向。电梯轿厢内设有楼层内选按钮 S1～S3，用以选择需停靠的楼层。L1 为一层指示、L2 为二层指示、L3 为三层指示，SQ1～SQ3 为到位行程开关。电梯上升途中只响应上升呼叫，下降途中只响应下降呼叫，任何反方向的呼叫均无效。例如，电梯停在一层，在二层轿厢外呼叫时，必须按二层上升呼叫按钮，电梯才响应呼叫（从一层运行到二层），按二层下降呼叫按钮无效；反之，若电梯停在三层，在二层轿厢外呼叫时，必须按二层下降呼叫按钮，电梯才响应呼叫（从三层运行到二层），按二层上升呼叫按钮无效，依此类推。

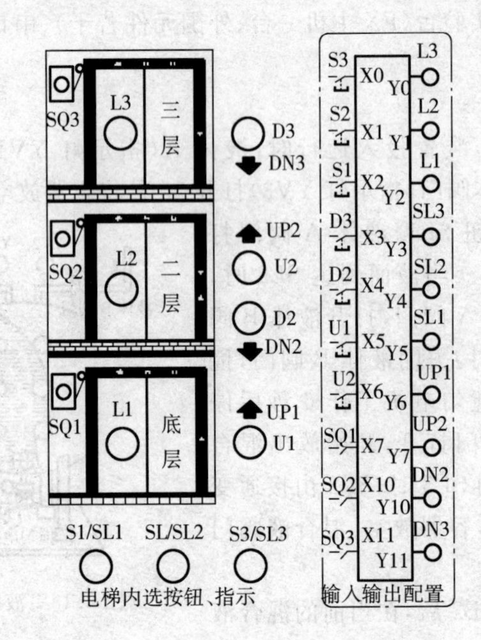

图 8.14　电梯系统的模拟原理图

4. 程序设计

略。

5. 思考

如何实现 4 层乃至 5 层电梯系统的控制？

附录1 FX_{2n}全软元件一览

	FX_{2N}–16M	FX_{2N}–32M	FX_{2N}–16M	FX_{2N}–16M	FX_{2N}–16M	FX_{2N}–16M	FX_{2N}–16M	
输入继电器 X	X000–X007 8点	X000–X017 16点	X000–X027 24点	X000–X037 32点	X000–X047 40点	X000–Y077 64点	X000–X267 184点	输入输出合计256点
输出继电器 Y	Y000–Y007 8点	Y000–Y017 16点	Y000–Y027 24点	Y000–Y037 32点	Y000–Y047 40点	Y000–Y077 64点	Y000–Y267 184点	

辅助继电器 M	M 0–M 499 500 点 一般用※1	【M 500–M 1023】 524 点保持用 ※2	【M1024–M3071】 2048 点 保持用※3	M8000–M8255 256点 ※4 特殊用			
状态 S	S 0–S 499 500 点一般用※1 初始化用 S 0–S 9 原点回归用 S 10–S 19	【S 500–S 899】 400 点 保持用※2	【S 900–S 999】 100 点 信号报警用※2				
定时器 T	T0–T199 200点 100ms 子程序用…… T192–T199	T200–T245 46点 10ms	【T246–T249】 4点 1ms累积※3	【T250–T255】 6点 100ms累积※3			
计数器 C	16位增量计数		32位可逆		32位高速可逆计数器最大 6 点		
	C 0–D 99 100点 一般用※1	【C100–C199】 100点 保护用※2	C200–C219 20点 一般用※2	【C220–C234】 15点 保持用※2	【C235–C245】 1相 1 输入※2	【C246–C250】 1相 2 输入※2	【C251–C255】 2相输入※2

数据寄存器 D. V. Z	D 0–D199 200 点 一般用※1	【D200–D511】 312 点保持用※2	【D612–D7999】 7488 点 保持用※3 文件用…… D1000以后可设定作为文件寄存器使用	D8000–D8195 256点※3 特殊用	V7–V0 Z7–Z0 16点 变址用※1
嵌套指针	N 0–N 7 8点 主控用	P 0–P 127 128点 跳跃,子程序用,分支式指针	100*–150* 6点 输入中断用指针	16**–18** 3点 定时器中断用指针	1010–1060 6点 计数器中断用指针
常数 K	16位 –32,768–32,767		32位 –2,147,483,648–2,147,483,647		
常数 H	16位 D–FFFFH		32位 0–FFFFFFFFH		

【 】内的软元件为停电保持领域。

附录 2　FX_{2n}系列 PLC 指令表

FX_{2n}系列 PLC 基本逻辑指令表见表 1；FX_{2n}系列 PLC 功能指令一览表见表 2。

表 1　FX_{2n}系列 PLC 基本逻辑指令表

助记符名称	操作功能	梯形图与目标组件	程序步数
LD(取)	常开接点 运算开始	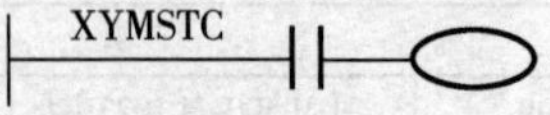 XYMSTC	1
LDI(取反)	常闭接点 运算开始	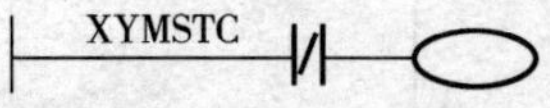 XYMSTC	1
OUT(输出)	线圈驱动	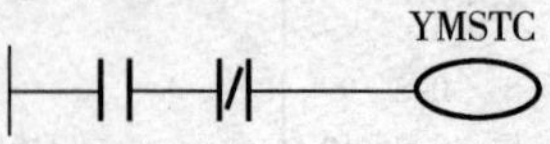 YMSTC	YM：1 S、特 M：2 T、C16 位：3 C32 位：5
AND(与)	常开接点 串联连接	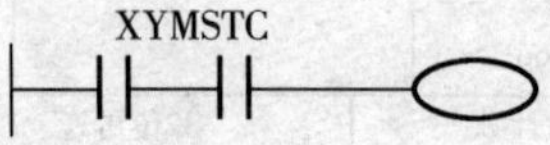 XYMSTC	1
ANI(与非)	常闭接点 串联连接	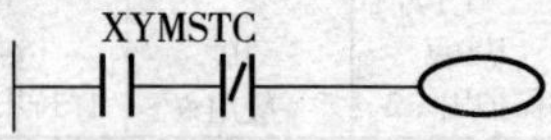 XYMSTC	1
OR(或)	常开接点 并联连接	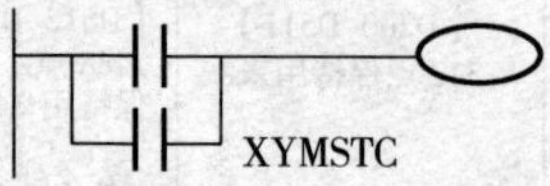 XYMSTC	1
ORI(或非)	常闭接点 并联连接	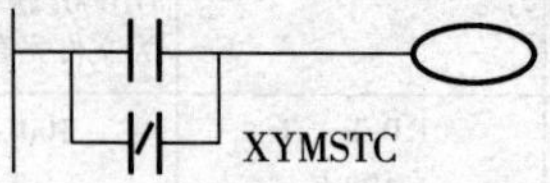 XYMSTC	1
ORB(块或)	串联电路块 的并联连接	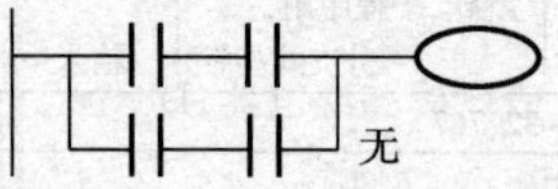 无	1
ANB(块与)	并联电路块 的串联连接	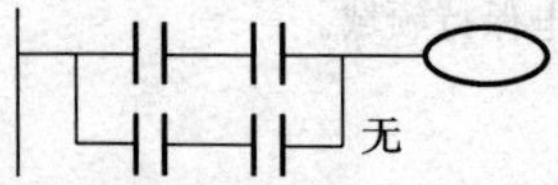 无	1

（续表）

助记符名称	操作功能	梯形图与目标组件	程序步数
MPS(进栈)	进栈	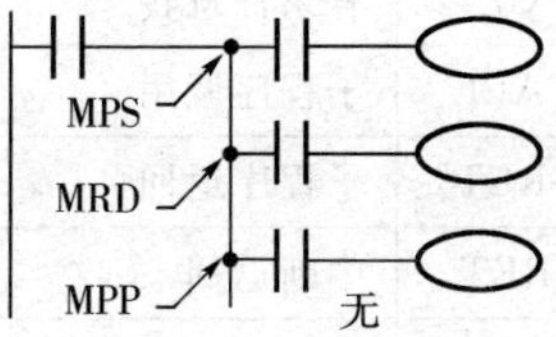 MPS	1
MRD(读栈)	读栈	MRD	1
MPP(出栈)	出栈	MPP 无	1
SET(置位)	线圈得电保持	 SET YMS	YM：1 S、特 M：2
RST(复位)	线圈失电保持	 RST YMSTCD	STC：2 DVZ 特 D：3
PLS(升)	微分输出 上升沿有效	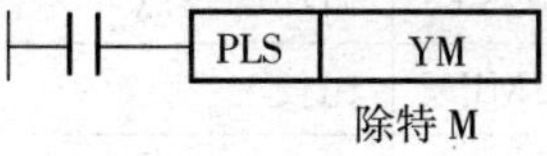 PLS YM 除特 M	2
PLF(降)	微分输出 下降沿有效	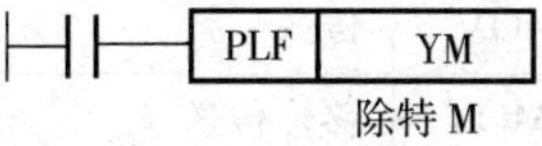 PLF YM 除特 M	2
MC(主控)	公共串联接点 另起新母线	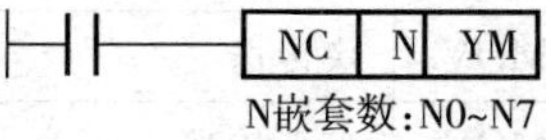 NC N YM N嵌套数：N0~N7	2
MCR (主控复位)	公共串联接点 新母线解除	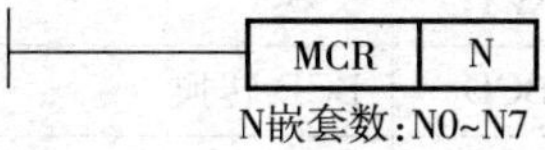 MCR N N嵌套数：N0~N7	2
NOP (空操作)	空操作	无	1
END(结束)	程序结束 返回 0 步	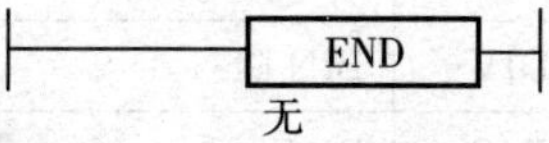 END 无	1

FX_{2n}系列 PLC 用：X 表示输入继电器；Y 表示输出继电器；

M 表示辅助继电器；D 表示数据寄存器；

T 表示定时器；C 表示计数器；

S 表示状态继电器；特 M 表示特殊辅助继电器；

特 D 表示特殊数据寄存器

表 2　FX_{2n} 系列 PLC 功能指令表

分类	功能号	指令符号	功　　能	D 指令	P 指令	程序步
程序流	00	CJ	有条件跳转		○	3
	01	CALL	子程序调用		○	3
	02	SRET	子程序返回			1
	03	IRET	中断返回			1
	04	EI	开中断			1
	05	DI	关中断			1
	06	FEND	主程序结束			1
	07	WDT	监视定时器刷新		○	1
	08	FOR	循环区起点			3
	09	NEXT	循环区终点			1
传送比较	10	CMP	比较	○	○	7/13
	11	ZCP	区间比较	○	○	9/17
	12	MOV	传送	○	○	5/9
	13	SMOV	移位传送		○	11
	14	CML	反向传送	○	○	5/9
	15	BMOV	块传送		○	7
	16	FMOV	多点传送	○	○	7
	17	XCH	交换	○	○	5/9
	18	BCD	BCD 转换	○	○	5/9
	19	BIN	BIN 转换	○	○	5/9
四则逻辑运算	20	ADD	BIN 加	○	○	7/13
	21	SUB	BIN 减	○	○	7/13
	22	MUL	BIN 乘	○	○	7/13
	23	DIV	BIN 除	○	○	7/13
	24	INC	BIN 加 1	○	○	3/5
	25	DEC	BIN 减 1	○	○	3/5
	26	WAND	逻辑字与	○	○	7/13
	27	WOR	逻辑字或	○	○	7/13
	28	WXOR	逻辑字异或	○	○	7/13
	29	NEG	求补码	○	○	3/5

(续表)

分类	功能号	指令符号	功　　能	D 指令	P 指令	程序步
旋转移位	30	ROR	循环右移	○	○	5/9
	31	ROL	循环左移	○	○	5/9
	32	RCR	带进位右移	○	○	5/9
	33	RCL	带进位左移	○	○	5/9
	34	SFTR	位右移		○	9
	35	SFTL	位左移		○	9
	36	WSFR	字右移		○	9
	37	WSFL	字左移		○	9
	38	SFWR	先进先出写入		○	7
	39	SFRD	先进先出读出		○	7
数据处理	40	ZRST	区间复位		○	5
	41	DECO	解码		○	7
	42	ENCO	编码		○	7
	43	SUM	ON 位总数	○	○	7/9
	44	BON	ON 位判别	○	○	7/9
	45	MEAN	平均值	○	○	7
	46	ANS	报警器置位			7
	47	ANR	报警器复位		○	1
	48	SOR	BIN 平方根	○	○	5/9
	49	FLT	二进制数转浮点数	○	○	5/9
高速处理	50	REF	刷新		○	5
	51	REFE	刷新和滤波时间调整		○	3
	52	MTR	矩阵输入			9
	53	HSCS	比较置位(高速计数)	○		13
	54	HSCR	比较复位(高速计数)	○		13
	55	HSZ	区间比较(高速计数)	○		17
	56	SPD	速度检测			7

（续表）

分类	功能号	指令符号	功　能	D指令	P指令	程序步
高速处理	57	PLSY	脉冲输出	○		7/13
	58	PWM	脉冲幅度调制			7
	59	PLSR	加减速的脉冲输出	○		9/17
方便指令	60	IST	状态初始化			7
	61	SER	数据搜索	○	○	9/17
	62	ABSD	绝对值凸轮顺控	○		9
	63	INCD	增量式凸轮顺控			9
	64	TIMR	示教定时器			5
	65	STMR	特殊定时器			7
	66	ALT	交替输出			3
	67	RAMP	斜坡信号			9
	68	ROTC	旋转台控制			9
	69	SORT	列表数据排序			11
外部设备I/O	70	TKY	0～9数字键输入	○		9/17
	71	HKY	16键输入	○		9/17
	72	DSW	数字开关			9
	73	SEGD	7段译码		○	5
	74	SEGL	带锁存的7段码显示			7
	75	ARWS	矢量开关			9
	76	ASC	ASCII转换			7
	77	PR	ASCII代码打印输出			5
	78	FROM	特殊功能模块读出	○	○	9/17
	79	TO	特殊功能模块写入	○	○	9/17
外部设备SER	80	RS	串行数据传送			5
	81	PRUN	并联运行	○	○	5/9
	82	ASCI	HEX→ASCII转换		○	7
	83	HEX	ASCII－HEX转换		○	7

（续表）

分类	功能号	指令符号	功　能	D 指令	P 指令	程序步
外部设备 SER	84	CCD	校正代码		○	7
	85	VRRD	FX－8AV 变量读取		○	5
	86	VRSC	FX－8AV 变量整标		○	5
	88	PID	PID 运算			9
F2 外部单元	90	MNET	NET/MINI 网		○	5
	91	ANRD	模拟量读出		○	9
	92	ANWR	模拟量写入		○	9
	93	RMST	RM 单元启动		○	9
	94	RMWR	RM 单元写入	○	○	7/13
	95	RMRD	RM 单元读出	○	○	7/13
	96	RMMN	RM 单元监控		○	7
	97	BLK	GM 程序块指定		○	7
	98	MCDE	机器码读出		○	9
浮点数	110	ECMP	二进制浮点数比较	○	○	
	111	EZCP	二进制浮点数区间比较	○	○	
	118	EBCD	二→十进制浮点数变换	○	○	
	119	EBIN	十→二进制浮点数变换	○	○	
	120	EADD	二进制浮点数加	○	○	
	121	ESUB	二进制浮点数减	○	○	
	122	EMUL	二进制浮点数乘	○	○	
	123	EDIV	二进制浮点数除	○	○	
	127	ESOR	二进制浮点数开平方	○	○	
	129	INT	二进制浮点数取整	○	○	
	130	SIN	浮点数 SIN 计算	○	○	
	131	COS	浮点数 COS 计算	○	○	
	132	TAN	浮点数 TAN 计算	○	○	

（续表）

分类	功能号	指令符号	功　能	D 指令	P 指令	程序步
时钟运算	160	TCMP	时钟数据比较		○	
	161	TZCP	时钟数据区间比较		O	
	162	TADD	时钟数据加		○	
	163	TSUB	时钟数据减		○	
	166	TRD	时钟数据读出		○	
	167	TWR	时钟数据写入		○	
转换	170	GRY	格雷码转换	○	○	
	171	GBIN	格雷码逆转换	○	○	
	147	SWAP	上下字节转换	○	○	
接点比较	224	LD＝	(S1)＝(S2)	○		
	225	LD＞	(S1)＞(S2)	○		
	226	LD＜	(S1)＜(S2)	○		
	228	LD＜＞	(S1)≠(S2)	○		
	229	LD≤	(S1)≤(S2)	○		
	230	LD≥	(S1)≥(S2)	○		
	232	AND＝	(S1)＝(S2)	○		
	233	AND＞	(S1)＞(S2)	○		
	234	AND＜	(S1)＜(S2)	○		
	236	AND＜＞	(S1)≠(S2)	○		
	237	AND≤	(S1)≤(S2)	○		
	238	AND≥	(S1)≥(S2)	○		
	240	OR＝	(S1)＝(S2)	○		
	241	OR＞	(S1)＞(S2)	○		
	242	OR＜	(S1)＜(S2)	○		
	244	OR＜＞	(S1)≠(S2)	○		
	245	OR≤	(S1)≤(S2)	○		
	246	OR≥	(S1)≥(S2)	○		

参考文献

[1] 钟肇新,范建东.可编程控制器原理及应用.广州:华南理工大学出版社,2003.

[2] 郁汉琪.电气控制与可编程序控制器原理技术.南京:东南大学出版社,2003.

[3] 王也仿.可编程控制器原理技术.北京:机械工业出版社,2002.

[4] 廖常初.PLC基础及应用.北京:机械工业出版社,2004.

[5] 王阿根.电气可编程控制器原理及应用.北京:清华大学出版社,2007.

[6] 刘美俊.可编程控制器应用技术.福州:福建科学技术出版社,2006.

[7] 熊幸明.工厂电气控制技术.北京:清华大学出版社,2005.

[8] 林春方.可编程控制器原理及其应用.上海:上海交通大学出版社,2004.

[9] 孙振强. 可编程控制器原理及应用教程.北京:清华大学出版社,2005.

[10] 殷建国.可编程控制器原理及其应用.北京:机械工业出版社,2006.

[11] 三菱公司.FX_{2n}系列PLC用户手册.

[12] 俞国亮.可编程控制器原理及应用(FX系列).北京:清华大学出版社.

[13] 天煌教仪实验指导书.

[14] FXLS/FX_{1N}/FX_{2n}/FX_{2NC} Series program manual(Mitsubishi Corp) FX Series Communication manual(Mitsubishi Corp).